공간과 시간을 통해 본

도시와 생애사 연구

독일 도시의 사례를 중심으로

남상희 지음

한울
아카데미

들어가는 말

현상학과 경험적 연구 사이에 선 사회과학

이 글의 인식론적 배경은 에드문트 훗설(Edmund Husserl)의 현상학이다. 훗설에 따르면 엄격한 의미에서의 학문은 절대적이고 확실한 '바탕' 위에 서서 스스로를 정당화할 수 있어야 한다. 현상학의 기본원칙은 훗설이 지은 『논리적 연구 *Logische Untersuchungen*』[1]의 서론에서 찾아볼 수 있다. "우리는 사물 자체(Sachen selbst)로 돌아가려 한다."[2] '사물 자체'란 명백한 대상, 다시 말해서 우리가 선입견을 갖지 않고 있는 그대로 인식한 대상을 말한다. 사물 자체에 돌아가려면 우리는 가정과 편견을 버리고 대상이나 사실관계에 들어가야 한다. 이렇게 해야 현상학적으로 본 '엄격한 학문'이 설 수 있는 것이다.

훗설은 서구에서 근대적 인식의 기초가 된 자연과학적인 방법을 비판하면서 포문을 연다. 자연주의(Naturalismus)는 데카르트 원

---

1) Vgl. Husserl(1984a), 5-29.
2) Ebd., 10.

칙에 터하고 있어서, 사건들은 원인과 결과로 된 인과관계의 사슬로 엮어져 있기 때문에 합리적으로 파악할 수 있다고 본다. 훗설은 자연과학적인 방법은 방법의 근원이 되는 생활세계(Lebenswelt)를 놓쳐버린다고 주장한다. 생활세계는 기존의 객관적 기준으로서 나타낼 수도 측정할 수도 없다. 생활세계는 직관적으로 사물을 관조함으로써 포착할 수 있는 것이다.

이러한 훗설의 입장은 사회과학을 경험과학으로서 보는 학자들의 호응을 받았다. 이 사회과학자들은 생활세계를 추상적이고 연역적인 이론으로 설명되어야 하는 세계가 아닌 체험해서 구성되어 가는 세계들이라고 보기 때문이다.[3] 따라서 경험적 사회연구를 하는 사회과학자 가운데 스스로를 현상학자라고 자처하는 사람들이 많다. 하지만 여기서 현상학자라 함은 사회조사방법의 측면에서라기보다는 형이상학적인 입장표명에 지나지 않는 말이다. 그러므로 현상학적 사고에 매료되었던 사회과학자들이 곧 방법상의 약점에 좌초하고 마는 것은 결코 놀랄 만한 일이 아니다. 훗설은 추상적인 방법으로서 현상학을 정립하려고 했을 뿐이다. 여기에서 구체적인 방법론적 절차를 만들어가는 작업은 사회연구자들이 해야 하는데 아직은 걸음마 수준이다. 현상학과 경험적 연구의 격차는 실제로 너무나 크다.[4]

이 글은 철학적 논의와 사회조사연구의 격차를 좁히기 위한 작업으로서 이론적 연구와 경험적 연구의 두 부분으로 구성되어

---

3) 이 글에서는 '세계들'이라는 복수 개념을 사용한다. 왜냐하면 생활세계는 단일구조가 아니고, 사람들이 생활세계를 어떻게 통찰하고 구성하는가에 따라 다중구조를 띠고 있기 때문이다.

4) '현상학적'이라는 표현은 한편으로는 대상에 밀착되어 있다는 의미로, 다른 한편으로는 조사연구방법으로 이해할 수 있다.

있다. 제1부에서는 경험연구에 관련된 이론적 배경을 토의하고 제2부에서는 사례연구를 다룬다. 제1부의 제1장에서는 현상학적 관점을 사회조사방법의 절차로까지 이을 수 있는 이론적인 가정들을 제시한다. 이를 위해서 '시간'과 '공간'이라는 개념들을 '삶'과 '주거'라는 일상생활의 언어와 연결시킨다. 배경이 되는 대전제는 행위하는 데에는 권력관계가 깔려있다는 사실이다. 제2장에서는 제1장에서 설정한 이론적 가정들을 생애사 연구와 도시 연구의 현재상황을 살펴보면서 구체화시킨다. 그럼으로써 생애사 연구와 도시 연구의 연결은 이론적으로나 실천적으로나 불가피하게 요청되는 작업임을 명백히 한다. 제3장에서는 생애사 연구와 도시 연구의 업적을 중간 결산한다. 제4장에서는 현지조사자의 역할과 현지조사방법에 대해서 살펴본다. 현상학적 관점에 맞게 현지조사자의 역할을 중심주제로 다루고 현지조사방법은 필요한 한에서만 언급한다.

제2부 경험적 현장연구에서는 프라이부룩의 도시구역인 바인가르튼을 다룬다. 제5장에서는 바인가르튼의 역사를 상세히 살펴보고 제6장에서는 초기 역사에서부터 형성된 상호배타 욕구를 분석한다. 마지막 장에서는 지역정치가 도시구역에 미친 영향을 살펴보고 현장연구를 이론적 연구의 부문과 관련시켜 해석해본다.

차례

<표 차례>

<그림 차례>

<사진 차례>

제1부
이론적 배경

시대마다 그 시대를 표상하는 구원의 언어가 있다.
18세기에는 이성이라는 개념이고, 19세기에는 발전이라는 개념이며,
오늘날에는 삶이라는 개념이다.
(Plessner ^{3}1975, 3)

제1장

이론적 가정들

1. 시간체험과 공간체험

현상학적 관점에서 본 생활세계는 두 가지 기본체험, 곧 시간체험과 공간체험으로 이루어져 있다.

시간체험과 공간체험은 인간이 자연스럽게 얻는 기본체험이라고 일반적으로 알려져 있다.[1] 이 두 가지 체험은 긴밀하게 엇물려 있다. 특히 시간과 공간은 고대와 근대 또는 현대에 따라 다른 형태와 의미를 지녀왔다. 일찍이 그리스인들은 시간의 규칙성은 자연의 본질이 아니며 인간이 창조하고 자기의 목적에 맞게 환경에 투사시킨 상상이라고 확신하였다.[2] 시간체험은 삶에서 일어나는

1) 이 글에서 '시간'과 '공간'은 개념적인 장치가 필요할 때만 사용한다. 그밖에는 여러 가지 다양한 표현들(시간경험과 공간경험, 시간의식과 공간의식, 시간관념과 공간관념, 시간관과 공간관, 시간개념과 공간개념 등)을 쓴다.

사건들과 녹아들어 있는 것이다. 물론 삶 속의 사건들은 공간을 관련시키지 않고서는 상상할 수도 없다.

이러한 시간과 공간의 연결은 고대철학에서 이미 찾아볼 수 있다. 아리스토텔레스는 τὸτος[3]라는 단어를 구체적으로 실재하는 장소라고 본다.[4] 이 단어는 기본적으로 "공간에는 자연스러운 배열구조가 있으며, 이에 따라 모든 사물에게는 고유의 적합한 장소가 있다"[5]는 것을 뜻한다. 아리스토텔레스는 단지 공간의 이론이 아닌, 인간들이 활동하는 장소들의 이론을 세우려 한 것이 확실하다.[6] 고대인들은 현실연관성이 중심이 되는 시간과 공간개념을 갖고 있었다. 이러한 개념은 인간의 구체적인 생활세계를 바탕으로 함으로써 현상학적 관점과 일맥상통한다.

중세의 형이상학적 관념에 따르면 시간과 공간은 측정할 수 있는 대상이 아니었다. 그런데 갈릴레이의 '사고혁명'[7] 이후로 인간들은 세계를 객관적으로 측정할 수 있다고 생각했다. 시간과 공간도 물리적인 변수 곧 수학적인 지표가 된 것이다. 그리고 사회적 사건들은 연대기적으로 나열되어 역사서술의 기본자료가 되었다.[8] 시간과 공간개념은 절대적이고 초월적인 차원이 된 것이다.

---

2) 에드문트 리취(Edmund R. Leach)는 시간의 원형을 그리스신화에서 찾는다. 그리스인들의 시간관은 회귀와 비회귀, 자연의 되풀이와 인생의 비가역성을 특징으로 하고 있다. 달력도 시계도 없던 그 시절에 사람들은 해의 움직임을 보고 하루의 흐름을 잡았고 축제가 벌어지는 순서대로 한 해의 흐름을 표시했다. 간단히 말해서 우리 인간들이 사회적 삶 속에 일정한 간격들을 만들어 놓고서 시간이라고 이름붙인 것이다(Leach 1966, 405).

3) Topos: 장소, 자리.

4) Vgl. Aristoteles, *De anima*(Buch 1, Kap. 3, 406a).

5) Bollnow(1963), 31.

6) Janich/Mittelstrass(1973), 1163.

7) 이 변화를 토마스 쿤(Thomas S. Kuhn)은 '패러다임의 전환'이라고 부른다. Vgl. Kuhn(1967).

그리하여 구체적 맥락을 고려한 장소, 자리, 곳 등과 같은 말들은 공간이라는 개념에 포함되어 들어가게 되었다.

수학적인 무한 공간이 전면에 서게 되자 신체(또는 몸)와 결부된 공간의식은 위력을 잃었다. 그리고 구체적인 행위공간은 추상적인 서술공간으로 된다.[9] 시간과 공간개념의 근대적 전환은 구체적인 것을 추상적인 것으로, 유한의 것을 무한의 것으로, 인간중심 시각을 자연중심 시각으로 바꾸어놓았던 것이다. 합리성과 계산가능성이라는 바탕 위에서 발전이라는 나무는 영원히 자라고 꽃피울 수 있을 것 같았다. 근대의 동시대인들은 시간과 공간의 무한한 연속선상에서 인간이 끝없이 발전할 수 있다고 믿었다.

이러한 근대의 수학적·물리적 사고에 반대하고 나선 이가 후설이었다. 그는 "역사란 처음부터 원초적인 의미형성과 의미침전이 서로 얽히고 설키면서 나타나는 살아있는 운동"[10]이기 때문에 연대기적으로 서술될 수 없다고 본다. 이러한 현상학적 관점에서 보면 갈릴레이는 이중적인 역할을 했다. 그는 "새로운 것을 발견한 동시에 중요한 것을 은닉해버린 천재"[11]이다. 근대는 발견과 은닉이라는 이율배반적인 양면성을 품고 있다.[12] 자연과학의 사실성으로는 생활세계의 의미관계를 밝혀낼 수 없다. 과학적인 도구로서 생활세계를 발견할 수 없는 것이다. 과학은 "생활세계가 아닌 그 위의 텅 빈 공간에서 의미 없이 떠돌고 있을 뿐"[13]이다.

---

8) Vgl. Dupré(1974).

9) 구체적인 행위공간은 야영장의 성격(Lagerungs-Qualität)을 띠고, 추상적인 표현공간은 빈 그릇 같은 개념(Behälter-Raum-Konzept)으로서 절대적이고 텅빈 공간을 전제로 하고 있다(vgl. Läpple 1991a, 1991b).

10) Husserl(1954), 380.

11) Ebd., 53.

12) Vgl. Blumenberg(1981a), 33f.

그리하여 훗설은 근대 물리학과 생활세계를 대립시켜놓고 있다. 훗설은 유럽 정신사의 의미(또는 위기)가 "세계존재의 보편적 자기 이해를 (…) 대상적 이해로 바꾸어놓은 데에 있다"[14]고 본다. 이러한 경향이 형식화와 절차화를 통해서 유럽 과학의 위기로 끌고 갔다.[15] 몇십 년 전부터는 멈출 수 없는 근대의 추진력에 대해 점점 더 많은 의문이 제기되고 있다. 여기에 시간경험과 공간경험에 대한 사회학적 논의가 등장한 것이다.

사회학은 18세기 말에 발전사관의 영향을 받으며 탄생하였다. 처음에는 자연과학적인 절차를 사회현상에도 그대로 적용하였다.[16] 그 당시의 시간관과 공간관을 받아들인 것은 두말할 나위도 없고 시간을 연구 주제로조차 삼지 않았다. 그 이유는 시간이란 사회학의 조건인 동시에 대상임에 틀림없지만, 바로 그렇기 때문에 실증주의적이고 자연주의적인 접근방법으로는 파악할 수 없는 것처럼 보였기 때문이다. 그래서 사회과학과 자연과학의 방법 사이에 분열과 긴장관계가 생기게 된다. 이런 배경에서 1960년대에는 신칸트학파와 현상학파 사이에 방법론 논쟁이 불붙게 되었다. 이 방법론 논쟁을 계기로 해서 사회학적 시각에서 본 시간과 공간이 토론에 부쳐졌으며 이에 대한 고전적인 논의들도 다시 거론

---

13) Husserl(1954), 448.

14) Ebd., 184.

15) 이 자리에서 훗설의 현상학적 진단과 예견에 대한 비판을 잠깐 살펴볼 필요가 있다. 한스 블루멘베륵(Hans Blumenberg)은 훗설의 플라톤주의에 대해 질문을 던진다. 그는 훗설이 말한 '의미의 상실'은 "이론적인 요청에 따라 자체 내에서 생긴 의미의 포기"라고 비판한나(Blumenberg 1981a, 42).

16) 오귀스트 꽁트(August Comte)가 남긴 유명한 구절 "인식하려고 관찰하며, 예견하려고 인식하며, 방지하려고 예견한다"(Savoir pour pré voir et pr voir pour pouvoir)에는 진보관을 바탕으로 사회를 진단하고 예견하려던 사회과학자들의 야망이 잘 드러나 있다.

되었다. 시간사회학에 대한 관심은 1970년대 중반에 이르러서야 크게 늘어났다.[17]

시간사회학은 사회분화가 그다지 진전되지 않았을 무렵 사회적 관계망이라는 주제와 씨름했던 고전 사회학자들의 논의를 다시 끄집어낸다. 고전사회학자들은 사회과학자들이 물리적·수학적·생물학적 또는 심리학적 시간의 개념을 빌어오지 않아야 하며(또는 빌어올 수 없으며) 이제는 사회문화적인 시간관을 가져야 한다는 의견을 지니고 있다.

에밀 뒤르켐(Émile Durkheim)은 '시간'이라는 개념을 사회의 근본적인 구성요소로 본 사회학자의 하나이다. 그는 '사회의 본질'이 가진 특징으로 '사회적 시간'을 꼽았다.[18] 이러한 전제에서 출발해서 형태사회학의 임무는 "사회적 시간의 특수성뿐만 아니라 사회적 시간의 사회문화적 조건과 변화성을 밝혀내는"[19] 데에 있다고 주장한다. 뒤르켐에 이어서 삐에르 부르디외(Pierre Bourdieu)도 시간의 주관화를 주장한다. 다시 말해서 시간은 사회적 실천의 산물이라는 것이다.[20] 따라서 시간이 역사서술의 절대적인 기준이 될 수 없으며 시간은 역사의 담지자들이 만들어나가는 것이다. 이러한 입장을 지지하는 사회학자들은 역사를 구성해온 절차에 이의를 제기하고 "사회적 시간들의 다원성을 이론에 결합시킴으로써"[21] 이론적인 공백을 메꾸려 한다. 이렇게 접근해야만 추상적인 이론으로 넘어가지 않고 사회적인 분화를 가시화할 수 있다는 것

---

17) Vgl. Bergmann(1983), 462.

18) Vgl. Durkheim(^{4}1976), König(^{4}1976).

19) Bergmann(1983), 463.

20) Vgl. Bourdieu(1983).

21) Friese(1993), 334.

이다.

시간에 대한 사회학적 논의들은 끊임없이 구체적인 사회적 실천과의 연결점을 찾으려 한다. 이런 시간관의 중심에는 인간이 있다. 그렇다고 오늘날의 시간관념이 고대의 관점으로 되돌아갔다고 보면 그것은 명백한 잘못이다. 무한한 발전에 대한 믿음은 이제 위력을 잃었으나 패러다임의 전환이라는 논의가 활발할 때에조차 고대의 시간관이 다시 들어설 자리는 없다. 근대 이후 우리는 시간과 공간을 따로 떨어진 것으로 파악하는 '동시대인의 사고습관'을 지니고 있다.[22] 더군다나 중심에 서있는 인간이 더 이상 집단지향적이 아니라 개인지향적이기 때문에 오늘날의 세계는 단일하지 않고 다양하다. 따라서 시간과 공간에 대한 사회학적 논의는 우선은 근대적인 사고에 문제를 제기하면서 사회실천적인 수준에서 해석을 내리려는 시도로서 파악해야 한다.

22) 아래의 표현들은 그 시대의 진단과 예견이 동시대인의 사고 습관에 의해 영향받는다는 보기들이다: 공간에 의한 철도의 종말(Tod des Raumes durch die Eisenbahnen), 시간에 의한 공간의 몰살(Vernichtung des Raumes durch die Zeit), 공간의 무장해제(Ausserkraftsetzung des Raumes), 공간의 세력상실(Entmachtung des Raumes).
운송기술이 발전하면서 공간적인 거리가 더 이상 장애물이 아니게 되자, 거리라는 의미에서의 공간은 중요성을 잃게 된다. 근대적인 사고를 계속 밀고 나가면 이론적으로 볼 때 공간도 존재하지 않고 시간도 존재하지 않는 그런 세상이 올 가능성도 있다. 역사는 급증하는 시간속도의 영향을 받게 되어 시간과 공간의 경계가 전혀 없는 가상세계가 올 수도 있다는 것이다. 이래서 역사의 새 국면이 도래한다. 이러한 새 역사의 현실에서는 시간과 공간의 개념적 분리도 없고 실제적인 분리도 없다. Vgl. Virilio(1993).

2. 삶과 주거

> **구체적인 세계에서 시간관은 삶, 공간관은 주거와 관련지을 수 있다.**

제1절에서 제시한 이론적 전제에서 출발하면 두 가지 사실을 가정해 볼 수 있다. 먼저 일상언어에도 시간과 공간이라는 한 쌍의 개념에서 나온 표현이 있다. 나아가 이 일상언어 개념도 과학적 개념인 시간 및 공간과 비슷한 특성을 가진다. 이러한 전제를 충족시키는 두 개념들로 '삶(Leben)'과 '주거(Wohnen)'를 끌어올 수 있다.

사회조사연구에서는 이 두 개념이 지닌 상호관계를 정의하지 않은 채 넓은 의미에서 자주 바꿔서 써왔다. 따라서 이와 관련된 사회조사연구의 방향들은 다양한 이름으로 불린다. 일반적으로 삶이라는 말이 붙은 사회조사연구들은 시간적 순서배열과 주관적인 시간체험을 다루는 반면에, 주거라는 말이 붙은 사회조사연구들은 공간적인 조건과 공간관을 다루고 있다. 삶을 시간지각과 관련짓고 주거를 공간지각과 관련지어 과학적인 개념을 일상언어의 개념으로 바꾸면 시간과 공간이라는 추상적 개념을 사회적 세계를 파악하는 데에 응용할 수 있다.

사회과학자들에게 남아있는 과제는 근대적으로 규정된 개념에 현실적 적합성을 부여하는 것이다. 이를 위해서 현상학적 관점은 매우 유용하다. 현상학자인 알프레드 슛츠(Alfred Schütz)와 오토 프리드리히 볼나우(Otto Friedrich Bollnow)는 세계들이 시간적인 요소와 공간적인 요소로 구성되어 있다는 데 동의한다. 다만 슛츠는 시간적인 경과를 더 강조하고 볼나우는 공간적인 이동을 더 중요시할 뿐이다.

슛츠는 현상철학을 사회학적 분야에 도입하려는 노력으로서 사회과학을 "실용적으로" 생활세계에 대한 과학이라고 자리매김을 한다. 그는 훗설에게서 '생활세계'는 '자명한 관점의 세계(die Welt der natürlichen Einstellung)'라는 정의를 받아들인다.[23] 개인적이고 일상적인 수준에서 생활세계의 의미는 다음과 같다.

> 일상생활의 각 시점에 있는 인간은 생애사에 의해서 규정된 상황에 처해 있다고 볼 수 있다. 다시 말해서 스스로 정의내린 당연시된 사회문화적 환경, 자신이 남과 다른 특별한 자리를 차지하고 있는 그런 상황을 말한다. 이 자리는 물리적 공간과 우주적 시간에 의해서 테두리 지어 있을 뿐만 아니라, 사회체계 안에서의 지위와 역할과 관련되어 있고, 더군다나 도덕적 이데올로기적 입장과 이어져 있다.[24]

"생애사에 의해서 규정된 상황"이라는 표현은 시간적인 연관성만을 뚜렷하게 부각시키는 듯한 느낌을 준다. 하지만 슛츠는 그 밖에도 '자리'라는 말을 비유적으로 써서 일종의 공간성을 들여온

23) Vgl. Husserl(1954), 126-151; Schütz/Luckmann(1979), 23-44. 훗설의 기여는 경험적인 연구에 철학적인 기반을 제공하였다는 사실이다. 훗설의 뒤를 이어 나온 수많은 저작들을 보면 다음과 같은 흥미로운 현상이 발견된다. 훗설 자신도 못풀었던 문제, 곧 주관주의적인 초기 훗설과 유물론적인 후기 훗설의 모순을 후학들도 그대로 이어받아 되풀이한다. 보기를 들면 훗설은 맨처음에는 '생활세계(Lebenswelt)'라는 개념을 주관주의적인 수용과 선험적인 재구성에 바탕을 두고 급진적인 구성주의 입장에서 사용한다. 그러나 후기로 가면서 훗설은 점점 더 생활세계에 주어져 있는 객관적인 특성을 중요시한다. 좀 과장이라는 생각은 들지만, 후기 훗설은 유물론적 존재론의 입장을 가지고 있었다고도 말할 수 있다. 알프레드 슛츠는 특히 후기 훗설을 사회학적인 관점에서 수용하면서 구체적이고 유물론적인 현상학적 연구의 구상을 다시 도입하였다.

24) Schütz(1971a), 10.

다. 슛츠는 생활세계의 두 가지 구성요소인 시간구조와 공간구조가 서로 엇물려서 일상생활을 규정한다는 입장을 확실히 한다.

볼나우는 추상적인 수학적 공간과 구체적으로 체험된 공간을 서로 구분한다. 인간들의 세계가 두 가지 공간경험들로 이루어져 있다고 확신하면서 그는 다음과 같이 쓰고 있다.

> 현재를 살고 있는 인간들에게 공간은 결코 동질적이지 않다. 그가 머무는 모든 장소는 각각 특수한 의미로 가득 차 있다.[25)]

구체적인 체험공간인 사회적 공간의 보기로는 '매트릭스 공간(Matrix-Raum)'이 있다.[26)] 매트릭스 공간은 "표현방식과 형태를 만들며 끊임없이 변화하는 활동의 영역"[27)]이다. 이러한 사회적 공간은 물질적·물리적 토대, 행위구조들, 제도기관들 그리고 물질적 토대와 묶여있는 공간적인 상징체계들로 이루어져 있다.[28)]

공간을 인간의 인지구조와 연결시키는 시도로는 구조심리학이 있다. 구조심리학은 살아움직이는 자기 자신과 자신이 몸담고 있는 공간 사이에 구체적인 의미관계가 있다는 가정에서 출발한다. "인간은 규정된 공간 안에서 또는 그 공간에 대해서 체험을 하는 것이다."[29)] 공간인식은 구조적인 '경험실재'이다. 다시 말해서 "구체적인 공간은 독특한 의미단위가 체화된 것이며 동시에 몸을 둘러싼 현

---

25) Bollnow(1963), 69.

26) Läpple(1991a), 194ff.

27) Gosztonyi(1976), 1248.

28) 역사에서 물리적 실재와 영상적 형상이 서로 결합하면 '집단적 기억'이 생긴다. 집단적 기억은 사고가 대상과 이어져 있다는 것을 명백히 나타낸다(Halbwachs 1967, 127).

29) Dückheim(1931), 396.

실"[30]인 것이다. 칼프리드 뒤르카임(Karlfried Graf v. Dürckheim)은 공간경험이 시간경험과 얽혀있다는 점을 강조한다. 그는 이 얽히고설킨 영역을 특히 '목적공간(또는 행동공간, 행위공간)'이라고 부르면서 "일종의 시간이 부가된 공간의 성질"[31]에 주목한다. "시간은 당연히 개인적인 것이며 객관적인 것이 아니다." 다시 말해서 행위공간들은 기준에 따라 갈등과 이해관계와 내용에 따라 달라지고 이렇게 다른 행위공간들은 서로 다른 현실들이라는 것이다.

이른바 현상학적 관점에서 출발한 대부분의 경험연구들은 시간관은 삶에 그리고 공간관은 주거에 기초하고 있다는 가정에서 출발하여 자주 삶과 주거를 대상으로 삼는다. 대표적인 연구방향으로는 '인생행로 연구(Lebenslaufforschung)'와 '주거사회학(Wohnsoziologie)'을 꼽을 수 있다.[32] 이 두 연구들은 지금까지도 서로 따로 떨어져서 발전되어왔다.

'인생행로 연구'는 나이로 나뉜 인생의 여러 시기들과 관련이 있다. 보기를 들면 중세에는 인생행로로서 아동기, 청소년기, 성년기, 노년기의 네 시기로 나뉘어 있는 '삶의 바퀴(Lebensrad)'를 상상했다.[33] 15세기까지 인생은 일곱이나 열 개 정도의 시기로 나뉘어 있다고 생각했다. 16세기에는 근대의 특징에 걸맞게 단계적인 인생관이 나타났다. 인생을 '계단(Lebenstreppe)'으로 표현한 '삶의 단계(Lebensstufen)'는 인쇄술의 발달(17세기), 출판문화의 대중화(18세기), 전체 인구의 문자교육(19세기)에 힘입어 널리 퍼져 나갔다.

---

30) Ebd., 409.

31) Ebd., 463.

32) 이 자리에서는 시간과 공간의 개념적인 차이를 반영하는 수준에서만 살펴보기로 하겠다. 자세한 것은 다음 장에서 다룰 것이다.

33) Vgl. Biermann u.a.(1983).

'주거사회학'은 '주거경험(Wohnerlebnis)'을 연구한다.[34] 주거경험은 자기의 몸으로 "가장 가까이에서" 느껴지는 것이다. 1950년대까지는 언어적 의사소통을 중시했고 차츰 몸동작이 지닌 의사소통적인 의미에 관심을 기울이게 되었다. '키네식(Kinesik)'은 신체 움직임에 따른 의사소통을 다루는 학문으로서 몸짓과 행동 등 상호간의 움직임이 언어의 친화관계와 지배종속의 유전적 특성에 달려있다고 본다. "쌍방의 행위는 몸의 자세와 몸이 지닌 국한(한계)성에 의해서 시간적으로 공간적으로 테두리지어져 있다."[35] 결론적으로 서로 다른 움직임의 형태와 습관들은 개인적인 특성뿐만 아니라 집단소속감을 나타내고 있다. 게다가 인간들의 영역은 "담으로, 울타리로, 금지판으로 그리고 다른 표현매체로서" 둘러싸여 있으며, 이 영역을 "법과 파수꾼, 감시하는 날카로운 시선과 같은 것들"이 지키고 있는 것이다.[36] 이러한 영역을 지키는 세력들은 밖으로만이 아니라 안으로도 작용하고 있다.

'인생행로 연구'와 '주거사회학'이 따로 떨어져 발전해온 것은 경험적 사회조사연구자들이 근대의 시간관과 공간관을 당연하게 받아들였기 때문이다. 그렇다면 던져야 할 질문은, 앞의 두 가지 연구의 가정과 해석이 과연 서로 독립해서 존재할 수 있느냐이다. 이제부터는 '인생행로 연구'와 '주거사회학'이 경험적인 연구에서 서로 가까이 접근할 수밖에 없는 이론적 당위성이 있다는 것을 밝히고자 한다. 이를 위해 행위와의 관련성을 살펴볼 것이다.

---

34) Silbermann(1991), 18.

35) Scheflen(1976), 38. Vgl. Goffman(1963), 64ff.

36) Scheflen(1976), 14.

3. 행위

행위는 시간성과 공간성의 두 좌표축이 만나는 점에서 일어난다.

시간성과 삶, 공간성과 주거가 관련이 있다면 이 학문적인 개념들 그리고 일상생활의 개념들을 서로 이어줄 수 있는 장치가 필요하다. 이 이음새는 인간관계에서 설명해내야 한다. 이로써 이 글의 논의는 행위관련성으로 넘어간다. 시간의 흐름과 경과가 기본적으로 행위의 구조화 과정과 관련이 있다는 것은 쉽게 이해할 수 있는 사실이다.[37] 그런데 이렇게 자명한 사실인, 행위에 관련된 시간성은 이론적 구성에 거의 반영되지 못해왔다. 하이드룬 프리제(Heidrun Friese)는 "(시간)이론이 이토록 미성숙한 이유는 이론들이 시간이라는 개념을 문제시해서가 아니라 사회적으로 구성된 다양한 시간들을 이론에 도입할 때 문제가 생기기 때문"[38]이라고 한다. 앞에서 묘사한 시간이해의 관점들을 일반화와 체계화를 추구하는 이론에다 앉힐 자리가 없는 것이다. 이론에 쓰이는 기본적인 개념은 명확하고 배제적이어야 한다. 체계와 객관성과 거대구조를 중요시하는 사회학자들로서는 사회실천적인 다양성을 내재한 시간이라는 개념을 다루기 어렵다.

이론과는 달리 경험적인 수준에서는 시간개념이 행위와 관련되어 자주 사용된다. 경험적 사실들은 개념의 다양성을 포용할 수 있는 것이다. '인생행로'의 구조화와 율동성, 일상생활의 구조화,

37) Vgl. Bergmann(1983), 476.

38) Friese(1993), 325.

연결망에 얽힌 사회적 관계와 상호종속관계의 구조화는 시간경험의 사회적 실천을 나타내는 표현으로 자주 쓰이게 된다.[39] "행위하는 인간들이 (자신들의) 시간과 사회적 공간에 자리잡게 되면서 인간관계가 오고가는 지속적인 과정에 의해서"[40] 비로소 시간이 구체적이고 현실적이 된다. 그런데도 시간성에 대한 학문적 사고와 시간성의 구조적 질서 사이에 있는 '이론적 틈새'에 대해서는 비판이 끊이지 않는다. 이러한 이론적 틈새에 대한 비판은 시간연구에도 공간연구에도 모두 적용될 수 있다. 공간연구는 관례적으로 지리학의 영역에 속한다. 지리학은 행위관련성보다는 우선적으로 '지역지리학(Landschaftsgeographie)'이라든가 건축양식과 같은 공간적인 조건에 관심이 많다. 이 지리학적 관심을 행위관계와 연결시키는 과제는 '사회지리학(Sozialgeographie)'이 떠맡게 된다.[41]

슛츠는 시간성과 공간성을 인간상호관계의 맥락에 적용하고, 더 나아가 경험적 사회조사연구들이 소홀히 했던 이론적인 측면을 보완하려고 한다. 슛츠는 행위에 작용하는 "또 다른 자아가 간직한 의미의 원래 사실들(die sinnhafte Vorgegebenheit des alter ego)"을 강조한다. 행위의 동기가 되는 일련의 복잡한 의미구조들은 이미 "주어져 있다"[42]는 것이다.

> 모든 행위(Handeln)는 시간 속에서 일어난다. 정확히 말해서 내적인 시간의식과 시간의 흐름 속에서 일어나는 것이다. 흐름은 행위에 내재되어 있다. 이에 반해서 행동(Handlung)은 흐름이 내재되어 있는 실행 과정이 아니라 흐름을 넘어서는 실행 결과이다.[43]

---

39) Ebd., 329.

40) Ebd., 334.

41) Vgl. Werlen(1987), 278-281.

42) Schütz(1974), 308f.

행위(Handeln, actio)는 인간들의 상호작용이 계속되는 과정을 뜻하고, 반면에 행동(Handlung, actum)은 이 지속된 과정의 결과, 곧 완결된 행위를 뜻한다.[44] 따라서 일상의 생활세계는 다음과 같은 층으로 이루어져 있다.

> 첫째는 실제의 세력범위와 잠재적인 세력범위 사이에 있는 공간의 누적층이다.
> 둘째는 세계적 시간과 주관적 시간 사이에 있는 시간의 누적층이다.
> 셋째는 "내가 직접적인 행위로 영향을 줄 수 있는" 서로 중첩되는 작용권이다.[45]

이로써 시간성과 공간성 그리고 행위는 상호작용하는 요소임이 확실하다. 물론 시간성과 공간성은 행위와 다른 수준에 있다. 시간좌표와 공간좌표는 인간이 행위하는 작용권을 경계짓는 테두리이다. 공간층과 시간층이 행위에서 어떻게 상호작용하는가를 알려면, 우선 슛츠가 말한 주어진 의미구조가 무엇인가를 살펴보아야 한다.

---

43) Ebd., 51.

44) Vgl. Schütz(1971c). 슛츠는 우선적으로 행위 개념을 '과정으로서의 행위(Handeln)'와 '결과로서의 행위(Handlung)' 개념으로 구분한다. 그는 막스 베버가 '흐름으로서의 행위(Handeln als Ablauf)'와 '이미 실행된 행위(vollzogene Handlung)'의 차이, 다시 말해서 "만들어가는 과정에 있는 의미와 이미 만들어진 결과로서의 의미, 자아의 행위와 타자의 행위, 또는 자신의 체험과 타인의 체험, 자기 이해와 타자이해 사이"에 있는 차이를 보지 않았다고 비판한다(Schütz 1974, 15). 슛츠에 따르면 베버는 "이미 의미가 부여되어 있는 또 다른 자아(alter ego)"를 전혀 다루지 않았다(ebd., 28). 베버의 행위동기에는 주어진 의미구조가 소홀히 취급되어 있다는 것이다. 슛츠가 말하는 이미 주어진 자아라는 개념은 베버보다는 오히려 훗설에 훨씬 가깝다.

45) Schütz/Luckmann(1979), 69.

> 우리가 말하는 실제적인 '우리 관계'란 그 속에서 나와 너가 함께, '우리'가 나와 너의 시간 경과를 동시에 똑같은 시선으로 이해할 수 있는 그런 관계를 뜻한다.[46]

다시 말해서 "동시대인과 나는 —우리 관계가 지속되는 한— 시간을 공유할 뿐만 아니라 공간도 공유하고 있다."[47] 슛츠는 의미세계를 서로 보완적이고 조화로운 것으로 생각한다.

그렇지만 슛츠가 '상황'만이 아니라 '도덕적 이데올로기적 입장'도 중요시한다는 사실을 주목해야 한다.[48] 관점의 상호교류에 대한 질문은 지식의 사회적 배분에 대한 물음이기도 하다. 이 물음에는 행위주체에게 기회가 공평하게 오지는 않는다는, 다시 말해서 지식이 행위 과정에서 사회적으로 불평등하게 나뉘어 있다는 전제가 깔려있다. 이러한 이유 때문에 슛츠의 발상에 새로운 관점, 곧 불평등의 관점이 필요해지는 것이다. 슛츠는 사회적 분배의 문제를 자세히 다루지 않는다. 아마도 슛츠는 권력현상보다는 자발적으로 구성되는 생활세계를 본질적으로 중요하다고 보기 때문일 것이다.

이 부분은 막스 베버(Max Weber)의 방법론으로 보완할 수 있다. 베버는 방법론적으로 개인을 행위주체로 전제한다. 이에 따라 주관적인 행위동기를 여러 개인들의 행위로부터 나오는 집단현상과 연관시키면서 주관주의와 집합주의 모두에 반대한다. 베버의 표현인 '행위의 기대하지 않은 결과'는 행위과정에서 주관적인 행위동기와는 다른 결과가 나올 수 있음을 내포하고 있다.[49] 이렇게

---

46) Schütz(1974), 311f.

47) Schütz(1971a), 18.

48) Vgl. Ebd., 10.

49) 베버의 영향을 받아서 개인과 사회의 관계를 과정적, 형상적 그리고 비환원적

되면 생활세계에다 특히 구조화의 가능성을 부여할 수 있다. 구조화는 방법론적으로 개인의 행위에서 비롯된다. 베버의 진행적·구조적 관점은 슛츠의 주어진 당연시된 세계에 활력소를 제공한다.

4. 권력관계

행위에는 권력관계가 바탕에 깔려있다.

네번째 이론적 가정은 세계들의 불평등현상을 시간체험 그리고 공간체험과 연관시킨다. 게오르그 짐멜(Georg Simmel)은 이른바 '사회의 인식론'이라는 맥락에서 사회는 넓은 의미에서 "불평등한 요소들로 이루어진 구성물"이라고 말한다.[50] 모든 사회는 개별적인 담지자가 지닌 욕구와 목적으로 형성되는 것이다. 이 '사회구성과정(Vergesellschaftungsprozess)'을 '상호작용(Wechselwirkung)'이라고 말한다. '상호작용'이라는 표현 대신에 노버트 엘리아스(Norbert Elias)는 '얽힘현상(Verflechtungserscheinung)'이라는 말을 쓴다. 왜냐하면 짐멜이 사용하는 '상호작용'이라는 말이 "단순히 더하기식으로 실체들이 서로서로 뭉치거나 흩어지는" 듯한 냄새가 많이 나기 때문이다.[51] 그렇지만 짐멜이나 엘리아스 둘 다, 한 개인이 자

으로 다루는 접근방법들로서는, 이를테면 기든스(A. Giddens)의 '구조화(structuation)'와 슛츠의 '구성(Konstruktion)'이 대표적이다. Vgl. Giddens(1981), 92f.

50) Simmel(^{2}1995b), 57.

51) Elias(1987a), 44. 노버트 엘리아스(Norbert Elias)는 짐멜이 말한 상호작용의 부가적인 성격을 지적하면서 짐멜이 광범위하게 다룬 상호작용의 또 다른 측면을 자신의 '얽힘현상(Verflechtungserscheinung)'으로 설명하고 있다. 역동적인 권력현

기가 가진 자원을 이용해서 자신의 의지대로 남에게 영향을 주려 할 때에 권력현상이 일어난다고 보는 점에서 같다. 각기 다른 개인들이 다른 행위동기와 행위목적을 가지고 만나서 대결할 때에 사회적인 상황이 벌어지는 것이다.[52]

그러나 권력현상의 결과들은 결코 "사람들이 개별적으로 계획하고 목적으로 삼아서 그래서 실현해내는 것이 아니다."[53] 권력현상의 결과는 "계획을 시작으로 추진되지만 계획과는 달리 목적으로부터 멀어져서 목적과 관계없을" 수 있는 것이다.[54] 짐멜, 베버 그리고 엘리아스는 행위하는 과정에서 나온 결과는 결국은 행위한 어느 누구에게도 귀속될 수 없다는 점에 동의한다.

베버의 '방법론적 개인주의'는 특히 경험적 연구에 도움이 된다. 그러나 모든 행위가 합리적이라는 주장은 분석적으로만 타당할 뿐 경험적으로 맞지 않는다. 왜냐하면 인간은 목적지향적이고 합리적일 뿐만 아니라 본능적이고 비합리적이기 때문이다. '합리적 선택 이론'은 베버의 '방법론적 개인주의'에서 출발해서 개인의 합리적 행위라는 관점에서 집합현상을 분석하고 해석한다. 이 이론적 발상은 "전제조건(다시 말해서, 개인의 선호와 기대를 행위

상을 더 명백하게 표현하기 위해서이다.

52) 엘리아스는 '권력'이란 "개인이 행사하는 특정한 사회적 위치와 연결되어 있는 결정권의 범위"이며 "다른 사람의 자아조정에 영향을 미치고 다른 사람의 운명을 함께 결정할 수 있는 사회적인 기회"라고 정의한다(Elias 1987a, 80). 이런 의미에서 엘리아스는 기본적으로 베버의 정의를 좇고 있다. "사회관계에서 자기 자신의 의지를 다른 사람의 대항에 관계없이 관철시킬 수 있는 모든 기회 (…) 상상해낼 수 있는 인간의 모든 특성과 모든 조합은 한 개인이 주어진 상황에서 자신의 의지를 관철할 수 있도록 할 수 있다"(Weber [5]1980, 28f). 베버의 개념정의를 더 발전시킨 사람으로는 포피츠(Popitz 1986)를 들 수 있다.

53) Elias(1987a), 93.

54) Ebd., 95.

와 관련시키는 것) 자체를 경험적 연구의 대상으로 삼지 않는다면"[55] 사회조사연구에 적합한 출발점을 제공한다.

개인들이 서로 접촉해서 생기는 권력의 배열 현상은 시간과 공간을 활용하고 처분할 수 있는 능력에 따라 결정된다. 이렇게 '시간'은 생활세계의 실제적인 구성요소인데도 불구하고, 시간이 억압 수단이 될 수 있다거나 하물며 시간이 사회적 통제수단이라는 주제는 이론적으로 거의 논의되지 않았다. 불평등한 시간구조들은 기존질서에 맞게 되어 있다고만 간주되었다. 규범에 어울리는 시간구조가 있고 이것을 행위자들이 인정할 때에만 인간의 활동이 일어날 수 있다. 이렇게 보면 시간의 규범적 제재적 역할이 별로 비판적으로 다루어지지 않고, 부정적 역할로도 주목을 받지 못한 것은 당연하다. 클라우스 레어만(Klaus Laermann)은 일상적 시간을 "가장 눈에 띄지 않는 사회적 강제의 형태"[56]라고 적절하게 표현한다.

오트하인 람스테드(Otthein Rammstedt)는 비가시적인 사회강제의 형태를 눈에 보이게 만들려고 시도한다.[57] 람스테드는 여러 사회들의 지배구조를 밝히기 위해 '시간의식(Zeitbewusstsein)'이라는 범주를 사용한다. 그의 전제는 사회와 자연(또는 체계와 환경)의 관계가 변하면 시간의식도 변한다는 것이다. 이에 따라 역사적·사회적으로 본 '일상적 시간의식'의 억압적 기능을 체계적으로 그리고 역동적으로 제시하고 있다. <표 1>에 제시한 람스테드의 네 가지 범주들은 이념형으로서 시간의식과 지배구조를 체계적으로 관련시켰다는 점에서 유익하다. 우연적인 시간의식(A)에서는 임의성

55) Greve/Ohlemacher(1995), 98. Vgl. Miller(1994), Esser(1994).

56) Vgl. Laermann(1975).

57) Vgl. Rammstedt(1975).

<표 1> 일상적 시간의식과 권력관계

	A	B	C	D
	우연적 닫힌 미래	순환적 닫힌 미래	직선적 닫힌 미래	직선적 열린 미래
시간 흐름	불연속적인 경험된 사건	연속적인 되풀이되는 움직임	연속적인 발전	연속적인 운동 가속화 운동
시간 형태	지금/지금이 아님 확장된 현재	이전/이후 과거의 특정 순환형태	3단계성 과거/현재/미래	현재로부터 선택된 미래
사회 유형	임의성 영상적인 추상적인 규칙성	순환적 규칙성	발전적 규칙성 비가역성*	개방성 '속도차이'가 나는 '비가역성'
시간연관성/ 공간연관성	일시적인 시간적 공간적 대표성	전체의 부분으로서 이미 예정된 시공간적 위치	시간과 공간의 형식화 동시적인 비동시성	시간과 공간의 상대화 복수의 현실들
지배 구조	사회적 확실성에 터한 단순한 체계	지배계층의 형성·조화	시간계산법과 시계시각의 내면화	복합성의 증가
권력 행사	대안없는 사회 폭력행사	실재적인 폭력 행사의 감소	일상의식 속의 자기강제, 일탈	주관적인 요인과의 직접적인 중첩

A　닫힌 미래를 보는 우연적인 시간의식
B　닫힌 미래를 보는 순환적인 시간의식
C　닫힌 미래를 보는 직선적인 시간의식
D　열린 미래를 보는 직선적인 시간의식

---

* 블루멘베르크(Blumenberg)은 오늘날 생애시각과 세계시각의 관계를 나타내기 위해 '가위의 벌어짐(Öffnung der Zeitschere)'이라는 표현을 쓴다. "생애시각과 세계시각이 서로 빗나가면 잠재적으로 분란이 생긴다. 세계는 각 개인의 생애시각을 무시하고 그 경계를 넘어서 자기에게 맞는 다른 동료들의 환호를 받는다"(Blumenberg 1986, 78). 라인하르트 코셀렉(Reinhart Koselleck)은 근대의 시간의식은 '경험공간(Erfahrungsraum)'과 '기대수준(Erwartungshorizont)'의 차이가 점점 커지는 특징을 보인다고 말한다(Koselleck 1979, 349-375).

이 밑에 깔려 있는데 구체적인 대안이 없는 사회와 병행하고 때때로 지배구조를 안정시키는 역할을 한다.

이에 반해서 순환적인 시간의식(B)에서는 법칙성이 있으며, 이 법칙성을 지배층은 자신들의 지위를 굳히고 이해관계를 관철하는 데에 적용한다. 그들은 자신들의 막강한 지위를 실재적인 폭력을 쓰지 않고도 정당화하고 유지할 수 있다. 이런 사회에서 발전이라는 개념이 설 땅이 없다.

닫힌 미래를 보는 직선적 시간의식(C)에는 발전의 사상이 일상적 시간의식에 덧붙여진다. 오늘날의 사회에서는 닫힌 미래를 보는 직선적인 시간관이 팽배해 있다. 게다가 자본주의 질서가 지배하여 시간은 일종의 상품과도 같이 점점 더 경제적 물질적 성격을 가지게 된다. 사람들은 매일매일 시간계산과 시계시각에 익숙해져 있다. 모자라는 시간(대기시간, 제외시간), 시간절약, 노동시간/여가시간, 미래지향성 등이 삶에 속해 있는 것이다. 시간은 시장화되었고 사람들은 시간을 '가지고' 그리고 '얻으려고' 노력하고 있다. 이리하여 다양한 수준에서 권력다툼이 일어나는 것이다. 다른 사람의 시간을 좌지우지할 수 있는 사람이 권력을 가지고 있다.

마지막으로 열린 미래를 보는 시간의식(D)에서는 지금 여기에 한 개 이상의 현실이 함께 공존하는 것을 배제하지 않는다. 이러한 개방성은 기존의 사회체계에 기능적으로 작용할 수 있겠지만 개별적인 사람들에게는 참을 수 없는 역기능을 끼칠 수 있다. 이런 개방적인 조건에서는 개개인이 짊어져야 하는 책임이 너무 크기 때문에 각 개인들은 과중한 부담에서 벗어나려고 노력한다. 이렇게 이 시간의식은 불안해서 끊임없이 다른 시간의식으로 변모할 가능성이 있다. 근대적인 질서의 변혁기에는 이러한 새로운 시간의식이 나타나리라는 추측이 부분적으로 논의되고 있다.

'시간'과는 달리 '공간'은 권력의 원천과 수단으로서 여러 가지 방향에서 연구되어 왔다.[58] 사회학에서는 '몸의 언어(Körpersprache)'에서 주거공간 그리고 국가, 다국적기업, 글로벌 세계와 시뮬레이션 세계라는 새로운 질서에 이르기까지 폭넓은 대상들을 다루고 있다. 이러한 사회학적 연구에는 '프로세믹스(Proxemics)'라는 인류학적 가설이 기본적으로 깔려있다. '프로세믹스'란 "인간이 공간을 이용하는 모습을 특수하고 정교한 문화현상으로서 관찰하고 이론화하는 것"[59]을 말한다. 이에 따르면 다른 문화들 사이의 차이점은 기본적으로 감각과 인식의 세계 그리고 건축환경과 도시환경에 나타난다. 인간과 환경의 관계는 문화적 차원을 보아야 알 수 있다. 문화적 차원은 원래 공간경험에서 나오는 것이다.

1968년 이후의 비판적인 사회분위기를 타고 '권력현상으로서의 몸의 언어'는 1970년대와 1980년대에 특히 공간경험의 성차와 관련하여 크게 주목을 받았다.[60] 이런 성차 연구에는 '신체와 영역의 체계'가 기존질서를 정당화하고 있다는 전제가 깔려있다. "여자들이 움직이는 방식은 남자들이 힘을 장악한 사회에서 여자들의 발전을 위해 허용된 좁은 심리적 그리고 경제적 공간"[61]과 밀접하게 관련되어 있다. 결론적으로 "몸의 언어는 성(性)의 강약

58) 생물학에서는 공간을 차지하려고 싸우는 것은 자연도태 과정이라고 본다. 인류학에서는 공간소유욕을 본능에 넣는다. 민속학에서는 공간소유 싸움이 혈연공동체와 지역공동체의 수직적 질서가 변형되어 나타나는 현상이라고 본다. 이 가운데에서 인류학적 연구관점은 인간세계와 동물세계의 과도기를 설정할 수 있도록 하기 때문에 매우 중요한 역할을 한다.

59) Hall(1969), 1. vgl. Hall(1959).

60) Vgl. Henley(1977).

61) Wex(^{2}1980), 320.

을 나타내는 표식이자 조건이며 남자와 여자의 위계질서를 고정시키는 데에 기여한다."[62]

이밖에도 모든 사람들은 가까운 주거환경, 곧 '가정(또는 고향, home, Zuhause)'을 가지고 있다. '가정'은 집과 건물뿐만 아니라 제한된 영역이나 경험 공간으로 이루어져 있다. 경험이란 공간에다 뚜렷한 지향성을 준다. 지향성, 곧 시선의 문제에 대해서 가스통 바슐라르(Gaston Bachelard)는 "우리는 삶의 변증법적인 원칙에 맞게 생활공간에서 살고 있다"고 한다. 왜냐하면 "집은 세계를 바라보는 각도를 정해주기"[63] 때문이다. 생활공간은 우리가 우리의 세계를 처음으로 경험하는 곳으로서 이곳을 통해서 밖을 바라보는 시선이 정해진다. 이렇게 해서 우리는 인간의 공간구속성이라는 주제, 구체적으로 말해서 '공간적 정체성'이라는 주제와 만나게 된다.

5. 줄임말: 경계선긋기와 정체성

이 글은 근대 이후의 과학관이 학문의 '바탕(Boden)'을 소홀히 했다는 데에서 출발한다. 먼저 현상학적 관점에서 본 공간과 시간의 개념적 차이를 앞세워 시간관과 공간관에다 현실에 내재한 의미세계들을 접합시킨다.[64] 앞에 제시한 네 가지 이론적 가정들을 요약

---

62) Ebd., 6.

63) Bachelard(1987), 31.

64) Vgl. Elias([5]1994a), 72-76. 엘리아스(Elias)는 "우리가 시간이 흘러가는 동안에 공간에 미동 없이 조용히 앉아있다는 것은 불가능하고, 우리는 공간과 시간 안에서 끊임없이 변화하고 있다"고 말한다(ebd., 75). 하나의 사건은 "공간 그리고 시간 안에서" 일어나는 것이지 "공간 또는 시간 안에서" 일어나는 것이 아니다. 그렇지만 엘리아스도 '시간'과 '공간'이 "우리들 사회적 전통의 근본적인 지향

하면 다음과 같다. 현상학적으로 볼 때 생활세계는 시간체험과 공간체험, 구체적인 의미에서 보자면 삶과 주거로서 이루어져 있다. 모든 행위는 시간성(또는 삶)과 공간성(또는 주거)이라는 두 축을 가진 좌표계에서 일어나며 권력관계에 의해 조건지워져 있다.

네 가지 이론적 가정들은 순서대로 나아가는 분석적인 요인들로서 개념적인 세계에서 점점 더 구체적 실재로 나아가도록 설계되어 있다. 먼저 시간성과 공간성의 관계를 밝히고, 나아가 사회적 실천의 수준에서 나타나는 시간성과 삶의 관계, 공간성과 주거의 관계를 바탕으로 이론적 틈새를 메꾸려 한다. 이러한 작업이 지닌 의미는 이론적 가정들은 경험적 사회조사연구의 바탕이 될 수 있어야 한다는 사실이다. 경험적인 사회연구자는 위에서 제시한 이론적 관계성들을 사회조사연구에 응용하여 이론을 구성하는 데 연결점으로 삼을 수 있어야 하는 것이다.

앞의 이론적 가정들은 구체적인 수준에서 '경계선긋기(Grenzziehung)'와 '정체성(Identität)'이라는 두 가지 주제를 던진다. 우선 확실히 해야 할 점은 우리는 '하나'의 공간이 아니라 서로 '다른 공간들(andere Räume)'을 다루고 있다는 것이다.[65] 물론 이와 마찬가지로

수단"이므로 이에 따른 인습적인 개념상의 차이를 인정하고 있다(ebd., 72).

65) Vgl. Foucault(1990). 미셸 푸코(Michel Foucault)의 기본적인 생각은 인간이 결코 텅빈 공간에서 사는 것이 아니라 서로 다른 이질적인 공간에 있다는 것이다(ebd., 38). 그에 따르면 공간적인 질서는 역사에 따라 변한다. 중세가 '위치공간(Ortungsraum)'이라면, 갈릴레이 이후의 근대는 '확장'이고, 20세기는 '야영장(Lagerung)'과 같다. '야영장'이라는 푸코의 공간관은 공간들 사이의 경계들이 굳혀져서 이제는 넘어가기가 쉽지 않다는 것이다. '야영장'이라는 개념을 푸코는 "여러 점들이 얽히고 설킨 그물망"이라고 설명한다(ebd., 34). 20세기 말에 푸코는 진보시대의 종식을 선언한다. 새로이 배열된 세계를 그는 '공간의 시대(die Epoche des Raumes)'라고 부른다. 동질적인 시간 간격으로 이어진 발전개념은 이미 시대에 맞지 않으며 이질성으로 이루어진 새로운 시대가 도래했다는 것이다.

'하나'의 시간이 아니라 '다른 시간들'을 다루고 있다. 그리하여 다양한 공간들과 시간들을 나누는 선을 그을 수 있다.[66] 사회형태는 어디에 경계선이 그어져 있는지, 어떻게 해서 그런 경계가 나타났는지, 그 경계선들은 어느 정도 유동적인지에 따라서 다르다.[67] 경계선은 인접해 있는 두 공간들(시간들)을 나누면서 동시에 거기에 속하기도 한다. 따라서 경계선은 공간들(시간들)의 이질성을 모두 반영한다고 볼 수 있다. 경계선의 특징은 공간의 성질(시간의 성질)에 다시 옮아가고 그 공간(시간)에 있는 인간들에게도 전이된다.[68]

인간들이 시공간의 경계 속에서 세계들을 경험한다고 본다면 우리는 정체성 형성이라는 문제에 반드시 부딪히게 된다. 경계선 긋기와 함께 정체성이 형성되는 것이다. 정체성이 형성되는 데는 명백히 공간적인 요소와 시간적인 요소가 함께 작용하고 있다. 거꾸로 사람들이 어떻게 공간들과 시간들을 지각하는가는 각각의 정체성에 달려있다. 정체성이라는 현상은 최소한 하나의 경계선을 갖고 있다. 그 선은 안과 밖을 가르고 나(또는 우리)와 남을 나눈다. 정체성은 두 개의 얼굴을 가진 야누스 현상이다. 통합현상인 동시에 배타현상인 것이다.[69] 따라서 정체성은 넓은 의미에서

---

66) 게오르그 짐멜(Georg Simmel)은 경계가 사회학적 결과를 가져오는 공간적인 사실이 아니라 공간적으로 형성된 사회학적 사실이라고 말한다(²1995c, 697).

67) 경계선들은 다음처럼 여러 가지 다양한 특색을 가질 수 있다. 포섭과 배제, 동질화와 이질화, 세계화와 지역화, 동시성, 독과점성, 유연성, 바퀴형과 단계형 등.

68) 이런 관점에서 볼 때 경계에 관련된 정치적 물음, 보기를 들면 사람들을 어떻게 분리하고 통합하고 통제하고 또는 결속시켜야 하는가라는 물음에 사회학자들이 대답해야 할 의무가 있다.

69) 공간적 정체성의 대표적인 보기는 국가주의이다. 국가는 영토와 주민으로 이루어진 가상적인 집합체이다. 따라서 국가주의란 사회적이고 역사적인 구성물이며 이로부터 정체성이 형성된다. 이러한 공간현상을 생애사적 관점을 무시하

권력현상이라고 보아야 한다. 이러한 권력현상을 인식론적으로 뒷받침하고 명백히 밝혀내기 위해서 앞에서 말한 네 가지 이론적 기본가정들은 유용한 분석적 도구이다.

고 존재론적 기초로 삼을 때에는 문제가 생기고 위험해질 수 있다(Bourdieu 1988, bes. 16-54). Vgl. Werlen(1993), 53ff.

마티아스 아이덴벤츠(Mathias Eidenbenz)는 '토지(Boden)'라는 개념에 대비시켜 '공간(Raum)'이라는 개념에 역사적 정치적인 함축성을 부여하는 흥미로운 연구를 발표한다. 아이덴벤츠에 따르면 '토지'라는 동기는 '변혁기에 새로운 질서를 확립할 때 떠오르는 범주'이며 공간은 개방성과 가능성의 범주이다(Eidenbenz 1993, 96).

오늘날에는 지역주의 또는 지역적 정체성에 대한 관심이 높다. 롤프 린트너(Rolf Lindner)가 보기에 지역주의는 향토주의에도 세계화에도 대립되는 개념이 아니다. 지역화는 세계화에 보완되는 현상이다. 왜냐하면 지역화는 계속해서 진전되는 세계의 구조변동을 극복하기 위해 필요한 회고적 자의식, 곧 자기 자신의 삶의 질에 대해 숙고할 기회를 주기 때문이다(Lindner 1994, 7).

제2장

생애사 연구와 도시 연구의 최근 상황

> 경험지향적인 민속학과 사회학이 당면한 과제는, 생애사 범주들로 이루어진 사회형태의 구체적 내용을 묘사하고, 이 사회형태들과 환경적인 인구학적인 그리고 제도적인 요인들이 지닌 관계에 대해서 인과적인 가설을 세우는 것이다.[1)]

오늘날 시간경험과 공간경험을 포함하는 사회연구의 흐름으로는 생애사 연구와 도시 연구를 꼽을 수 있다. 생애사 연구는 삶의 시간적 경과와 관련이 있고 도시 연구는 세계들의 공간적 형태와 관련이 있다. 두 가지 연구방향은 특히 오늘날의 현실과 관련하여 의미를 더해가고 있다. 개인주의화가 진전되면서 사람들은 자신들의 생애사를 '글로 쓸' 생각을 하게 되었고 도시가 발달하면서 도시 연구에 관심이 커졌던 것이다. 생애사 연구와 도시 연구는 개인주의화와 도시화라는 역사적 바탕에서 현실적 적합성을 얻게

1) Schütz/Luckmann(1979), 125f.

된 것이다.

근대 이후로 시간체험과 공간체험을 따로 나누어서 다루어온 것을 보면, 생애사 연구와 도시 연구도 이와 똑같이 분리되어 있으리라는 것은 쉽게 미루어 짐작할 수 있다. 뒤집어 말하면 실제로는 떼어서 생각할 수 없는 현상들을 분리시켜보려고 헛수고를 하고 있는 것이다. 오늘날에는 이 두 개의 연구영역, 곧 시간경험과 공간경험의 직접적인 관련성을 다시 회복시키려는 시도가 점점 더 중요해지고 있다. 그래야만 연구의 지평도 넓어질 수 있기 때문이다. 생애사 연구는 개별적인 사람들이 자신들의 역사를 얘기하도록 고무하고, 반면에 도시 연구는 권력현상을 사회 전체와 연결시켜 밝혀내도록 한다. 따라서 이론적인 구상에 깔려있는 부적절한 구분을 없애고 연구영역들을 결합시키는 것은 의미 있는 작업이다. 그렇게 해야 현실을 총체적으로 파악할 수 있기 때문이다.

1. 생애사 연구

1) 역사적 개관

생애사 연구자는 행위주체인 전기 주인공과 그가 처한 상황을 연결시켜보려고 끊임없이 노력하는 한편, 다른 한편으로 연구자 자신도 연구소나 지식공동체에 속해 있다. 이런 생애사 연구자의 실존적 상황을 바탕으로 독일의 생애사 연구를 들여다보려면, 특히 세 나라(폴란드, 미국, 독일)의 연구경향을 함께 살펴보아야 한다. 다음에서는 세 연구권들의 시간적인 순서 및 상호영향에 초점을 두어 서술하겠다.

(1) 폴란드의 생애사 연구[2]

윌리암 토마스(William I. Thomas)와 플로리안 쯔나니에키(Florian Znaniecki)가 함께 쓴 『유럽과 미국의 폴란드 농부들 *The Polish Peasant in Europe and America*』은 생애사 연구방법을 사용한 초기 저작의 하나이다.[3] 이 책은 전기물을 자료로 해서 미국으로 이민 간 폴란드 농부들의 급변하는 조직형태에 대하여 쓴 것이다. 광범위한 경험적 연구로서 이 책은 생애사 연구를 하는 데 대단히 중요하다. 또한 이 책에 깔린 연구 가설은 폴란드에서 미국을 거쳐 독일까지 도입되었다. 토마스와 쯔나니에키는 사회현상과 개인현상이 서로를 조건짓고 제한한다는 방법론적 입장에 서있다.[4] 그러나 이 두 가지 현상은 결코 결정론적으로 연결되어서는 안 되고 전체적 맥락에 따라서 이어져야 한다. 그들의 이론적 입장은 도그마적이지 않다. 개인적으로 정의된 상황과 집합지향적인 규범이 서로 일치되

---

2) 폴란드 사회학의 생애사 연구에 대해서는 다음을 볼 것. Vgl. Szczepański([3]1974), Kohli(1981), Adamski(1981), Bukowski(1974).

3) 『유럽과 미국의 폴란드 농부들 *The Polish Peasant in Europe and America*』은 모두 5권으로 1918년에서 1920년에 걸쳐 수집한 부부와 가족 사이에 오고간 편지들(Vol. I & II, *Primary-Group Organization*, 1918)과 이민자들의 생애사(Vol. III, *Life Record of an Immigrant*, 1919), 방대한 자료를 토대로 개인적 의식과 사회적 조직형태에 다리를 놓으려고 한 작업(Vol. IV, *Disorganization and Reorganization in Poland*, 1920 & Vol. V, *Organization and Disorganization in America*, 1920)이 있다.

4) 이 접근방법을 훗날 토마스의 말을 빌어 '상황정의(definition of the situation)'라고 부른다. 사람들이 상황들을 실제라고 정의하면, 결론적으로 그 상황들은 실제적이다. '상황정의'는 뒤르켕(Durkheim)의 사회학주의와 대립된다. 뒤르켕은 '사회적 사실'은 심리학적으로 연구할 수 없으며 집단현상을 통해서 집합적으로 설명해내야 한다는 입장을 대변한다. 뒤르켕은 행위주체의 지위를 인정하지 않는다. Vgl. Durkheim([4]1976).

어 바탕을 이루고 있는 것이다.[5]

하지만 토마스와 쯔나니에키는 당시 자신들의 입장이 실제적으로는 국가의 합리적 통제를 뒷받침해주고 있다는 사실을 잘 알고 있었다. 그 당시 사회학자들은 폴란드 전체인구 가운데 특히 지식인들이 차지하고 있던 지위 때문에 계몽주의적인 야망을 가지고 있었다.[6] 19세기에 폴란드에는 차츰 새로운 계층구조가 형성되기 시작하였다. 새로운 계층의 하나인 이른바 '도시 인텔리겐차'는 민족의 독립을 지키는 것이 자신들의 역사적 임무라고 생각했다. 토마스와 쯔나니에키는 사회주의적인 근본주의자이고 사회개혁적인 지식인들이었다. 쯔나니에키는 대지주집안 출신으로서 해외로 이주한 폴란드이민들을 보호하기 위한 조직의 최고담당자였다. '도시 인텔리겐차'들은 농부들을 민족독립이라는 역사적 사명에 통합하고자 했다. 따라서 그 당시 인구의 대다수였던 농부들을 계몽해야만 했던 것이다. 계몽사업과 문화운동을 이끈 것이 생애사 연구였다. 보통사람들(농부뿐만 아니라, 노동자, 실업자, 농촌노동자, 젊은 농촌주민, 해외이주민, 여자들)의 자서전을 모으려고 대회가 열렸다. 대회에 참여한 사람들에게는 그들의 자서전이 문화적 가치가 있다는 확신을 심어 주었다.[7]

이 전체 연구과정은 폴란드 집권층, 인텔리겐차와 보통사람들의 합작품이었다. 만약 위의 세 가지 가운데 하나라도 빠졌다면, 다시 말해서 정부가 재정지원을 하지 않았거나, 인텔리겐차가 투철한 사명의식이 없었거나, 보통사람들이 협력하지 않았다면 이 거대한 프로젝트는 성공할 수 없었다. 폴란드 지식인들은 이런 과

---

5) Vgl. Thomas/Znaniecki(1918), Vol. I, 1-86(Methodological Note).
6) Vgl. Coser(^{2}1977), 511-559.
7) Fuchs(1984), 100ff.

정에서 인민대중의 의식이 형성되고 마침내 해방에 이를 수 있다는 희망과 믿음을 품고 이와 같은 연구사업을 계속해서 추진하였다. 점령기간 동안에 자료를 몽땅 잃어버렸지만 1960년대와 1970년대에는 폴란드 인민공화국에서 실천지향적인 학문으로서 생애사 연구의 르네상스 시대가 열렸다. 사회적 실천이라는 폴란드의 지적 전통은 예나 지금이나 계몽적인 사고에 그 뿌리를 두고 있다. 이와 같은 사고와 꾸준한 연구들을 통해서 생애사 연구방법이라는 폴란드의 전통이 살아남을 수 있었던 것이다. 그러나 폴란드 생애사 연구방법은 실제적인 면에 치중하여 이론적 기반(행위이론, 의사소통이론과 텍스트이론)을 쌓지 못했다. 이는 두고두고 비판꺼리가 되었다.

(2) 미국의 생애사 연구

『유럽과 미국의 폴란드 농부들』은 미국에서 경험적 연구의 대표작으로 알려졌고 이 영향을 받아 미국의 사회학자들이 경험적 연구에 많이 쏠리게 되었다. '시카고학파'는 1920년대에 주로 시카고를 중심으로 도시사회학을 발전시켰다. 생애사 연구의 발전도 시카고학파와 깊이 관련되어 있다. 토마스와 쯔나니에키는 시카고대학의 교수들이기도 했다. 도시문화 연구와 생애사 연구는 서로 보완되면서 발전하였다.[8] 1930년대에 생애사적 방법은 절정에 이르렀다.

---

8) 린트너(Lindner)는 시카고학파의 창시자인 로버트 파크(Robert E. Park)가 생애사적 방법을 중요시했다는 점을 지적한다(1990, 177f.). 시카고학파에서도 윌리암 토마스(William I. Thomas), 플로리안 쯔나니에키(Florian Znaniecki), 어네스트 버제스(Ernest W. Burgess)와 클리포드 쇼(Clifford R. Shaw)는 생애사적 방법의 선구자로 꼽힌다.

미국은 아무 저항 없이 폴란드의 전통을 이어받을 수 있었다. 피터 버거와 브리기깃 버거(Peter L. Berger & Brigitte Berger)는 미국 사회학자들이 처음부터 급속한 산업화와 도시화라는 시대적 과제에 의해 압력을 받고 있었기 때문에 사회적인 실천, 개혁이나 사회복지사업에 관심이 많았다고 한다.[9] 하지만 시카고학파는 1930년대 후반기에 영향력을 많이 잃어버렸다.[10] 이러한 영향력의 상실은 몇몇 학자들이 '반란(Rebellion)'을 일으키면서 시작되었다. 이 '반란'은 여러 가지로 다양하게 해석되었다. 정치에 참여하여 적극적으로 활동하는 학자들이 가치중립성에 대항하여 일으킨 항거라고도 하고, 양적·실증주의적 입장에 선 사회연구자들이 질적·인간주의적 방법을 주장하는 연구자에 대항하여 일으킨 운동이라고도 하고, 구조기능주의로 가는 새로운 이론적 지향성을 열어주는 사건이라고도 해석된다. 반란세력들은 비판적인 글을 써서 출판하고 자신의 출판조직을 따로 만들었다. 결론적으로 조직 안에서 권력교체가 일어났기 때문에 사회적 참여를 지향하는 연구자들에게는 특히 출판을 할 기회가 많이 생겼다. 이로써 양적인 조사연구방법과 구조기능주의가 패권을 쥐게 되었다.[11]

이 과정에는 1929년의 대공황이 계기가 되었다. 경제적 위기가 극복되었을 때 기존의 조직들은 제2차 세계대전에 대중을 동원하라는 시대적 요청을 받게 되었다. 현상학적 해석학적 경향에 기운 생

---

9) 버거/버거(Berger/Berger)의 『우리 그리고 사회 *Wir und die Gesellschaft*』(1993)는 "인도주의적이고 현상학적이며 슛츠의 입장에 선" 미국 사회학의 입문서이다.

10) '미국 사회학회(American Sociological Society, ASS)'가 1935년에 새로운 잡지인 *American Sociological Review(ASR)*를 발간한 다음에, 시카고학파의 공식잡지인 *American Journal of Sociology(AJS)*가 패권을 상실했다.

11) 파트리치아 렝어만(Patricia M. Lengermann 1979)은 *ASR*의 발간을 쿤의 '패러다임 전환'의 개념으로 해석한다. Vgl. Kuhn(1967).

애사적 방법으로는 이러한 새로운 상황에 대처할 수 없었다. 전통적인 생애사 연구를 하기에는 시대 분위기가 맞지 않았던 것이다.

보기를 들면 '사회과학연구협회(Social Science Research Council, SSRC)'는 전통적인 폴란드식의 생애사 연구를 추진하는 기관이었다.[12] 1939년에 사회과학연구협회의 생애사 연구는 비판의 대상에 올랐다. 논란의 주제가 된 것은 사실적 자료와 이론의 관계였는데, 이에 대해 토마스와 쯔나니에키는 변명할 여지가 거의 없었다. 허버트 블루머(Herbert Blumer)는 토마스와 쯔나니에키가 재정적으로나 행정적으로나 방대한 연구들을 했지만 결국은 폴란드식 방법이 지닌 내적 약점을 폭로한 것 외에 무슨 한 일이 있느냐고 비난을 퍼부었다.[13] 제2차 세계대전이 끝나고 나서 사회학은 대학의 분과학문으로 제도화되었고, 자료수집과 자료검증 그리고 자료정리를 위해서 컴퓨터를 이용한 조사방법들이 도입되었다. 탈콧 파슨스(Talcott Parsons)의 기능주의적 분석이 주도권을 잡았던 1940년대 초부터 1960년대 중순까지 연구분위기가 바뀌었던 것이다.[14] 이렇게 연구공동체와 연구방향들이 좌충우돌할 때에 아직 걸음마를 하고 있던 생애사방법이 제대로 설 땅이 없었으리라는 것은 쉽게 짐작할 수 있다. 더군다나 미국에는 폴란드에서처럼 사명감과 확신에 찬 생애사 연구자들이 없었다.

하지만 생애사적 방법의 전통은 미시사회학의 형태로 여전히

12) '사회과학연구협회'(SSRC)는 1923년에 조직되었고 1924년에 사회과학의 학제간 상호협력연구 촉진사업과 그 대표기관으로 공식적으로 편입되었다.

13) Blumer(1939). Vgl. Adamski(1981), 34ff.; Faris(1967), 17ff.; Fuchs(1984), 95-135.

14) 탈콧 파슨스(Talcott Parsons)는 자신의 주요저작인 『사회행위의 구조 *The Structure of Social Action*』(1937)에서 유럽의 고전적인 전통을 이어서 '사회적 행위의 자원론(voluntaristic theory of social action)'을 제안하고 그 바탕에 서서 구조적 기능적 거시사회학을 창안하려고 시도한다.

남아있다. 조지 호만스(George Homans)의 '교환이론(exchange theories)', 허버트 블루머의 '상징적 상호작용론(symbolic interactionism)', 어빙 고프만(Erving Goffman)의 '연극적 분석(dramatical analysis)'과 하워드 벡커(Howard S. Becker)의 '낙인이론(labeling theory)' 등이 그것이다.[15] 위와 같은 흐름들은 전통적으로 문화적인 요소와 상징적 과정을 강조하는 독일 사회학계와 친화력이 있다.

(3) 독일의 생애사적 방법

독일에서 생애사 연구는 먼저 생애사적 '표현(Darstellung)'에서 시작해서 생애사적 '방법'을 거쳐서 특수연구분과인 '생애사 연구'로 독립하기까지 긴 역사를 지니고 있다.[16] 원래 생애사는 전투사의 전기, 귀족과 왕이나 영웅의 생애, 다시 말해서 넓은 의미에서 특권층의 삶을 그리는 장르였다. 생애전기가 귀족과 영웅이야기에서 떠나 문학장르로서 자리를 잡게 된 것은 19세기 무렵에 괴테가 자서전 『시와 진실 *Dichtung und Wahrheit*』을 출판하고 나서부터이다. 1815년에 나온 이 저작에는 개인이 발전하는 과정이 그려져 있고, 그 당시의 시대정신인 '계몽주의의 여명과 정착화'가 반영되어 있다. 이로써 생애사 자료를 봉건적인 귀족들에 항거하는 문화적 수단으로 쓸 수 있는 가능성이 열린 것이다.

생애사 연구의 전통은 이렇게 오래지만 생애사 연구가 개별성을 지닌 체계적인 학문분과로서 성립된 것은 1970년대 말이었다. 20세기 전반기에 생애사 자료의 응용가능성을 보고서 관심을 가졌던 사람들은 심리학사, 정신분석학자, 민속학자, 문학가, 언어학

---

15) Vgl. Coser(²1977), 560-585.

16) 이 글에서는 서부독일의 연구만을 다룬다.

자, 교육학자, 역사학자와 의사들이었다. 제2차 세계대전이 끝나고 나서 역사학자들은 과거의 악몽에 대한 책임을 통감하였다. 따라서 그들은 '제3제국(das Dritte Reich)'과 국가사회주의를 경험했던 보통사람들의 말문을 터주려고 했다.[17] '밑으로부터의 역사(Geschichte von unten)'를 재구성해서 전후의 새로운 시작을 알리고 싶었던 것이다. 보통사람들이 생애사를 쓰는 데는 무엇보다도 전쟁의 책임을 전가하고 자신들을 정당화하려는 욕구가 작용하고 있었던 것 같다. 그 다음에 온 '라인 강의 기적'도 생애사 쓰기를 부추겼다. 사람들은 1950년대의 경이적인 경제성장에 힘입어 자신들이 어떻게 문제를 극복해나갔는가 하는 일상사를 표현하고 자랑하고 싶어했다.[18] 사회학은 특히 역사학으로부터 큰 영향을 받았다. 역사학과 사회학이 가졌던 차이점은 역사과학적인 생애사 연구에서는 대체로 (폴란드의 생애사 연구와 비슷하게) 구체적인 내용을 다루는 데 반해서 사회학은 이론에 관심이 많았다는 것이다. 1962년에 얀 쯔판스키(Jan J. Szczepański)는 생애사 연구를 체계적으로 소개하는 논문을 발표했다.[19] 이 논문에 고무되어 많은 사회과학자들

---

17) 미춰리히/미춰리히(Mitscherlich/Mitscherlich 1967)는 역사적인 사건들을 정신분석학적 분야와 연결하려고 시도한다. 모리스 알박스(Maurice Halbwachs)는 스스로 체험한 역사를 기록된 역사와 비교한다. 그는 회상이 과거의 재구성이라는 데에서 출발한다(vgl. Halbwachs 1966). 이를 이어 다른 연구자들도 '평범한' 동시대인들의 회고담들을 모아서 해석하고 출판하였다(vgl. Niethammer 1980).

18) 알브레히트 레만(Albrecht Lehmann)은 생애사를 체계적으로 제시하는 데에 기여하였다(vgl. Lehmann 1980a, 1983). 자서전의 기능에 대해서는 Lehmann(1978, 1980b), Rudolf Schenda(1981)를 볼 것.

한스 파울 바르트(Hans Paul Bahrdt)를 이어받아 마틴 오스터란트(Martin Osterland)는 '구술사(oral history)' 방법을 산업노동자의 경험적 연구에 응용한다(vgl. Bahrdt 1975). 그는 방법론적 문제와 씨름하면서 사회학적 이론은 이러한 재구성된 회고담을 설명해내기에 아직도 너무 미흡하다고 스스로 고백한다. 이로써 '사회학의 정체성 문제'가 생기게 된다(Osterland 1983, 288).

이 이 방면에 연구를 계속하였고 차츰 생애사 연구는 사회과학의 한 부문으로 자리잡게 되었다.

베르너 푹스(Werner Fuchs)는 그 당시 사회과학계에서 생애사적 질적 방법을 받아들었던 이유가 지난 몇십 년간 심화된 개인주의화 때문이라고 본다. 보통사람들이 개인으로서 자유로워지면서 하찮아 보이는 그러나 절절한 자신의 인생경험들을 표현하려는 욕구가 커지고 학계에서 이를 반영하는 것은 당연하다는 것이다. 개인주의화와 생애사 연구의 상호작용은 폴란드의 경우에도 그대로 들어맞는다. 폴란드의 생애사 연구는 독일처럼 '전통의 와해와 개인주의화'에 의해 영향을 받았다.[20] 하지만 폴란드에서는 사회주의 이상의 실현이 목적이고, 독일에서는 부르주아 계급의 도덕이 전면에 부각된다. 생애사(자서전과 전기문)를 먼저 도구로 삼은 집단은 부르주아 계급이었고 다음에는 노동운동 그리고 여성운동을 주도하는 집단이었다. 이로써 생애사를 쓰는 작업이 개혁이나 혁명과 연관이 있다는 사실을 알 수 있다. 의식화과정은 그것이 어떠한 내용을 담은 의식화이든 상관없이 자기 스스로의 이야기를 쓰려는 욕구를 일으킴에 틀림없다.

2) 생애사 연구의 제도화과정

1970년대에 생애사 연구는 차츰 학계에서 인정을 받았다. 연구모임들이 여럿 생겼고 조직들도 제도화되었다. 이 연구의 기본구상은 학문적인 담론에서 받아들여져서 널리 퍼져나갔다.[21] 새로

---

19) Vgl. Szczepański(³1974).

20) Fuchs(1984), 131.

21) Vgl. Alheit/Fischer-Rosenthal/Hoerning(1990), 7f. 1979년에 독일 사회학회(Deutsche

생긴 연구단체들은 경험적 자료들을 이론적으로 정리하는 데 기여하였다. 출판시장이 커지면서 관련서적의 발행부수도 늘어났다. 그리하여 경험적 질적 사회조사연구는 절정기에 이르렀다.[22] 이렇게 질적 연구방법이 유행처럼 번져가게 된 데는 두 가지 호재가 작용했다. 우선 질적 연구절차가 방법적인 수준에서만이 아니라 이론적인 수준에서도 확립단계에 접어들어 앞에서 지적했던 '이론적 틈새'가 좁혀지게 되었다. 다음으로 그때까지 실행된 방대한 양적 연구들에 대해서 재정적인 문제들이 제기되었다.

생애사 연구 자체도 이론적으로 눈에 띄게 발전하게 된다. 생애사 연구는 주관적 주체와 사회적·역사적 발전 사이에 '적절한 통로'를 제공한다.[23] 이로써 서로 분리되어 진행되어온 사회과학의 거시적 접근과 미시적 접근을 성찰적으로 접근하고 함께 이어놓을 수 있는 기회가 열리는 것이다.[24] 생애사 연구자들은 예나 지금이나 개인과 사회의 이분법을 행위론적인 관점에서 극복하려고 노력한다.

Gesellschaft für Soziologie, DGS)'에 소모임 '생애사 연구(Biographieforschung)'가 생겼다. 1985년에는 DGS의 위원회에서 분과를 결성하기로 했고, 1990년에는 '국제사회학협회(International Sociological Association, ISA)'에 연구위원회인 '생애사와 사회'가 창설되었다. 이렇게 제도적으로 뒷받침을 얻는 데 노력한 학자들은 다음과 같다. Martin Kohli, Klaus Eder, Leopold Rosenmayr, Joachim Matthes, Wolfram Fischer-Rosenthal, Erika M. Hoering, Hanns-Georg Brose, Robert Günther, Werner Fuchs, Peter Alheit. 이들이 1980년대에 이 연구분야에서 주도권을 쥐고 있었다.

22) 단행본들 이외에도 1988년에는 ≪생애사 연구와 구술사 잡지 *Zeitschrift für Biographieforschung und oral history*≫(*BIOS*)가 간행되었다. ≪이야기 연구지 *Zeitschrift für Erzählforschung*≫(*Fabula*)는 이미 1958년부터 발간되어 왔다. 1980년대의 출판물 목록을 보면 사회학자들이 이 재발견된 연구방향에 얼마나 열성적으로 매달렸는지 그리고 그 뒤에 얼마나 빨리 열기가 식어버렸는지 잘 알 수 있다. Vgl. Heinritz(1988).

23) Kohli/Günther(1984), 5.

24) Fuchs/Kohli/Schütze(1987), 3.

이러한 이론적 접근법은 사회적·역사적 상황에 조건지워져 있다. 개인이 중요하게 부각되는 사회에서 주체와 사회의 관계가 주목받게 되는 것은 당연하다. 따라서 생활조건과 생애사 유형의 개인주의화, 제도화와 표준화에 특히 초점이 맞춰진다.[25] 우선적으로 개인주의화란 개인이 전통적 지배에서 벗어나 자유롭다는 것을 뜻한다. 그러나 자유의 쌍생아는 불확실성이고, 불확실성은 무질서에 대한 불안감을 일으키기 때문에 새로운 사회적 통합이 필요해진다.[26] 따라서 인생행로가 제도화되면 체계 속에 있다는 안정감을 얻게 된다. 개인은 시장체계에, 법체계에 그리고 교육체계에 엮여있어서 새로운 통합은 결국 인생행로의 표준화에 도달한다. 이 현상은 기본적으로 대중생산의 시장화라는 차원에 연결되어 있다. 오늘날의 시장전략은 생산품만을 팔지 않고 대중을 겨냥한 단일한 취향과 단일한 생활양식을 대량으로 판매한다. 결론적으로 개인적 삶과 사회적 조건의 경계는 점점 희미해진다. 이러한 경향은 다음과 같은 표현에도 잘 나타난다. 즉, 인생행로의 생애사화(Biographisierung des Lebenslaufs),[27] 인생행로의 제도화(Institutionalisierung des Lebenslaufs),[28] 생활세계의 시간화와 연대기화(Verzeitlichung und Chronologisierung der Lebenswelt).[29]

이와 더불어 '인생행로의 사회학(Soziologie des Lebenslaufs)'이 '학문공동체'의 제도권에 발을 들여놓으려는 시도도 많았다.[30] 이러한 노력과 수고가 십 년이 넘게 계속되더니 비로소 "전문적인 공고

25) Vgl. Beck(1986), 205-219.
26) Vgl. Beck/Bern-Gernsheim(1990).
27) Vgl. Fuchs(1983).
28) Vgl. Kohli(1985).
29) Vgl. Brose(1986).
30) Kohli(1978), 9.

화와 연결망 형성의 긍정적인 조짐"[31]이 나타나기 시작했다. 질적 연구방법이 이론적으로 확립되고 정착되면서 다른 전공분과(교육학, 심리학, 언어학, 문학, 민속학, 문화인류학, 의학, 법학 등)에서도 이 방법을 사용하게 되었다. 생애사 연구는 "비로소 아무런 수식어를 붙이지 않고도, 사회학에 속하는 사회학적 관점으로 학계에서 인정받게 되었다."[32] 이로써 원래 다른 전공부문의 영향을 받으며 성장했던 사회학적 생애사 연구가 고유의 독특한 연구 관점을 갖추게 되고 오히려 다른 전공부문의 연구를 뒷받침해주기에 이르렀다.

생애사 연구에는 세 가지 요소, 곧 전기 주인공과 전기 연구자 그리고 연구 위탁자가 함께 관여한다. 생애사 연구가 제도화되면서 앞의 세 가지 요소들 간의 관계가 변하게 된다. 한 사람이 자기 자신의 전기를 스스로 쓴다면 한 사람이 세 가지 역할을 모두 도맡는다. 한 사람이 자기 전기를 쓰라고 다른 사람을 고용한다면 적어도 두 사람이 이 일에 관여한다. 이 경우에 전기 작가는 전기 주인공이자 동시에 위탁자의 주문에 따라야 한다. 게다가 전기 작가(생애사 연구자)가 자기 나름의 처분권과 자율성을 얻어내면 세 가지 요소의 관계는 다시 한번 변한다.

이때에 연구의 재정적 지원이라는 측면을 과소평가해서는 안 된다. 재정적 지원에 따라서 연구가 실시되는 전체적인 테두리가 달라지게 된다. 오늘날에는 상업적으로 위탁받은 여론조사나 의견조사만이 거대한 프로젝트를 해낼 수 있다. 다른 한편으로 학계에서 하는 생애사 연구는 질적 연구방법을 계속해서 발전시켜왔

31) Alheit/Fischer-Rosenthal/Hoerning(1990), 7.
32) Fischer-Rosenthal(1990), 11.

다. 지난 십 년간의 통계에 나타나듯이 학계의 사회조사연구들은 대부분 질문서 방법을 썼고, 상업적인 연구기관들은 개인면접이나 전화면접법을 많이 사용하였다.[33] 최근에는 연구위탁자들이 점점 더 많은 영향력을 행사하고 있다. 상업적인 정치적인 국가적인 연구위탁기관과 단체들은 방대한 프로젝트들을 지원하면서 연구목적과 응용을 결정함으로써 생애사에 대한 학문적인 작업에 함께 참여한다.

사회조사연구자는 시간적으로나 재정적으로나 연구위탁단체에 종속되어 있기 때문에 이런 단체들의 영향력을 무시해버릴 수 없다. 따라서 생애사 연구가 보수화되어 연구위탁단체의 구미에 맞게 기존상황을 정당화시킬 위험성이 있다. 이론적인 사회연구들은 점점 더 사회적인 기대와 재정적인 후원에 기대고 있는 형편이다. 진보적인 비판은 사회연구자가 상부에서 내려온 연구목적에 맞추지 않고서 주어진 상황을 있는 그대로 파악하고 해석하고 표현할 수 있는 실천의 영역에서 활발해져야 한다.

앞에서 살펴본 바와 같이 계속해서 발전해온 생애사 연구는 불가피하게 다음의 질문에 맞닥뜨리게 된다. 사회연구자가 공간성을 고려하지 않고 시간적인 인생행로만을 가지고서 '경험된 세계'를 파악할 수 있을까? 생애사 연구자들은 우리 인생의 각 단계들이 공간적인 움직임, 장소이동과 연결되어 있다는 사실을 소홀히 해왔다.[34] 로타 베텔즈(Lothar Bertels)도 생애사 연구는 "공간적인 환경의 영향을 제대로 보지 못하고 있다"[35]고 비판한다. 따라서

33) Vgl. 경험적 조사연구를 위한 중앙기록실(Zentralarchiv für empirische Sozialforschung Köln(1987), XVff(1991), XXf(1993), XV.

34) Behnken/Du Bois-Reymond/Zinnecker(1988), 5.

35) Bertels(1990), 113.

베텔즈는 생애사 연구가 마치 '모래성'과 같다고 혹평한다. '인생행로의 사회학'은 물론 사회적 삶과 사회적 환경을 서로 연결시킬 수 있다. 하지만 이때에는 반드시 도시 연구의 공간적 맥락을 통합시키지 않으면 안 된다.

2. 도시 연구

1) 역사적 개관

사회학은 도시에 부르주아 계급이 형성되고 부르주아들이 도시에서 자신들이 사회적으로 상승할 기반을 닦았던 바로 그 시기에 탄생한다. 따라서 도시사회학의 전통은 사회학의 전통만큼이나 길다. 사회학의 학문적 원칙은 '대도시가 낳은 아이'라고도 일컬어진다.[36] 이러한 뭉뚱그린 표현이 지닌 문제점은 도시사회학의 대상을 학문적으로 연구하다보면 저절로 나타난다. 즉, 도시는 어디에서 시작해서 어디에서 끝나는가? 도시와 도시인들은 어떤 관계에 있는가? 각각의 도시들은 다른 도시들이나 사회의 영향을 얼마 정도 받았는가? 마지막으로, 도대체 도시란 무엇인가?

이 글에서는 개념규정에 대한 앞의 질문에 대답하는 대신에 도시 연구가 오늘날까지 발전해온 과정을 거슬러올라가 보고자 한다. 이와 같은 방법이 도시처럼 역사적으로 형성되어 성장한 공

36) Pfeil(²1972), 40. 『대도시 연구 *Großstadtforschung*』의 초판은 1947년부터 1949년까지 한 연구의 결실인데, 그 당시의 현실에 맞게 도시와 농촌을 재건하는 데 기여하려는 실제적 목적을 가지고 있었다. 개정판(²1972)에서는 초판에 덧붙여 시카고학파의 보기를 들면서 연구과정의 연속성을 보이려고 노력한다.

동체를 연구하는 데에는 적합하기 때문이다. 따라서 이제부터는 독일의 도시 연구에 특히 많은 영향을 준 고전사회학자들과 시카고학파를 살펴보겠다.

(1) 도시 연구의 선구자들

도시 연구는 19세기 말의 도시통계자료조사, 특히 의료통계와 인구통계에서 시작된다. 자료조사의 목적은 전염병을 예방하고 조세부과를 위해 인구통계를 확실히 하고, 도시·농촌 이주현상을 파악하여 사회를 통제하는 것이었다. 19세기 중순까지는 도시와 농촌의 경계가 불분명했기 때문에 통계라고 해도 도시를 단위로 한 것이 아니라 행정통제가 가능한 주거지역을 단위로 삼았을 뿐이다.[37] 19세기 중반에 들어와 산업화 과정에서 도시와 농촌의 격차가 심해지면서 원래의 의미에서 도시의 사회통계를 수집할 수 있었다.

산업화가 가장 먼저 발전된 영국에서 '사회조사(social survey)'라는 이름으로 경험적 사회조사연구가 실시되었다. 이런 사회연구의 방향은 영국에서 19세기 말에 널리 유행한 실천지향적 관점과도 일치하였다. 실천지향적인 연구자들은 이론정립에 대해서는 관심이 적거나 아예 관심이 없었다. 이런 연구경향에는 인간발전도 다른 종족의 진화와 다를 바 없다는 사회진화론의 영향이 컸다. 사회진화론에 따르면 인간의 생활형태는 적자생존에 의해 결정된다. 사회조사연구의 결과를 가지고서는 위와 같은 근본적인 이론을 뒤집을 수도 검토할 수도 없다. 고작해야 이론의 타당성을 확인시켜줄 수 있을 뿐이다.

---

37) Vgl. Pfeil([2]1972), 27-38; Korte(1986), 100ff.

사회진화론적인 흐름은 미국과 프랑스에서 각각 달리 받아들여졌다. 경험적 사회연구에 집중하는 시카고학파는 사회진화론을 신봉하고 있었던 반면에, 프랑스에서는 이론형성에 초점을 맞추었다. 에밀 뒤르켐(Émile Durkheim)과 모리스 알박스(Maurice Halbwachs)의 '사회형태학(soziale Morphologie)'은 영국의 '사회조사'와 견줄 만하다. 뒤르켐은 인구학적 자료들을 양적 기법으로 분석하여 사회의 '물질적 토대'를 파악하려고 시도하였다. 이를 위해 뒤르켐은 사회진화론과 '생물학적 환원주의(Biologismus)'에 반대하며 자신의 '사회학주의(Soziologismus)'를 주창하였다. 결론적으로 프랑스의 도시 연구는 좀더 문화에 치중되었고 미국의 연구는 생물학적인 지향성이 짙어졌다. 독일에서 두드러진 현상은 정치적 영향을 꼽을 수 있다. 독일에서는 도시 연구가 시작될 때부터 이미 국가가 사회정치적인 영역에 광범위하게 개입해 있었다. 독일 사회학은 관념론을 지향하고 있다. 따라서 접근방법의 중심에는 사회집단이 있고 영국에서처럼 개인이 자리잡고 있지 않다.

고전사회학자들인 페르디난트 퇴니스(Ferdinand Tönnies), 막스 베버(Max Weber) 그리고 게오르그 짐멜(Georg Simmel)은 도시를 단지 전체사회의 일부로서만 연구하였다. 그들의 관심은 일차적으로 사회학적 사회이론을 만드는 데에 있었기에 도시는 하나의 보기일 따름이었다. 고전사회학자들은 도시 연구를 일반적인 사회학으로 통합하려고 했다. 따라서 독일의 도시 연구는 이론적으로 특히 이념형적 개념규정을 지향하고 있었다. 이러한 경향은 두 가지 결과를 초래했다. 한편으로는 실제적 개념이 형성되기 어려워지고, 다른 한편으로는 이념형적 개념을 기초로 하여 이론이 만들어지게 된다.

고전사회학자들은 도시를 역사적인 공간형태로 파악하려면 다음의 두 가지 질문에 답을 해야 한다는 것을 잘 알고 있었다. 첫 번째 질문은 도시와 농촌이 대립관계나 공존관계를 가지고 있는가이다. 두번째 질문은 도시의 전형적인 특징들이 명백하게 존재하는가이다. 이제부터는 고전사회학자들이 앞의 질문들을 어떻게 풀어나갔는지를 살펴보겠다.

퇴니스는 이념형적 개념들을 만들어 다양하게 구성된 생활형태를 연구하는 데 도움을 주었다. 그는 기본적으로 도시와 농촌의 일반적인 관계에 관심이 있었다.38) 도시의 생활형태가 탄생한 역사적 사건을 다루면서 '공동사회(Gemeinschaft)'와 '이익사회(Gesellschaft)'라는 두 개의 개념을 사용하였다. 이익사회와 공동사회는 서로 반대되는 개념이다.

> 사실로 보거나 이름으로 보거나 공동사회는 오래된 것이고 이익사회는 새로운 것이다. (…) 공동사회에서는 지속적으로 정말로 함께 사는 것이고, 이익사회에서는 임시로 다만 겉으로만 함께 사는 것이다.39)

공동사회는 다음과 같이 셋으로 나뉜다. 즉 친척(=혈연관계), 이웃(=장소의 공동사회), 우정(=정신의 공동사회). 퇴니스가 보기에 공동사회의 생활양식은 점점 줄어들고 이익사회의 생활양식은 점점 늘어난다. 이와 달리 도시와 촌락을 공존하는 생활양식으로 보는 사회학자들도 있다. 이들은 퇴니스의 개념을 다음과 같이 비판한다.

---

38) Vgl. Korte(1972); Herlyn(²1969), 155f.
39) Tönnies(⁸1979), 4.

> 두 개념들 '공동사회'와 '이익사회'는 실체가 아니라 자유롭게 움직이는 관계의 특징들이라고 생각해야 한다. 이 특징들은 경우에 따라서는 같은 사회상 속에 동시에 나타날 수 있다.[40]

모든 주거형태들은 맨 처음에 —장기적이든 단기적이든— 지역공동사회(=장소의 공동사회)에서 출발하며 공동사회의 특징과 이익사회의 특징 모두를 보여준다. 이래서 데트레브 입슨(Detlev Ipsen)은 퇴니스의 가설에 반대한다. 그에 따르면 적어도 독일이라는 문화공간에서 도시와 촌락의 관계양식은 하나만이 아니었고, 지난 130년 동안 여러 개의 서로 다른 관계양식들이 있었다.[41] 이러한 '도시-촌락-연속성-이론(Stadt-Land-Kontinuum-Theorie)'은 서로 공유점이 전혀 없는 배타적인 이념형을 거부하고 대신에 연속적으로 변화해온 '관계양식'을 도입한다. 하지만 이런 입장에서도 새로운 생활형태가 출현하면 거기에 따라 새로운 개념이 생긴다는 사실을 전면적으로 부정하지는 않는다. 따라서 퇴니스의 이념형적 개념들을 최초의 접근방식으로서 적용할 수 있다.

베버는 도시의 역사적 의미를 주로 살펴보면서 도시의 발달을 시장과 부르주아 계급의 탄생이라는 변수와 연결시킨다. 우선적으로 도시는 시장으로서의 경제적인 의미를 얻었고, 차츰 상거래가 아닌 다른 활동이 일어나는 사회적 공간으로서 확대된 사회적 의미를 가지게 되었다. 이런 관점에서 출발해서 베버는 합리화과정이 진행되면서 어떻게 도시에서 관계양식들이 변했는가를 연구한다. 전과는 아주 다른 새로운 관계양식으로 그는 '결사조합(Vereinswesen)'을 들었다. 베버는 결사조합을 공동체가 형성되는 장

---

40) König(1967), 95.
41) Ipsen(1991), 155.

소라고 보았다.[42] 이로써 그는 결사조합 활동이 단지 공동사회에 기초를 두고 있다는 의견에 반대하는 것이다. 후자의 이분법적 의견에 따르면 결사조합은 결국 보수적인 성향, 말하자면 잃어버린 과거를 부활시키려는 성향을 가질 뿐이다. 하지만 베버의 방법론적 개인주의에 따르면 함께 사는 형태도 일반적인 합리화과정에 적응해나갈 수밖에 없다. 베버가 한 제안은 1980년대에 자발적으로 형성된 연대조직들이 정치적 학문적 논의를 일으키자 다시금 주목을 받게 되었다.[43]

짐멜의 논문 「대도시와 정신적 삶」은 도시생활에 대한 고전적인 입문서로 읽히고 있다.[44] 짐멜은 이 글에서 대도시의 특징을 촌락과 대비시켜 명백히 드러내고 있으며 철학적으로도 정교한 논의를 펼치고 있다. 짐멜이 논문의 대상으로 설정한 20세기 초 당시의 베를린은 오늘날에 비교해볼 때 대도시라고 할 것까지도 없지만, 그가 관찰한 바는 이제까지도 시사하는 면이 많다. 짐멜은 도시의 생활형태가 어떻게 정신적인 개인주의화와 감성적인 특징에 영향을 주는지에 초점을 맞추었다. 도시적 삶의 영향은 양면적이다. 한편으로 도시에 사는 인간들은 권태증과 냉담증에 걸려있다. 이런 정신적 증후는 도시생활이 주는 과잉자극에 적절히 반응하기 위해서 도시인들이 생산해낸 조절·방어기제이다. 다른 한편으로 도시생활에는 사람들을 짓누르는 소심증과 선입견이 적기 때문에 개인적인 자유가 커진다.

앞에서 말한 고전사회학자 세 명은 도시 연구에 지금까지도 영감과 자극을 주고 있다. 퇴니스의 개념틀은 공동생활의 형태를

42) Vgl. Weber(1911), 52-62.

43) Zimmer, A.(1992), 9.

44) Vgl. Simmel(1957a), “Die Großstädte und das Geistesleben.”

연구할 때 중요하다. 베버의 도시분석은 도시의 기능을 파악하려면 기본적으로 거쳐 가야 한다. 마지막으로 짐멜은 도시문화를 이해하려 할 때 유익하다. 나중에 나온 도시 연구자들은 자주 고전사회학자들을 인용하였으며 지금까지도 특히 이론구성을 할 때는 고전사회학자의 논의로 거슬러 올라간다. 하지만 이 학문적인 후손들은 옛 스승들의 생각을 현재의 구체적인 사회세계에 응용시켜야 하는 과제를 안고 있다.

(2) 시카고학파

20세기 초에 도시 연구는 미국 사회학에서 우위를 차지하였다.[45] 1920년부터 1932년까지 '시카고학파의 고전 시대'가 열리게 된 것이다.[46] 우선 미국의 도시 연구를 이해하려면 짐멜과 로버트 파크(Robert E. Park)의 정신적인 관계를 살펴보아야 한다. 이 두 사람의 관계가 미국 도시 연구와 독일 도시 연구의 상호작용을 오랫동안 규정했기 때문이다. 시카고학파의 창시자인 파크는 한동안 베를린에서 짐멜의 강의를 들었다. 특히 파크는 짐멜의 선구적인 저작 「대도시와 정신적 삶」에 감명을 받았다. 파크의 기본개념인 '상호작용(Wechselwirkung)'은 짐멜의 영향을 잘 나타내고 있다. 하지만 두 학자들은 서로 다른 시각을 가지고 있었다.

미국 도시들은 기하학적인 각도를 보이지만, 오랫동안 천천히 자라난 유럽도시들은 그림같이 비유적인 침침한 모습으로 비친다.[47] 1920년대와 1930년대의 시카고는 여러 나라에서 온 이민자

45) 보기를 들면 파크는 1914년부터 강사로서 일했고 1923년부터 시카고대학교의 사회학과 교수를 역임하였다. Vgl. Park(1915), Park/Burgess(^{3}1969), Park/Burgess/McKenzie(^{3}1927).

46) Vgl. Bulmer(1984), bes. 190-207.

들이 모여 사는 조그만 촌락공동체들을 한데 모아놓은 곳과 같았다. 미국인이 아닌 사람들의 비율은 껑충 뛰었고 사회적·경제적 갈등이 대단히 심각했다. 그 당시 시카고에는 이미 70개의 구역들에 대한 인구통계가 나와 있어서 그대로 자료로 사용할 수 있었다. 이러한 통계적인 뒷받침이 없었더라면 '사회생태학'의 발전은 불가능했을 것이다.[48] 이에 반해서 짐멜이 살던 당시의 베를린에는 전통적인 지식인들이 살고 있었고 그들은 대도시에 대해 아직도 회의적인 태도를 가지고 있었다.

시카고학파의 '사회생태학'은 그 당시 미국 사회학계에 팽배했던 사회진화론과 깊이 연관되어 있었다. 사회생태학에 따르면 사회적 세계는 '생명의 영역(Biotop)', 곧 '자연적 영역(natural area)'이다. 경쟁관계는 일종의 생존을 위한 전쟁으로서 자연스럽고 본질적인 것이다. 결과적으로 "도시의 사회공간적 배열은 (…) 물질적 공간적 희소자원을 두고 경쟁한 결과"[49]인 것이다. 대도시는 "공간적으로 자리잡은 사회적 세계들의 배열"이며 이 속에서 "대도시에 특수한 새로운 직업유형, 개성, 성향과 행동방식"이 생기게 된다.[50]

경쟁 때문에 도시구역들의 분화, 곧 '도시 안의 도시(cities within cities)'가 생긴다. 다시 말해서 하나의 도시는 여러 개의 도시공간들로 이루어져 있는 것이다. 이런 과정에서 민족적인 그리고 사회적인 다양성을 반영하는 공간적인 격리현상이 일어나게 된다. 파크는 "이질적인 사회에서 인간이 함께 살 수 있는 합리적인 가능

47) Lindner(1990), 99. Vgl. Lichtenberger(1989).

48) 이는 17세기와 18세기의 기존통계들이 도시통계를 위해서 필수불가결했던 것과 마찬가지이다.

49) Lindner(1990), 79.

50) Ebd., 108.

성이 있는가?" 하는 질문을 던진다. 파크는 확실히 개혁주의자들과는 다르다. 개혁주의자들은 이웃사랑을 강조하면서 다음과 같은 질문을 던진다. "어떻게 하면 이질적인 사회를 동질적으로 만들 수 있는가?"[51] 이와 같은 질문방식의 차이는 도시 연구가 도시계획과 밀접한 연관을 갖게 될 때 갈등을 불러일으킬 수 있다. 이 잠재적인 갈등이 오늘날 나타나는 곳은 특히 도시발달을 위한 국가의 개입과 도시계획이 근간을 이루고 있는 독일이다.

파크에 따르면 경쟁은 '생물학적' 요인들의 기능이다. 그는 식물이나 동물세계가 가진 본능적 행동말고도 '문화적' 의사소통형식을 인간세계에 부여하기도 하였지만, 이러한 생물학적 결정론은 많은 비판을 받아왔다.[52] 로데릭 맥켄지(Roderik D. McKenzie)는 경쟁은 '경제적' 요인들의 기능이라고 본다. 이 경제적 요인들에는 다른 요인들(지리적, 문화적, 기술적, 정치적 그리고 행정적 요인)도 포함되어 있다. 맥켄지는 생명학적 수준과 문화적 수준을 2분해서 보는 입장을 이론적으로 지양하려고 한다. 맥켄지의 개념을 뒤이어서 '사회적 영역 분석(social area analysis)'이 생겼고, 그 다음에는 요인생태학으로 발달하였다.[53]

사회생태학은 생물학주의뿐만 아니라, '생태학적 오류(ökologische Fehlinterpretation)'로도 비난의 대상이 되었다. '생태학적 오류'는 환경적 단위의 특징들을 이 단위 안에 있는 사람들에게 그대로 전가하여 개인을 바라보는 것을 말한다. 이러한 시각은 개념적인

51) Makropoulos(1988), 14-21.
52) Vgl. Hamm(1976), 100ff; Mckenzie(1974).
53) '사회적 영역(social area)'은 시카고학파의 '자연적 영역(natural area)'에 대립하는 개념이다. 사회적 영역 분석에서는 자연적 영역이 어떠한 동질적인 하위구역을 형성해가는가에 초점을 둔다. Vgl. Shevky/Bell(1974).

도구들이 지닌 방법론적 한계를 무시했다는 비난을 받아왔다. 이 비판을 받아들여서 오류해석의 위험을 줄여보려고 여러 가지 다른 요인들을 연구의 개념도구에 첨가시키려는 노력도 있다.[54] 파크의 입장은 사회조사연구, 특히 경쟁관계 때문에 생긴 격리화 과정의 범위와 원인을 상세하게 분화시켜 캐묻는 연구에 아직까지도 영향을 미치고 있다.

1930년대에 시카고학파가 힘을 잃으면서 사회생태학도 약점을 많이 드러내게 되었다.[55] 해결해야 할 과제는 "부가이론(additive Theorien)의 도움을 받아 좀더 나은 이론들을 적용하고 발전시키는 일"이었다.[56] 이 과제를 해결하는 데에 독일의 도시 연구자들이 크게 기여할 수 있었는데 그 이유는 독일 사회학의 강점이 이론 구성에 있었기 때문이다.

제2차 세계대전이 끝나자 시카고학파의 사회생태학이 독일에 수입되었고 1960년대와 70년대에는 다시 주목을 받았다. 그때까지 오랫동안 독일 사회학계에서는 "공간구조와 사회행동의 관계에 대한 연구를 소홀히 해왔다."[57] 이 학문의 수용과정은 두 나라가 지닌 성향의 차이를 잘 반영하고 있다.

(3) 시카고학파의 독일식 수용

바이마르 공화국에서 제3제국까지는 국가사회주의가 강해지고 자유롭고 개방적인 사상은 점점 제한된 시기이다. 국가사회주의

---

54) 보기로서 사회적 위치, 도시화 정도, 격리화 정도, 그리고 인구, 조직, 환경과 기술을 들 수 있다.
55) 시카고학파의 쇠퇴에 대해서는 이 장의 1.-1)의 (2)를 볼 것.
56) Friedrichs(1988), 11.
57) Korte(1986), 100.

적인 이데올로기 아래에서 '이웃관계'의 중요성이 전쟁을 정당화하기 위한 동맹이념으로 정치적으로 이용되었다.

제1차 세계대전이 끝나고 인적 연결망으로서의 이웃관계는 도시 연구의 토대가 되었고, 반면에 좌파지향적인 학자들은 이러한 국가사회주의적인 이웃관계 이데올로기를 비판적으로 바라보았다. 제2차 세계대전 이후로 서독의 사회학은 미국 기능주의의 영향을 받게 되었다. 이로 말미암아 독일에 뿌리박힌 역사유물론적 사고가 차츰 사라졌다. 이런 상황이 변한 것은 1960년대에 이르러서이다. 이때부터 도시를 더 이상 기술적으로만 분석하지 않고 사회역사적으로 분석하기 시작한다. 이러한 배경에서 두 가지 비판적인 접근방법, 곧 도시의 일반적인 정치적 발달에 초점을 둔 접근방법과 자본주의의 착취에 대항하는 행위의 필연성에 초점을 둔 접근방법이 발전되었다.[58] 보수적인 세력들은 진보를 앞세운 무차별한 도시건설에 반대하고 인간적인 도시를 계획할 것을 주장하면서 사회비판에 합세했다.[59] 사회비판은 1960년대 초와 1970년대 후반에 진행된 대도시 발달을 못마땅하게 여기고 있었다.[60]

1970년대 초에 엘리자베스 파일(Elisabeth Pfeil)은 독일 사회학의 흐름에 대해서 유감을 표시했다. 독일 사회학은 너무나 거대이론을 만들고 이념형을 조리하는 데 힘을 쏟고 있어서, 일상생활과 대도시생활의 실제유형들을 거의 연구하지 않고 있다는 것이다.[61] 1970년대에는 다른 조짐도 보였다. 우선 도시발달과 도시계

58) Vgl. Korte(1986), 13-17.

59) Vgl. Mitscherlich(1965). 비판의 초점은 학문적인 행위에 있는 게 아니라 정치적 행위에 있다. 바르트(Bahrdt)는 도시가 어떻게 세워지며, 어떻게 사적부문과 공적부문이 엇물려있는지에 질문을 던진다. 그는 인도주의적인 도시건설에 관심이 있다(vgl. Bahrdt 1968).

60) Korte(1986), 5.

획의 과정에 대한 경험적 지식이 증가하였다. 그 다음에 도시사회학이 학문적인 세계와 실제세계에 확실하게 자리를 잡았다. 마지막으로 이론적인 기초가 확대 공고화되었다.[62]

1970년대 중반에야 비로소 도시 연구의 몇몇 접근방법들이 논의되었는데 이 논의의 기본배경은 미국의 사회생태학이었다. 시카고의 사회생태학을 도입하면서 독일 사회학자들은 도시사회학의 입지를 두고 논쟁을 벌였다. 이론적인 일반 사회학에 넣어야 하는지 또는 경험적인 '~사회학'에 넣어야 하는지가 논의의 초점이 되었다. 하지만 도시사회학의 입지를 두고 논란을 벌인 나라는 독일뿐이었다. 이런 현상은 미국과 독일의 기질차이라고 볼 수 있다. 미국 사회학자들은 1920년대 이후로 사회생태학이 일반 사회학의 일부분인지 아닌지에 관심이 없었다. 보기를 들어서 파크는 '일반 사회학에의 입문'에다 사회생태학적 개념을 기본적으로 도입하였다.[63]

이와 같이 도시 연구가 다르게 전개된 이유로는 독일 도시와 미국 도시가 지닌 역사적 사회적 차이를 들 수도 있다. 미국 도시는 '텅빈(leer)' 공간에 건설되었다. 처음에 이주한 미국인들에게 자신들의 공간은 아무런 역사도 없었다. 다시 말해서 그들은 그 공간과 아무런 관련이 없는 사람들이었던 것이다. 각 집단들은 자신들의 공간을 만들었고 그래서 지금처럼 이질적인 공간관이 생겼다. 이런 맥락에서 파크는 어떻게 해서 이질적인 인구집단들이 다원적으로 함께 살 수 있을까라는 물음을 던지게 된다.

이에 반해서 독일 도시들은 오래된 역사를 가지고 있다. 도시

61) Pfeil(^{2}1972), 69.
62) Korte(1986), 1f.
63) Vgl. Park(1936a, 1936b, 1952), Park/Burgess(^{3}1969).

사람들은 도시가 탄생하여 발달하기까지 협력하며 운명을 함께했던 것이다. 역사가 흐르면서 계층의식이 안정되게 자리잡았고 수직적인 공간관도 성장하게 되었다. 따라서 이질적이고 다원적인 공간관이 퍼져 있는 미국과는 달리, 독일에는 동질적이고 유기적인 공간관이 퍼져 있다. 결론적으로 독일의 도시 연구자들은 도시를 다양한 집단들이 존재하고 상호작용하면서 상호의존되어 있는 단일체로 간주한다.

2) 독일 도시 연구의 특수성

독일 도시 연구의 특징으로는 이론구성과 도시계획을 꼽을 수 있다. 도시계획의 측면에서 보자면 늦어도 20세기 초부터 독일의 도시발달은 공공보조에 의존해왔다. 물론 공공보조는 공공개입과 직접 이어져 있다. 따라서 독일 도시 연구의 최근사를 보려면 국가의 개입을 살펴보아야 한다. 이에 덧붙여 독일의 도시 연구에서는 역사적 조건을 이론에 통합하여 이론과 경험조사의 의사소통을 원활히 하려고 시도한다. 여기서는 먼저 실제적이고 도시계획적인 측면을 다루기로 하겠다. 왜냐하면 실제적인 도시 연구의 발달이 이론형성에 자극을 주었기 때문이다.

(1) 도시계획과 도시형성

'(도시)계획사회학'은 경험적인 시카고학파의 독일판이라 할 수 있다. 도시들은 점점 더 계획되어 만들어진다. 따라서 '공간계획'과 '공간형성'은 도시 연구의 주요 주제가 되었다. 이 주제는 1971년 7월 27일에 '도시건설촉진법(Städtebauförderungsgesetz, StBauFG)'이 만들어지면서 더욱 주목을 받았다. 도시건설촉진법 제4조(StBauFG§4)에 따르면 도시 당국은 다음과 같은 의무가 있다.

> 도시 당국은 주택개선사업이 필요한 지역을 공식적으로 설정하기 위해 사전조사를 실시해야 한다. 또한 주택개선사업의 필요성과 사회적 구조적 도시건축상의 관계, 달성하고자하는 일반목표와 주택개선사업의 실시가능성을 심의결정하는 데 필요한 자료를 얻을 수 있도록 조치를 취해야 한다.[64]

이 법에 따르면 전문가들뿐만 아니라 해당주민들도 주택개선사업에 참여하게 된다.[65] 공간계획에의 시민참여는 새로운 권력의 배열을 가져온다. 따라서 어느 집단들이 결정과정에 통합되며 각 집단들이 어떤 역할을 맡게 되는지가 중요하다. 따라서 이제부터는 시민참여운동을 조직적인 측면에서 그리고 공간에 나타난 결과를 중심으로 살펴보겠다. 구체적으로 시민들이 그들의 의지를 관철할 수 있는지, 관철한다면 어느 정도인지에 초점을 맞출 것이다.

① 조직

'시민참여(Bürgerbeteiligung)'는 자발적인 연합단체이며 '결사체(Verein)' '협회(Verband)'와 '시민연대(Bürgerinitiative)' 등이 이에 속한다. 시민참여의 전형적인 형태로서 아래에서는 시민연대를 살펴보기로 한다. 시민연대는 그때그때 목적에 따라 자발적으로 생긴다.

64) Bundesgesetzblatt(BGBl) I, 466.

65) 1974년 카셀(Kassel)에서 열린 제17차 '사회학대회'에서는 도시사회학과 지역사회학 분과에서 '도시계획에서의 사회계획'이라는 주제를 다루면서 도시사회학을 도시건설촉진법(StBauFG)에 적용할 수 있는가에 대해 토의하였다(Korte 1986, 26f).

> 대표민주주의 사회에서 정당들이 해야 할 주요기능은 원천적으로 문제점과 의견과 이해관계와 욕구를 대변하는 일이다. (…) 하지만 정당활동의 영역은 제한되어 있어서, 민족의 욕구와 관심사와 의견들을 수집해서 정치적인 주제로 부각시키기에 역부족이다.[66]

이와 같이 국가기구가 미처 못 보고 지나쳤던 점들을 시민연대 활동은 들추어내는 것이다. 시민연대는 일반적으로 국가의 조치에 반대하는 활동을 한다. 기본적으로는 잘못된 정책을 비판하여 보강하는 데에 한정되어 있다. 그러나 시민연대가 제안을 했는데도 시민들의 이익이 관철되지 않을 때 시민연대는 기존체계를 보강하기를 멈추고 오히려 위험에 빠뜨릴 수도 있다. 시민들이 의식적으로 자신들의 이익을 국가의 이익에 대치시키는 것이다. 시민연대가 맡을 구체적 역할이 무엇인지는 어디에도 정확히 써있지 않다. 시민들이 실제상황에서 자신들의 이익을 추구하기 위해 어떤 방식을 취하느냐에 달려있을 뿐이다.

시민연대는 전체체제 안에서 활동을 하고 특히 도시정책이나 주택정책에 관한 결정에 간여한다. 몇몇의 문제들은 전체 사회의 차원에서 정치적으로 해결되어야만 한다. 시민연대가 지닌 특수성은 국가와 시장 사이에 끼여 있다는 사실이다.[67] 시민연대는 국가의지에 대항하지만 권력욕을 갖고 있지 않기 때문에 정치기구

---

66) Guggenberger/Kempf(^{2}1984), 13. '시민연대(Bürgerinitiative, BI)'라는 말은 1969년에 독일의회선거에 앞서 결성된 '선거민연대(Wählerinitiative)'에서 따온 말이라고 추측된다(Sontheimer ^{2}1984, 97). 1970년대 말까지의 시민참여가 해낸 일에 대해서는 Armbruster/Leisner(1975)을 볼 것.

67) 미국의 도시 연구에서는 자발적인 협회들이 시장경제와 국가의 중간에서 '제3부문'으로서 사회에서 없어서는 안될 주요부분으로 자리잡고 있다. 미국과 비교해볼 때 독일의 자발적인 협회들은 국가와 훨씬 협력해서 일하고 있다. 미국에서 제3부문은 '공동체주의(Kommunitarismus)'로서 확립되었다. Vgl. Etzioni(1995).

는 아니다. 그렇다고 해서 이윤확보를 목적으로 하는 상업단체도 아니다. 오히려 경제적인 계산에 반대하는 입장을 취하는 편이다.

그리고 도시문제는 오늘날 점점 행정상의 일로 넘어가고 있다. 행정당국과 협의하고 정보를 나누는 대화에서는 전문가들의 보조와 중재가 점점 더 절실해지고 있다. 특수지식을 가지고 전문가들은 주민들과 행정당국을 이어주는 것이다. 도시문제가 점점 분화되고 특수화되면 사실관계도 관료화되고 복잡하게 되어 시민들은 대부분 전문가의 조언에 의존할 수밖에 없다. 시민연대의 목표는 점점 더 구체적이고 실제적이 되어 과격한 측면은 줄어들고 있는 편이다.

이와 더불어 내부요인들도 변해간다. 시민연대가 회원들에게 행사할 수 있는 압력은 적다. 결속감도 견고하지 않다. 시민연대에 참여하는 개별집단들의 이익은 합치될 수도 있지만 상충될 수도 있다. 시민연대에 참여하면 당사자들은 공간계획과 공간형성에 참여해서 자신들의 이익을 공공수준에서 관철할 수 있는 기회를 얻을 수 있다. 이 과정에서 잠재해 있던 이익갈등이 표출되는 일도 잦다. 이 모든 것이 시민연대의 근본 의미인 '밑으로부터의 민주주의'에 어긋나는 현상이 아니다. 민주주의는 모든 수준에서 실현되어야 한다. 국가적 지역적 정책조치에 참여하는 모든 사람들과 이 정책의 대상인 당사자들 모두의 목소리가 나올 수 있어야 한다. 따라서 민주주의 실현과정에서 내적 메커니즘을 간과해서는 안 된다. 어떤 수준에서든 어떤 모임이든 동질적인 단위를 전제로 할 수 없다. 그들은 이질적인 모임이고 또 그렇게 남아있어야 한다.

시민 당사자들만 이질적이 아니라 협력과정에 들어온 전문가

들조차도 의견이 다를 수 있다. 전문가 집단으로는 도시 연구자, 사회복지사(Sozialarbeiter)와 건축사들이 꼽힌다. 그들의 임무는 시민참여에 연속성과 사실성을 부여하는 일이다. 하지만 전문가들 사이에 의견차이와 이익갈등이 있다는 것은 이미 공공연한 사실이기 때문에 시민참여에 전문가들이 들어오면 새로운 문제가 일어날 소지도 있다.

도시 연구자는 체계적으로 수집된 자료를 토대로 하여 전문적인 제안을 한다. 그렇지만 연구자는 문제가 되는 지역에 살지 않는 것이 보통이다. 이에 따른 장단점이 있을 수 있다. 자신들의 이익이 걸려있지 않기 때문에 그들은 편견 없이 문제를 볼 수 있는 반면에, 자신들이 자문하여 결정된 결과에 의해 개인적으로 아무런 영향도 받지 않으므로 별로 책임감이 없다. 사회복지사는 자신들의 협조를 필요로 했던 바로 그 (부정적인) 조건을 없애야 하는 '자기파멸적(selbstzerstörerisch)'인 상황에 처해 있다. 게다가 주민 당사자들은 도움이 필요한 사람들로서 취급을 받고 보호를 받으면서 만성적인 무기력증을 '학습'할 수 있다는 우려도 나오고 있다.[68] 건축사들의 역할에 대해서는 중요도를 감안하여 뒤에 따로 살펴보기로 하겠다.

---

68) '공동체사업(Gemeinwesenarbeit)'은 무기력증이 학습되는 것을 방지하기 위한 사회복지사업의 기본구상이다. 이에 따르면 당사자는 소비하는 고객이 아니라 자신의 생활조건을 개선하기 위한 조치를 취하려는 행위주체이다(Korte 1986, 60f.). 이는 '권한부여 개념(Empowermentkonzept)'이라고도 불린다(vgl. Guhl 1994). 다른 형태의 시민참여로서는 소위 '후원인 계획(Anwaltsplanung)'이 있다. 돈을 주고 독립적인 전문가를 고용해서 비특권층의 이해관계를 귀담아듣고 당사자들에게 자문과 상담을 하는 것을 목적으로 한다(Korte 1986, 58). '후원인 계획' 구상은 1960년대 중반에 미국의 '도시 계획 보조(Urban Planning Aid, UPA)'가 도입해서 적용한 방법이다. 원래 목적은 비특권층을 후원하는 것이었지만 실제 회원들은 대부분 중산층이었다.

② 공간계획

시민연대는 기본적으로 공간과 관련된 운동이다.[69] 그리고 시민연대에 구체적으로 조직되어 있는 사람들의 이익관계에 따라 이 시민연대가 공간형성 및 공간계획에서 주장하는 바도 달라진다. 공간계획에 대한 논의는 도시건축과 하부구조시설에 초점을 둔다. 하부구조시설을 만드는 데에는 주민들의 의견이 많이 반영되고, 도시건축양식에 대해서는 건설회사와 건축가들의 의견에 많이 의존한다. 다른 전문가들과 마찬가지로 건축가도 시대정신의 영향을 받는다. 현대에는 르 코브지에(Le Corbusier)의 건축양식이 삶과 주거에 기본적으로 영향을 미쳤고 그의 건축양식은 도시경관에서 뚜렷이 드러난다.[70]

제1차 세계대전이 끝나고 나서 르 코브지에는 기능적 도시 모델을 설계하였다. 그는 미국의 도시를 보고 깊은 감명을 받았다. 미국 도시들은 19세기 도시들과는 달리 진보관과 합리화 과정을 나타내고 있었던 것이다.[71] 르 코브지에가 주목한 도시의 기능은 기술적인 가능성과 정치적 기구에 관련되어 있었다. 노동지역과

---

69) 시민단체들은 다음과 같은 활동을 중심으로 한다. 유치원, 놀이터, 교통시설, 학교, 도시발달/도시시설 개선, 주변집단, 문화와 청소년(Sontheimer [2]1984, 98). 환경보호를 위한 '시민연대'는 지역적인 공간을 넘어서 독일 전역에서 정치적인 영향력을 얻게 되었다.

70) Vgl. Le Corbusier([2]1979).

71) 19세기 말에 카밀로 지테(Camillo Sitte)는 미학적인 건축예술이 이를 감상하는 인간의 영혼과 감성에 긍정적인 반응을 줄 수 있다는 관념론적이고 결정론적인 사상을 발달시켰다. 이러한 건축양식을 토대로 정체성과 향토애, 감수성과 정서가 생긴다는 것이다(Sitte [4]1909, bes. 187-211). 지테의 구상은 보수주의자의 높은 호응을 받았다. 지테의 사상을 이어 영국인 이브너쩌 하워드(Ebenezer Howard)는 '전원도시모델'을 설계하였다. 전원도시모델은 농촌의 장점(건강, 자연에의 인접성, 신선한 식품)과 도시의 장점(문화)을 함께 취하려고 노력한다(vgl. Howard 1968, 51-65).

주거지역은 분리되어야 하고 도시 중심가는 고층건물이 치솟아 있는 '명령센터'가 되어야 한다.

1925년에 르 코브지에는 파리의 일부분을 '미래계획(Plan Voisin)'에 따라 현대식으로 기능적으로 개조하였다.[72] 그가 창안한 모델은 가부장적인 시각을 내포하고 있다. 여자의 노동은 집안일이든 시 교외에서 하는 노동이든 상관없이 무시되었다. 노동과 여가, 중심과 주변을 따로 분리했기 때문에 "생활 리듬 자체가 단조로워지고 공간의 상관개념이 획일적"으로 되었다.[73] 1930년대에 설계된 '찬란한 도시(strahlende Stadt)' 모스크바는 "르 코브지에의 권위적인 입장을 그대로 드러내며 (…) 예술적이고 감각적인 욕구를 인간적으로 표출하지 못하고 나중에는 감옥과도 같은 모습"이 되었다는 판정을 받았다.[74] 르 코브지에의 설계구상은 이데올로기적인 함축성 때문에 비난을 많이 받았지만 1943년에 '아테네헌장(Charta von Athen)'에 영원히 새겨지게 되었다.[75]

그의 뒤를 이어 건축가들은 단일한 기능을 가진 도시구역들로 이루어진 도시문화를 구상하였다. 서로 다른 욕구들은 공간적으로 떨어진 영역(주거지역과 산업지역, 자유공원, 대학 등)에서 따로 충족시키도록 되어 있다. 생활공간들은 경쟁과 능력의 원칙에 따라야 하기 때문에 미리미리 계획해야만 한다. 르 코브지에의 '합리성, 기능성과 효율성'의 원칙은 오늘날까지도 지켜지고 있다. 대도시를 비판하는 사람들은 도시의 익명성과 단순기능성은 기능적 건축양식이 빚어낸 이데올로기적 정치적 결과라고 말한다.

---

72) Vgl. Le Corbusier(^{2}1979), 233-243.

73) Hilpert(1978), 136.

74) Ebd., 146.

75) Ebd., 223-227.

건축의 역사에 대해서 이 자리에서 더 깊게 들어갈 수는 없다. 그러나 건축양식의 정치적 의미에 대해서는 짚고 넘어가야 한다. 오늘날에는 건설회사가 새로운 건축을 하려면 건축설계도를 공모하는 것이 상례이다. 공모과정을 거치면서 주거공간의 특성 및 입주민의 구성은 미리 전문적으로 결정된다. 입주민들은 일반적으로 계획이 거의 끝날 즈음에야 협조요청을 받게 되고 건축양식의 입안과정에는 아무런 영향도 줄 수 없다. 따라서 주민들의 참여는 지극히 제한되어 있다. 이렇게 하면 건축양식의 정치적 함의가 전혀 검토를 거치지 않고 그대로 넘어갈 위험성이 크다. 이러한 위험을 피해가려면 주민들은 새로 입주하기 전에 이미 건설계획에 간여할 수 있어야 하며 전문적인 상담을 받을 수 있는 기회도 열려 있어야 한다.

하부구조시설을 만들 때에는 주민들이 훨씬 많은 영향력을 행사할 수 있다.[76] 하부구조시설은 민영시장뿐만 아니라 공공수단을 필요로 한다는 특성이 있다. 민영부문에서 필수적인 재화와 용역을 제공할 수 없으면 공공재화로 이 시설들을 마련해주어야 하는 것이다.[77] 하부구조가 사회 일반에서 중요할 수밖에 없는 이유는 기본적인 하부시설이 없으면 경제가 성장할 수 없기 때문이다. 물론 어떤 하부시설을 우선적으로 설치해야 하는가는 사회적인

---

76) 하부구조는 물질적, 제도적, 개인적인 시설과 기회구조를 말한다. 보기로는 학교, 여가활용시설, 상가백화점, 수영장, 스포츠시설, 놀이터, 직업재훈련기관, 극장, 행정기관, 병원, 차도, 정화조시설, 상하수도시설, 공동묘지가 있다. 도시건설보고서에 따르면 '사회적 하부구조'란 교육, 문화, 여가활용과 휴식, 건강과 사회활동의 분야가 잘 돌아가도록 기여하는 공적이거나 사적인 기관들을 말하고, 가계를 도와주는 직무수행기관과 구호사업기관의 일부분을 말하기도 한다 (Bundesminister für Raumordnung, Bauwesen und Städtebau 1975, 40).

77) Tuchtfeldt(1970), 125.

역사적인 맥락에 달린 정치적인 문제임에 틀림없다.

시민연대가 하부구조시설에 관심을 두는 이유 하나는 물론 '공공이익(Gemeinwohl)'을 추구하기 때문이고, 다른 하나는 시민연대에 참여한 사람들 각자도 이익을 얻으려고 하기 때문이다. 문제가 되는 것은 "도대체 어떤 것이 공공이익인지 아닌지를 누가 결정하는가?"이다.[78] 이 질문은 1960년대에 던져진 질문과도 같은 흐름에 서있다. "왜, 누가, 누구를 위해서 주택개선사업을 추진하는가?"[79] 이와 마찬가지로 아직 해결되지 않은 문제가 있다면,

> 사회적인 하부구조시설을 재분배함으로써, 이미 생산과정에서 형성된 사회적 불평등관계를 점차 약화시키거나 아니면 강화시킬 수 있는가이다.[80]

이 질문은 일반이론으로 대답할 수 없고 각 사례에 국한된 실제적인 대답을 찾을 수밖에 없다. 따라서 도시 연구는 실천에 잇따르는 결정과정을 좇아가야 한다. 이로써 도시 연구는 실천에 기초를 둔 이론 구성에 자극을 줄 수 있다.[81] 결정적인 질문은 "공간적인 구조화와 사회적인 구조화는 어떤 권력관계에 서있는가?"이다.

(2) 다학문 상호협력 이론

제2차 세계대전 이후에 시작된 건축 붐은 1970년대까지 계속되었다. 동시에 높은 인구밀도, 보수공사의 필요성, 차별의 심화와 같은 새로운 문제들이 생겼다. 건축 붐이 수그러들면서 도시

78) Hollihn(1976), 223.
79) Vgl. Mitscherlich(1965).
80) Herlyn(1980), 1.
81) Korte(1986), 34ff.

연구자들이 도시계획에 간여하는 횟수도 줄어들었다. 도시 연구에는 오랫동안 풀리지 않은 문제, 곧 '이론과 확증된 가설의 결여'라는 문제가 다시 떠올랐다.[82)]

사회학적인 도시이론을 형성하는 작업이 어려운 이유는 도시가 전체 사회에 엇물려 있었기 때문이고, 또한 도시 자체가 내부 역학과 외적인 강제로 말미암아 끊임없이 변하고 있기 때문이다. 도시를 둘러싼 여러 가지 상황을 들어가면서 위르겐 프리드리히스(Jürgen Friedrichs)는 전통적으로 내려온 이론적 노력들, 보기를 들어 사회분석과 도시분석을 분리시키려는 노력, 도시사회학의 대상 영역을 분명히 하려는 노력, 도시를 정확하게 정의하려는 노력이 무의미하다고 주장한다. 전통적인 접근방법으로는 구체적인 사실 관계를 잘 나타낼 수 없고 개념상의 혼란만 가중된다는 것이다.

이와 같은 이유로 서독의 도시 연구에서는 '공동체사회학(Gemeindesoziologie)'과 '대도시 연구'의 고전적인 분리가 무의미하다고 보고 점차 분리를 폐지하였다.[83)] 프리드리히스는 겉으로만 가상

82) Friedrichs(1977), 11.

83) Ebd., 33. 독일의 도시 연구를 개관하려면 『공동체에 대한 사회학 *Soziologie der Gemeinde*』을 볼 것(König [4]1972, vgl. Korte 1972). 『공동체에 대한 사회학』은 '공동체사회학(Gemeindesoziologie)'과 '대도시 연구(Großstadtforschung)'로 나뉜다. 둘을 나누는 기준은 도시의 탄생을 '일반적인 것'으로 보는가 아니면 '특별한 것'으로 보는가이다. 르네 쾨니히(René König)는 공동체를 세계적인 사회라고 본다 (König [4]1972, 1). 그는 이웃관계에 관심을 두고 공동체의 크기라든가 행정구획에는 초점을 맞추지 않는다. 공동체는 무엇보다도 이웃관계의 소통이며 연결망이기 때문이다. 베른트 햄(Bernd Hamm)은 사회생태학을 일반적인 '취락사회학'에 이어보려고 한다. 그는 베른(Bern) 시를 보기로 하여 사회생태학적인 문제점들을 도시계획 실천인에 직접 적용하여 사용할 수 있는지를 연구한다(Hamm 1977, 225). 이로써 그는 공간과 행동의 관계에 대한 질문들에 대한 해답을 찾으려는 것이다(Hamm 1973, 102). '대도시 연구'는 생활세계가 도시화하고 합리화되면서 이에 대한 반응으로 생긴다. 도시는 고유의 특성을 지닌 폐쇄적이고 동일한 단위로 다루어진다.

적으로 대립하는 연구방향들을 통합하려고 애쓴다. 그는 시카고 학파의 사회생태학을 출발점으로 삼아 "사회학적 가설들을 체계화하여 이를 토대로 사회학적 도시 연구의 제안들을 만들어내려고"[84] 시도한다. 그의 목적은 사회생태학적 관점을 바탕으로 '사회적 영역 분석', 곧 '사회공간 조직모델(sozialräumliches Organisations-modell)'[85]을 발전시키는 것이다. 이 모델을 사용하면 도시사회학에서 '요인생태학적 연구'와 '생태학적 복합성 연구'의 모순대립관계, 곧 귀납적 방법과 연역적 방법의 고전적인 모순관계를 지양할 수 있다. '사회공간 조직모델'은 개인에서 주거지역, 도시구역, 도시, 지역, 사회, 촌락, 상호연결되어 있는 세계로까지 확대해서 적용할 수 있다.[86] 프리드리히스의 이론에 따르면 도시는 이제 더 이상 도시사회학의 전유물이 아니라 사회학 이론들의 응용분야이다. 이런 의미에서 프리드리히스는 '도시사회학(Stadtsoziologie)'이라는 표현 대신에 '사회학적 도시 연구(soziologische Stadtforschung)'라는 말을 붙인다.[87] 왜냐하면 '도시사회학'이라는 말은 도시에 대한 사회학이 다른 학문적 원칙들과 상관없이 홀로 존재할 수 있다는 인상을 풍기기 때문이다.

따라서 도시사회학은 하위부문 사회학에서 일반이론으로 발전하였다. 이론적 관심은 사회적 공간적 불평등으로서의 격리현상

독일에서 시카고학파를 수용할 때에는 번역의 문제가 발생한다. '커뮤니티(community)'를 '게마인샤프트(Gemeinschaft)'로 번역할 수 있는가이다. '커뮤니티'는 여러 가지 단위들로 구성되는 한편, '게마인샤프트'는 동질적인 단위임을 함축하고 있기 때문이다. 동질적인 단위라는 의미에서 보자면 '커뮤니티'는 '게마인샤프트'가 아니다.

84) Friedrichs(1977), 12.

85) 이 장의 각주 53)을 볼 것.

86) Vgl. Friedrichs(1995), 22ff.

87) Friedrichs(1992), 31.

에 모아졌다. 게다가 여러 학제간 상호협력연구가 뚜렷이 증가함으로써 도시 연구의 발달과 성숙에 여러모로 기여하였다. 협력연구분야로서 지리학과 민속학이 큰 역할을 하였다.

도시사회학과 '지리연구(geographische Forschung)'의 협력관계는 시카고학파에까지 거슬러 올라간다. 도시지리학에서 뚜렷이 나타나는 것처럼 공간 구성은 사회적인 맥락에서 해석되었다.[88] 지리학과 도시 연구의 친화성은 1991년 '지리학대회(Geographentag)'에서 열린 '도시지리학(Stadtgeographie)' 회의에서 확실하게 드러났다. 이 대회에서 린하르트 뢰춰(Lienhard Lötscher)는 미국에서 연구의 중심주제가 '공간 안에 있는 도시(Stadt im Raum)'에서 '공간으로서의 도시(Stadt als Raum)'로 옮겨가고 있고, '경제지리학적인 주제'보다는 '사회지리학적인 주제'를 더 많이 다루고 있다고 보고했다.[89] 더 나아가 사회적 경제적 맥락 이외에도 빼놓지 말아야 할 것은 정치적인 맥락이라고 지적했다.

뢰춰는 독일에 있는 두 가지 새로운 문제, 곧 제2차 세계대전 이후 도시의 기형적 발전과 독일 통일 뒤의 새로운 공간질서를 지적했다. 이 때문에 주택시장의 수급상황이 나빠지고 외국인 적대감과 이민자 적대감이 증가했다는 것이다.[90] 특히 생활방식이 다원화되고 인생의 단계가 분화되면서 도시의 모습도 달라진다.[91] 뢰춰는 이러한 사회적인 변화가 행위론적인 사회지리학에 그대로 반영된다는 점을 강조하고 있다. 따라서 오늘날의 지리학은 "현재

88) Vgl. Bartels(1968), 160-178. 베노 벨렌(Benno Werlen)은 사회지리학을 '행동지향적인 공간과학'으로 보는 종래의 사고방식에 반대한다. 이와 달리 그는 현상학적 이론을 바탕으로 사회지리학을 '행위과학'으로 본다(Werlen 1987, 23f.).

89) Lötscher(1992), 12.

90) Ebd., 19.

91) Ebd., 20.

에 맞게 응용하면서, 질문을 던지고 참여하면서, 학문 내부원칙에 충실하고 다른 학문과도 협력하면서" 일을 해나가야 한다.[92]

시카고학파는 자신들의 접근방법에 '인류학적 연구'도 덧붙여 도입해서 공동체들의 다양성과 공통성을 묘사하고 설명하려고 시도했다. 시카고학파는 시카고를 여러 나라에서 온 이민자들이 그들 고유의 촌락공동체적인 관습들을 남겨놓은 지역, 다시 말해서 '도시에 있는 여러 촌락들의 집합체(urban villages)'로 이해하고 있었다.[93] 이런 상황에서는 사회학보다는 인류학적 민속학적 묘사가 더 유용할 수 있다. 그러면 연구자는 내부인의 정보를 얻게 되어 '공동체(community)'를 안으로부터도 보고 동시에 외부세계의 시선으로도 볼 수 있기 때문이다. 인류학자들은 어떤 공동체가 존재하며 그 속에 사는 사람들은 그 공동체를 어떻게 이해하고 있는가에 초점을 맞춘다. 반면에 사회학자들은 현상을 설명하려는 데 중점을 둔다.

인류학적 연구를 도입하면서 공동체에 살고 있는 토착민들의 언어에 대한 관심이 증가하였다. 따라서 인류학의 고유한 방법인 현지조사방법을 도시 연구에서 사용하게 되었다. 인류학과 도시사회학의 친화적 관계를 바탕으로 해서 미국에는 1970년대에 '도시인류학(urban anthropology)'이 생겼다. '도시인류학'은 현대적인 복합사회에 있는 산업도시들을 인류학적으로 연구한다.

---

92) Ebd., 26.

93) 인류학의 발생과 발전은 제국주의 그리고 인종주의와 관련이 깊다. 인류학자들이 연구대상인 이른바 '낯선' '미개한' 또는 '문자 없는' 민족들에 대해 편견이 많다는 사실은 자주 지적되어왔다. 하지만 시간이 갈수록 다른 민족과 다른 문화에 대한 인류학자들의 자세도 달라지고 있다.

3. 줄임말

생애사 연구와 도시 연구의 역사는 부르주아계급과 도시가 탄생한 시점에서 출발한다. 넓게 보면 생애사를 쓰는 작업은 의식화 과정과 관련이 깊다. 따라서 이 작업은 역사적인 산물이다. 생애사를 쓰는 것은 특권층이 자신들을 정당화하기 위한 수단이었고, 시민들이 자아실현을 하기 위한 표현이었으며, 민족을 계몽시키고 노동자와 여자들을 의식화하기 위한 수단이었다.

생애사 연구는 무엇보다도 자서전을 쓰려는 사람들의 소망에 대한 사회연구자들의 반응이기도 하였다. 이와 더불어 의식형성에 영향을 준 사회적 조건도 함께 작용하였다. 폴란드에서는 국가의 지원과 통제가 생애사 연구에 힘을 주었고, 미국에서는 서로 다른 민족들이 함께 사는 조건이, 독일에서는 산업화의 발달이 영향을 주었던 것이다. 이렇게 생애사 연구에는 그때그때의 사회적인 압력이 크게 작용해왔다.

도시 연구의 기본자료는 예나 지금이나 도시통계이다. 이미 19세기 중순부터 도시통계는 관료적으로 후원을 받아 실시되었다. 이 통계자료를 기초로 도시 연구가 생겼고 발달하였던 것이다. 사회과학자들은 통계자료를 분석하면서 이와 동시에 도시의 역사적 이론적 배경을 연구하였다. 이렇게 유럽의 도시 연구는 일반적인 사회학 이론의 특징을 지니게 되었던 것이다. 반면에 미국에서는 경험적 연구에 치중하였다. 이 경험적 사회연구를 유럽에서 다시금 수입하였던 것이나. 미국으로부터 많은 영향을 받았지만 그래도 독일의 도시 연구는 도시계획과 이론구성에 중점을 두고 있었다.

생애사 연구와 도시 연구의 접근은 이론형성으로 가는 첫걸음으로 볼 수 있다. 1960년대까지 두 연구경향들은 서로 관심을 두지 않고 상대를 부차적인 것으로 취급했다. 두 연구경향이 따로따로 안정되어 제도화된 1980년대에 이르러서야 비로소 상호보완의 필요성이 공공연히 대두되었다. 생애사 연구는 주변환경의 영향을 점점 더 중요시하게 되었고 도시 연구는 사건사와 생애사를 점점 더 통합해나갔다.

이렇게 두 연구경향들이 가까워진 데에는 지리학과 민속학의 기여가 컸다. 지리학적 연구에서는 공간적 조건에 관심이 증폭되어 표현방법도 정교화하였다. 민속학적 연구에서는 여러 민족과 인종들의 문화현상을 연구하여 현지조사방법을 통해서 질적 방법을 더욱 개선시켰다.

오늘날 생애사 연구와 도시 연구는 비판적인 측면을 잃어가고 있다. 정치적 상업적 위탁자(또는 위탁기관)가 개입하여 전기 주인공과 생애사 연구자의 자율성이 제한되었다. 도시계획에 관여한 시민들과 도시 연구자들은 이제는 입법부와 대결하는 게 아니라 행정부와 대결하고 있다. 도시건설의 임무는 건축가와 건설회사에 위임되고 있다. 관료화와 시장화가 진전되어 단지 실제적인 해결책만이 절실하게 요구되었다. 이는 권력관계의 변화를 반영하기도 한다. 이렇게 새로이 배열된 권력관계를 탐구하는 것이 도시사회학의 과제이다.

제3장

경험적 사회조사연구: 중간 결산

> 그 전차는 맨날 달리던 철길이 너무도 지긋지긋해서,
> 과감히 그 철길에서 뛰어내려서
> 한번쯤 자기 마음대로 달려보려고 했지,
> 정해진 종착역에 가지 않고 말이야.
>
> 사고가 났어. 여행은 거기서 끝났지.
> 너희들도 항상 잊지 말거라.
> 네가 일단 전차로 세상에 나왔으면,
> 정해진 철길이 필요하다는 것을.
>
> Erich Kästner, 「불만에 찬 전차(Die unzufriedene Straßenbahn)」

이 장에서는 여태까지 경험적으로 축적된 생애사 연구와 도시 연구의 결과를 살펴보기로 하겠다. 경험적 자료는 현실에 가깝고 바탕이 있는 생활세계의 모습을 보여주고, 아직은 시간성과 공간성(삶과 주거, 생애사 연구와 도시 연구)의 개념적 형식적인 차이에 의해서 조각나 있지 않다는 장점이 있다.

삶의 시간적인 흐름은 일련의 하루계획표와 인생설계, 나아가

생애사로 이루어지는 것이다. 다시 말해서 하루계획들이 쌓여서 인생설계가 되고 이로부터 자신의 생애사가 생긴다. 생애사적 여정은 공간경험으로서 구체화되는데, 이 공간은 사적 공간에서 공적 공간에까지 걸쳐 있다. 인생행로의 변화는 공간적인 이동에 반영된다. "지위-경로는 동시에 공간-경로이다."[1]

이제부터 살펴볼 중간 결산은 생애사 유형과 주거형태의 변화에 중점을 두고 있다. 이를 위해서 도시 연구와 생애사 연구의 고리들을 함께 연결시킨다. 이러한 과정은 앞으로 경험적 연구를 하기 위한 출발점이다. 그리고 이 출발점을 반성적으로 검토하여 최근까지의 연구업적이 더욱 풍부하고 구체적으로 될 수 있는 길을 모색해본다.

1. 변화하는 삶과 주거

1) 삶의 시간과 삶의 공간의 쪼개짐

오늘날 정상적인 생애사에서는 법질서의 의미가 크다. 보기를 들어서 어떤 인생단계에서 어떤 행위가 바람직하다든가 적합하다든가 처벌받아야 한다든가 또는 사회성원은 인생행로에서 어떤 규범을 지켜야 한다든가 등은 대부분 법에 의해서 나이에 따른 역할로 정해진다. 이렇게 해서 넓은 의미에서는 사회질서가 만들어지고 지켜지는 것이다. 현대의 생애사 구성방식은 다음과 같이 말할 수 있다. 즉 인생설계의 시간계산화와 연대기화, 생활 시공

---

1) Behnken/Du Bois-Reymond/Zinnecker(1988), 5.

<표 2> 정상적인 생애사의 보기

인생단계	아동 (교육기간)	청소년	청년	성년	노년
가족순환주기*			설립 확장	안정 침체	노년기
법제도	의무교육		행위능력 선거권		연금
경제적 역할	경제활동 이전		경제활동		경제활동 이후
공적인 공간들	탁아소 유치원 학교	학교	대학교	직장 직업훈련 협회단체	양로원 부양원
이동수단 및 방법	부모 동반	공공교통 자전거	자가용, 철도(높은 이동률)		공공교통수단
도시이용 (여가활용)	교육기관들	도시중심, 중심가, 외곽지			

* Ipsen(1990), 146f.

간의 개인주의화. 경제활동행위는 인생행로와 진로의 제일 중요한 부분이다.[2] <표 2>는 정상적이고 평균적인 생애사의 한 보기이며 "인생의 흐름을 외적인 도식에 맞게 단계별로 꿰맞추려는 노력"이기도 하다.[3]

현대에서는 시간과 공간의 제한이 크기 때문에 삶의 공간과 시간도 세분화되고 동시에 산산이 조각나게 된다.[4] 직장과 집이 분리되고 노동시간과 여가시간이 분리되었기 때문이다. 집의 기능은 소비하는 곳으로 제한되었고, 반면에 도시는 주거지역, 소비지역과 생산지역으로 나뉘었다. 이러한 분리는 모든 인생단계에서도 그대로 나타난다. 자기 인생을 만들어가는 일은 개인의 수요와 시장의 공급에 의해서 영향을 받을 수밖에 없다. 넓은 의미에서 볼 때 정상성이란 자신을 규범에 맞게 표현하기 위해서 상품

2) Vgl. Kohli(1985, 1986).
3) Lehr(1978), 333.
4) Vgl. Häußermann/Siebel(1991).

을 구입해서 사용할 수 있는 능력과 관련이 있는 것이다.

현대사회는 '성인'이 중심이 되어 움직인다. 사회에서 성인에게 기대하는 역할은 경제적으로 부모에게서 독립하고 스스로 가족을 만드는 것이다. 가족이란 "일종의 생활공동체이고 집단이며 (…) 사회적 제도"이다.5) 가족의 주거공간인 집은 개인적인 영역이고 휴식의 영역인 동시에 지위의 상징이다. 개인적 영역에서 사람들은 낯설고 적대적인 외부세계로부터 보호받아 안전하다고 느낀다. 따라서 외부공간으로부터 차단시키기 위해서 울타리나 계단, 마루, 객실, 복도 등의 경계를 긋는 공간들이 마련되어 있다. 이 공간들은 안과 밖을 구별할 뿐만 아니라 가족성원들을 개별적으로 나누기도 한다. 각 방은 적어도 한 가지 기능을 충족시킨다. 침실이나 작업실처럼 가족 모두가 방을 하나씩 가질 수도 있겠고, 거실이나 부엌, 욕실처럼 공동으로 함께 쓸 수도 있다. 그리고 가족이 사는 집은 위세를 가지고 있다. 주거공간은 '지위에 맞게' 꾸며져 있게 마련이다.6) 경제활동을 하는 성인들이 중요한 만큼이나 도시공간들도 우선적으로 이들을 위한 공간을 제공해준다. 성인들이 도시공간들을 사용할 수 있도록 만듦으로써 도시는 자신의 경제적 기능을 수행하는 것이다.

아동기와 청년기는 예전에 거의 규제를 받지 않던 자유로운 생애단계였는데 오늘날에는 상대적으로 상당히 제도화되었다. 이에 따라 아동의 역사도 거리에서의 아동기에서 '가족에서의 아동

5) Lüscher(1985), 110.

6) 실버만(Silbermann 1991)의 경험적 연구에 따르면 서독 사람들은 집과 가족이라는 사적인 영역으로 퇴각하고 있는 모습이 두드러지게 나타난다. 주거와 주거체험에는 위세(표현적 상징과 지위 상징)의 관점이 크게 작용하지만 기본바탕에는 경제합리적 원칙이 깔려 있다.

기'로 옮겨가게 된다.[7] 어린아이들은 거리에서 쫓겨나서 놀이터나 사회단체로 넘어간다. 예전에 어린아이들은 길거리에서 다양한 사람들과 접촉할 수 있었는데, 오늘날의 아동공간들은 시간적으로나 공간적으로나 상당히 제한을 받고 있다.[8] 어린아이들은 성장하는 과정이 미리 정해져 있으며 다른 아이들과 만나는 일조차 사전에 약속을 해야 한다. 사회기관과 단체들도 아이들은 따로따로 개별적으로 이용한다.[9] 아동들의 이동률은 일정한 나이가 되기까지 오로지 성인의 결정에 달려 있다. 이렇게 어른에게 종속되어 있기 때문에 아동공간들은 섬처럼 개별적으로 떨어지게 된다.[10] 이런 과정에서 아이들은 인간관계를 시간적 공간적 약속으로 조직해야 한다는 삶의 기본규칙을 배운다.[11]

아동기의 가족화에는 시장이 기여한 바가 크다. 아이방은 다양한 물건들로 꾸며져 있다. 장난감, 단 음식, 옷 이외에도 기술은 어린아이들에게 텔레비전, 컴퓨터, 비디오를 통해 오락물을 제공한다.[12] 시장은 아동들에게 눈독을 들이고 있다.[13] 물론 돈을 내는 건 부모들이지만 어린아이들의 취향과 소비행동을 바꿔놓으면 결국은 부

---

7) Vgl. Behnken/Du Bois-Reymond/Zinnecker(1989).

8) 어린이들을 위한 '놀이거리(Spielstraße)'를 만드는 일은 제한된 집이라는 공간을 벗어나서 '아동공간'을 넓히려는 시도이다.

9) Vgl. Matthes(1978b), 157-162.

10) 발전심리학적으로 볼 때 아동공간은 차츰 줄어들고 있다(vgl. Piaget 1975a, 1975b). 차도와 보도는 아동공간의 연속적인 확장을 방해하는 주요 원인이다.

11) 카우프만(Kaufmann 1980)은 학교 아동들이 두 개로 갈라진 세계에 살고 있다고 지적한다. 한편으로는 신뢰가 두터운 개인적인 세계에, 다른 한편으로는 사실적이고 합리적인 세계에 살고 있다.

12) Vgl. Claus(1985), Rammert(1990). 기술과 생활세계는 기술전문가와 사회과학자들이 즐겨 다루는 주제이다. 시뮬레이션과 가상현실에서 얻어지는 '실재적인' 경험도 논의의 대상에 오른다.

13) Vgl. Preuss-Lausitz u.a.(^{3}1991); Herlyn(1990a), 16ff.

모들의 구매행위에 직접적인 영향을 주는 것이나 마찬가지다.

청소년기는 '사회의 지불유예 기간(gesellschaftliches Moratorium)'으로서 대기실이라고도 할 수 있다.[14] 하지만 이 유예기간도 점점 더 조직되어 가고 있다. 청소년기는 상당히 독특한 단계이다. 청소년들은 '학력'을 얻으면서 천천히 자신의 고유권을 획득해간다. 어린아이들이 부모에게 의존해 있는 것과는 달리 청소년들은 자신들의 공간을 스스로 개척해나간다. 청소년들은 거리를 만남의 장소로 삼기도 한다. 거리에서는 이리저리 배회하며 다닐 수가 있는 것이다. 물론 도시에도 디스코텍이나 게임방, 극장, 분식집, 카페, 술집, 스포츠센터와 같이 청소년들을 위한 자유공간들이 있다. 청소년들도 아동들처럼 여가활동단체를 찾는다. 그러나 어린아이들이 교육적인 목적을 지닌 단체에 자주 간다면, 청소년들은 상업적인 목적을 가진 장소에 더 자주 간다.

청소년에게는 항상 일정한 자유가 보장되어 있다. 청소년들은 자신들의 관심이 충분히 관철될 수 없다고 판단되면 어른들과는 달리 비현실적인 공간, 곧 상상의 세계로 도피하려는 경향이 심하다. 예나 지금이나 청소년문화는 '판타지 공간(Phantasie-Raum)'에 많이 의존하고 있다.[15] 1980년대와 1990년대에는 청년문화의 비현실적인 공간들이 새로운 대중매체의 영향으로 널리 퍼지게 되었다.[16]

---

14) 14살에서 17살까지의 독일 청소년들에게는 '청소년법'이 적용된다. 법에 따르면 18살에서 21살까지가 청년 후기에 속한다. 하지만 실제로 경험적 연구를 할 때는 청소년의 연령한계를 융통성 있게 잡고 있기 때문에 12살에서 30살까지 봐도 무방할 정도이다(vgl. Reinhold 1991, Nave-Herz 1993). 예전에 청소년기는 대강 아동으로부터 성년으로 넘어가는 '과도기'로 생의되었다. 따라서 청소년들은 더 이상 아동으로 취급당하지 않으나, 성년에게 허락되는 지위, 역할과 기능이 아직은 완전히 허용되지는 않는다.

15) Vgl. Jugendwerk der Deutschen Shell(1981, 1997).

16) 보기로서는 펑크(Punk), 스킨헤드(Skinhead), 사이버펑크(Cyberpunk), 테크노

여기에서 68세대의 문화운동을 잠깐 살펴보기로 하겠다. 68세대는 자신들의 공간을 현실에서 찾고자 했다. 이 문화운동은 부르주아적인 가족형태에 반대하면서 공동체적인 삶과 주거의 양식을 만들고자 한 역사적 실험이었다.[17] 68운동은 그 뒤에도 깊은 흔적을 남겼다. 이웃관계의 이상이 다시 중요해졌고 이런 바탕에서 —지역적인 그리고 세계적인— 사회참여가 다시 활성화되었다.[18] 하지만 오늘날 정치적 활동을 하려는 의지는 점점 더 약화되고 있다. 비판의식은 정치무대를 떠나서 부엌이나 거실 같은 일상생활 공간으로 옮겨 갔다. 이것은 문화가 점점 더 공적인 장소에서 일상의 장소로 이전하는 경향과 일치한다.

현대사회가 능력과 효율성을 위주로 하는 만큼이나 노인들의 상황은 상대적으로 열악하고 불안정하다. 노인들은 능력 중심의 노동사회에서 높이 치켜주는 가치들, 곧 효율적 기교, 융통성 있는 적응력, 실용적 지능, 육체적 숙련성이 부족하다고들 말한다. 노인들은 돌봐주어야 하고, 고독하고, 불만족해 하고, 자신감이 없는 그런 사람들로 간주된다. 늙어가는 것에 대한 두려움은 신체적인 쇠약뿐만 아니라 사회적인 박탈 때문에도 생긴다. 이에 반해서 일

(Techno), 히폽(Hiphop) 그리고 컴퓨터광(Computerfreak)이 나타나는 현상이 있다. Vgl. Institut für Volkskunde(1995), bes. 41-45.

17) 1960년대와 70년대에 대안운동에 참여했던 학생들은 반개인주의적이고 공동체적인 삶의 원칙을 주장했다. 이에 따라 그들은 '새로운 생활양식(neue Lebensformen)'을 '대항문화운동'으로 확립시키려 했다(Bertels 1990, 75ff.). '속물근성을 지닌 소시민적인(spießbürgerlich)' 핵가족에 대한 대안으로 운동을 함께하는 동지들끼리 모여서 '진실한(echt)' 사회적 관계를 형성하려고 주거공동체(Wohngemeinschaften)를 만들어갔다.

18) 보기로서는 가옥 점거, 꼬뮨 결성, 동지공동체 형성, 환경보호운동, 인권운동이 있다. 정치적인 영향력이 강한 조직으로는 그린피스(Greenpeace)와 국제 앰네스티(Amnesty International)가 있다.

부 노년층은 사회적으로 인정받는 성인의 생활양식을 계속 유지하려고 의식적으로 노력한다. 노인들의 수가 늘어나면서 시장은 이 노인집단의 새로운 욕구를 반영하거나 아니면 욕구를 불러일으켜서 충족시킬 수 있는 신상품을 끊임없이 개발해내고 있다. 일정한 구매력을 가지고 있기 때문에 노년층은 이제까지의 '아직 개척되지 않은 목표집단'에서 확실한 이해집단으로 변하였다.[19]

2) 생애사 유형의 분화와 동시화

생애단계는 직선적이고 한번 넘어가 버리면 다시 되돌아갈 수 없는 것이 보통이다. 하지만 생애단계가 점점 더 분화되면서 변화된 과도기형태가 생기고 있다. '동시화(Synchronisierung)' 현상은 여러 생애단계들이 직선적으로 순서대로 일어나는 것이 아니라 한꺼번에 겹쳐서 일어나는 것을 뜻한다. 20세기의 개인은 행위주체로서 자기 자신의 운명을 손에 쥐고 있다고 본다. 자신의 행동이 법적으로 허용되고 사회적으로 인정되는 한, 기본적으로 인생행로를 계획하고 결정하고 실행하는 것은 개인인 것이다. 이와 더불어 자율성과 책임성의 범위도 대단히 커졌다. "전통에서부터 자유로워지면서 확실하고 합리적인 근거가 확대된다는 사실은 곧 결정을 내리는 데 합리성이라는 근거가 점점 더 중요해진다는 것을 의미한다."[20]

---

19) 상업적 광고전략에서 여태까지 버려지고 눈에 띄지 않았던 소비자들인 노인들을 목표집단으로 삼는 것은 새로운 현상이나. 노인들을 위한 상품은 상업지향적인 소비품에서 시작해서 자아실현을 위한 재교육에 이르기까지 매우 다양하다. 식당에서는 노인들을 위해 택배 서비스, 성탄절 파티, 금액할인 등을 제공한다. 여행사에서는 이동성을 잃어버린 노인들이 새로운 세계를 경험할 수 있도록 여행상품을 제공한다.

아동기에서 성년기로 넘어가는 과도기로서 청년기도 점점 더 분화될 뿐 아니라 표준화되어간다.[21] 20세기에 청년기는 자아가 점점 더 발전해가는 중간단계의 지위가 된다. 보기를 들면 이 시기에 청소년들은 단계적으로 공식교육과정을 거치면서 성인에 가까워진다. 이와 달리 19세기의 청소년기는 하염없이 불안정하고 불확실한 시기였다. 다시 말해서 20세기처럼 주어진 단계에 맞춰 가도록 규제하는 체제가 없었다. '청년 1981(Jugend'81)' 연구에는 이들의 역사적 조건이 잘 지적되어 있다.[22]

교육기간이 늘어났기 때문에 후기-청년기(Nach-Jugend 또는 Post-Adoleszenz)가 새로 생긴다.[23] 그리고 청년층과 성년층, 교육받는 단계와 경제활동 단계의 구분도 희미해졌다. 많은 젊은이들이 다음 생애단계로 가기를 꺼려하고 있다.[24] '후기-청년기'는 점점 길어지고 있다.[25] 개인들은 자신의 생애단계를 자율적으로 조정해야 하

20) Oevermann(1985), 470.

21) Vgl. Modell/Furstenberg/Hershberg(1978), 237.

22) Jugendwerk der Deutschen Shell(1981), 103.

23) 산업사회 이전(1850년 이전)에는 아동에서 성년으로 넘어가는 과도기가 연속적이었고 경계도 뚜렷하지 않았다.

24) 오늘날에는 삶의 여러 단계들이 공존하는 일이 잦다. 전에는 상상하기 어려웠던, 공부하는 어머니 또는 혼인하지 않고 동거하는 쌍들이 생기고 있다.

25) 다시 말해서 교육기간이 점점 더 길어지고 있고 아직 경제활동을 하지 않는 사람들이 증가하고 있다. 여기에는 노동시장의 상황도 작용한다. 산업화 이후로 자주적 시민이 되기 위한 발판이었던 교육은 이제는 더 이상 직업생활에 발을 디딜 수 있는 보증서가 아니다. 직업과 밀착되어 있어서 교육수준과 직업기회가 직접 연결되어 있는 학과는 대단히 드물다. 그래서 실제 직업훈련은 고용인이 직접 맡는 셈이다. 따라서 직업 재훈련과정이 많아졌다. 대학교육제도 개선을 위해서 불필요하게 긴 학업기간이 문제로 떠오른다. 보기로서 수업료의 도입, 최소한의 학업년수 규정, 입학시험 등의 제안이 올라온다. 이런 제안들은 특수전문적이고 효율적인 구상을 앞세우는 점에서 훔볼트(Humboldt)가 주창한 보편적이고 일반적인 교육이념과는 거리가 멀다. 실제적으로 보면 이런 변화의 조짐은 노동시장의 변화와 관련이 깊다. 많은 학생들이 학업을 마치고서 파트

며 그 과정에서 여러 개의 생애단계들이 함께 진행될 수도 있다.

게다가 1960년대 이후로는 자율조정과 동시화 이외에도 새로운 생활양식이 나타났다. 많은 사람들이 강요를 당해서건 자발적이건 간에 정상적인 생애사에서 벗어나고 있는 것이다. 만약 개인주의가 사회에 널리 퍼지고 동시에 정상적인 인생경로가 제도화되면 개인성이 대단히 과격해질 가능성이 있다. 다시 말해서 개인이 자발적으로 정상적인 생애사에서 벗어날 수 있는 것이다. 이러한 규범에서의 회피는 부분적으로 새로운 삶의 구성양식으로 간주되고 있다.[26]

이 논의를 이 글에서는 깊이 다룰 수 없다. 다만 염두에 둘 것은 정상적 생애사와 일탈적 생애사, 마찬가지로 규범과 제재는 서로를 규정하고 조건짓고 있는 동전의 양면이라는 사실이다. 그러므로 정상적인 인생행로뿐만이 아니라, 인생단계를 넘지 못하고 실패하는 사람들의 생애사도 당연히 주목해서 보아야 한다. 일탈경로는 특히 개인의 부적응을 밝혀주는 한편, 다른 한편으로는 사회구조의 변화를 나타낸다.

정상적인 삶의 과정에서 버려지거나 무가치하게 취급되는 시기는 노년기와 '비제도화된(entinstitutionalisierte)' 아동기이다. 비제도화라는 말은 유치원과 같은 단체에 다니고 나서 다음에 계속해서 나갈 수 있는 제도기관이 없어서 '문제'-아동이 되는 경우를 말한다. 위의 또래집단들을 헬가 짜이어(Helga Zeiher)는 '틈새-아이들

타임 노동자로 일하고 있다는 것은 공공연한 사실이다.

26) Vgl. Kohli(1988), 42ff. 콜리(Kohli)는 가족순환주기의 탈표준화(Destandardisierung des Familienzyklus) 또는 인생행로의 탈제도화(Deinstitutionalisierung des Lebenslaufs)를 지적한다. 이와 달리 헐린(Herlyn)은 전통적인 인생경로의 유형에는 정상성에서 벗어나는 일탈을 제어하는 규범적인 경계가 있다고 본다(vgl. Herlyn 1988).

(Lücke-Kinder)'이라고 부른다. 이들은 나이 제한이 있는 보호기관에 들어가기에는 너무 자라버렸고 청소년단체에 들어가기에는 너무 어린 그런 아이들을 말한다.[27] 이런 틈새는 적당한 기관과 공간시설이 메워주어야 한다. 노인들은 점차로 사회적으로 탈제도화되고 평가절하되어 버렸다. 그들은 교외외곽지역이나 노인구역이나 양로원이나 부양원과 같은 다른 공간들로 쫓겨나가게 된다.[28]

자발적으로 또는 강제적으로 정상적인 생애사에서 하차한 집단들로는 미혼모/미혼부와 실업자들을 꼽을 수 있다. 편부모인 미혼모들은 중산층 가족이 중요성을 점점 상실하고 여자들도 경제활동에 나서게 되면서 특히 늘어나고 있다.[29] 이 미혼모들은 대부분 사회보조비와 국가재정지원에 기대어 살고 있다.[30] 일탈적 생애사의 전형적인 보기는 경제적 수입이 없는 성인이다. 이런 사람들은 돈-지향적인 능력사회에서 '결함 있는' 사람들로 여겨지고 있다.[31]

---

27) Zeiher(1990), 49.

28) Vgl. Vaskovics(1990). 노인들이 공간적으로 한 곳에 집중되는 원인에 대해서는 억압 가설(Verdrängungsthese), 가족순환주기 가설(Lebenszyklusthese), 잔여 가설(Residualthese) 등 여러 가지가 있다. 이러한 공간적 집중은 다음과 같은 제도적 효과를 가져온다. 우선 노인들은 점점 더 사람들과 접촉할 기회가 없어지고, 활동수준과 삶에 대한 만족감이 떨어지고, 미래지향성도 사라지고, 이해관계의 범위 그리고 정신적인 직무능력도 줄어든다. 또한 사망률이 높아지기도 한다(ebd., 70).

29) 새로운 '이혼법(Scheidungsgesetz)'이 1977년 7월 1일 시행된 이후로 이혼은 더 이상 '책임원칙(Schuldprinzip)'이 아닌 '분리원칙(Zerrüttungsprinzip)'에 따른다. '분리원칙'에 따르면 부부는 공동생활에 '실패했을 때' 다시 말해서 부부의 생활공동체(Lebensgemeinschaft)가 더 이상 존재하지 않고 이를 다시 복구할 만한 기대를 할 수 없을 때 언제라도 이혼할 수 있다(§1565 Abs.1 BGB).

30) Vgl. Finger(1981). 대안적인 생활형태가 나타나면서 법률적인 문제가 왕왕 생기고 있다. 이 문제들은 특히 직무수행의 연속성, 재화, 예금능력, 주거지, 어린아이 등에 관한 것이다. 로타 베틀스(Lothar Bertels)는 대안적인 삶을 사는 많은 주거공동체들이 지난 20년간 '국가의 봉록(Staatsknete)', 보기를 들어 장학금, 실업수당, 실업보조비, 사회복지비를 먹고 살고 있다고 지적한다(Bertels 1990, 89).

31) 생애사 연구에서는 실업자를 정상성에서 벗어난 일탈유형으로 다루는 것이 보

3) 주거지의 선택

개인주의화는 앞서 말한 것과 같이 여러 생애단계들에서 실행될 뿐만 아니라 주거지의 변경에서도 나타난다. "주거지와 주거형태는 특정한 생활양식을 고무 자극하고 고정시키거나 또는 방해하기도 한다."[32] 이에 따라 개인주의화가 진행되면 공간적인 거리와 이동성에 관한 새로운 요구사항들이 생기게 된다.[33] 주거지는 이제 더 이상 결정되어 내려오는 것이 아니라 선택하는 것이다.

이런 상황에서 주거지에서의 이웃관계도 변한다. 이웃들의 고전적인 역할은 '긴급구호자(Nothelfer)'인데 이제는 공공조직, 보기를 들어 의료보험, 은행, 노동관, 사회복지관, 양로원과 부양원이 이 역할을 대체하고 있다. 이런 체계는 국가가 규제하는 '연대공동체(Solidargemeinschaft)'와도 같다. 우리는 초지역적으로 서로 묶여 있으며 긴급사태가 나면 구호를 받을 수 있는 공공조직의 회원자격을 갖고 있다. '연대공동체'는 기본적으로 비인격적으로 서로 연결되어 있는 행정단위이다.[34] 따라서 공간과 결부된 '우리'-느낌은 중요하지 않다. 그렇지만 만약 이웃들이 동시에 경제적 사회적 어려움을 겪게 될 때에는 일종의 집단소속감이 생길 가능성을

통이다. 그들은 장기적인 정신적 침체 또는 개인적 극복전략의 결여로 정상적인 인생에서 떨어져 나갔다는 것이다.

32) Rudolph-Cleff(1996), 233.

33) Ipsen(1990), 158.

34) '연대공동체'에서는 '무임승차문제(free-rider problem)'가 생긴다. '무임승차자'는 공동으로 협력하지 않고 다른 성원들의 투사에서 생긴 이익을 취하는 사람을 말한다. 공동체의 연대원칙은 널리 퍼져 있는 직무수행 능력의 원칙과는 배치된다. '무임승차문제'는 '합리적 행위이론(rational action theory)'에서는 공공재화와 용역의 고전적인 문제로서 제기되고 있다. Vgl. Coleman(1973), 105ff.; Coleman/Fararo(1992), xff.

배제할 수는 없다.35) 그럼에도 불구하고 오늘날의 이웃관계에는 더 이상의 아무런 "실존적인 의미도 없다."36)

일반적으로 이웃관계는 서로 인사한다든가 장례식에 참석한다든가 하는 의례적인 행동에 제한되어 있다. 갈등이 일어났을 때는 대부분 경찰이나 검사나 변호사를 불러서 간접적인 해결책을 선호하고 개인적인 접촉을 피하는 편이다.37) 1965년에 엘리자베스 파일(Elisabeth Pfeil)은 이웃관계가 더 이상 자체 내 폐쇄된 인간관계가 아니고 "도시공간에 있는 사회적 관계들의 전체 연결망이며 거주지역 전체를 잇고 있다"38)고 확신하였다. 옛날에는 이웃관계를 통해서 다른 사람들을 알게 되었지만 오늘날에는 직장 정당 교회 협회나 이익단체를 통해서 사람들을 사귀는 것이 보통이다.

주거지 변경은 생애단계와 소득수준에 달려있다. 가족의 구성원들이 변하면39) 집에 대한 기대치가 달라지고40) 방의 수, 거주면적, 건물구조 및 주택구조, 적절한 하부구조시설을 갖춘 주변환경 등에 대한 기대치도 변하게 된다. 무엇을 어떻게 이용하는가 하는

---

35) 보기로서 일찍이 '지역정치적인' 문제로 치부되어 논쟁을 일으켰던 핵 쓰레기 처리장의 설치에 대항하는 운동을 들 수 있다. 독일 정부가 고어레븐(Gorleben)에 핵폐기장을 만들기로 결정하자 이 지역의 주민들은 이에 반대하여 조직적인 연대행동을 하였다. 1981년에서 1985년까지 지역주민들은 끈질긴 저항력을 과시하였다. 핵폐기시설에 대한 논의는 두말할 것 없이 지역적인 문제이지만, 곧바로 국가적이고 세계적인 문제로 비화할 가능성이 크다. 또한 자연재해가 일어나면 재해를 당한 사람들은 공동이익을 깨닫게 되어 홍수방지시설이라든가 지진예방책, 교통망 확충을 위해 함께 연대운동을 할 수 있다.

36) Klages([2]1968), 170. Vgl. Silbermann(1991).

37) 이웃 간에 벌어지는 갈등의 원인으로는 소음, 악취, 동물사육, 토지면적 침해 등이 있다.

38) Pfeil(1965), 11.

39) 이 장에 있는 1.-1)의 <표 2>를 볼 것.

40) Vgl. Matthes(1978b), Marbach(1987).

것은 생애순환주기의 활동과 조건에 따른다. 소득이 증가하면(또는 감소하면) 더 좋은(또는 더 값싼) 집으로 이사 갈 욕구가 생긴다. 두 가지 요인인 생애단계와 소득은 서로 영향을 미치는 변수이다. 경제적 요인은 원하는 주거지로 이사하지 못하는 결정적인 방해요인이 될 수 있다.

이사를 가고 싶다고 해서 모든 사람들이 이사를 갈 수 있는 것은 아니다. 특정지역에 산다는 것은 특정한 집단범주에 분류되는 원인이 될 수 있다. '주거경력(Wohnkarriere)'은 사회공간적인 계층재배열 과정으로서 사회적인 계층체계와 계급체계의 역학을 반영하고 있는 것이다. 신개발 대거주단지에 전입하여 살면 입주당사자들의 주거경력과 생애이력서에는 불연속성이 나타나는 일이 적지 않다.[41] 주거지를 변경한다는 것은 서로 다른 주거지 사이에 있는 문화적 사회적 불균등을 스스로 경험하는 것을 말한다. 도시발달에는 항상 두 가지 측면이 있다. 한쪽에 특권을 부여하면 다른 쪽은 차별을 당한다. 따라서 주거지 변경이 강제적인가 아니면 자발적인가 하는 것은 결정적으로 다르다.

자발적인 이동의 보기로서는 '노동의 유연성'을 들 수 있다. 일하는 직장이 바뀌면 이사를 가게 되는 것은 흔히 보는 일이다. 여태까지 대부분의 고용주들은 회사의 장기적 계획을 세울 수 있도록 직장 가까이에 사는 노동력을 선호해왔다. 최근에는 변화의 양상이 나타나고 있는데, 시공간적으로 유연한 노동관계를 유익하고 편안하게 생각하는 고용주와 고용인들이 늘어나고 있는 것이다. 한스 게오르그 브로제(Hanns-Georg Brose)는 파트타임 노동자와 시간급 노동자들이 노동시장에서 갈수록 각광받고 있다고 지적한

41) Herlyn(1990b), 197.

다. 이러한 발전은 급속하게 변화하는 경제구조를 반영하는 한편, 다른 한편으로는 이동성이 높아가는 일부 고용인들의 생활양식을 나타낸다.[42] 19개의 인터뷰 결과를 토대로 브로제는 다음과 같은 결론을 내린다.

> 시간제 노동은 직장과의 인습적인 결속을 —완전히 끊지는 못하지만— 약화시킴으로써 직장과 노동력의 관계를 구조적으로 재배열하는 기동대의 역할을 한다.[43]

그의 연구논문인 「사회적 시간구조와 생애사적 시간구조의 매개를 향하여 —시간제 노동을 보기로 하여」[44]에서는 이제는 시간적 공간적 집중을 강요함으로써 생산성을 높일 수 없다는 결론을 내린다. 따라서 노동의 유연성은 시간과 공간의 구성에 영향을 줄 수 있는 '사회적 산물'이다.[45]

일자리를 구하면 그리로 가야 하는 사람들은 일종의 강제적인 이동을 하는 셈이다. 보기를 들면 무소득자와 실업자들은 일정기간 한 도시에 '찌꺼기 이용자(Restnutzer)'로 머물면서 계절노동이나

---

42) 사회적 시간구조가 생애사적 시간구조에 미치는 영향을 보려면 다음을 볼 것. Vgl. Brose(1984, 1986), Brose/Hildenbrand(1988), Brose/Schulze-Bing/Meyer(1990), Heinemeier(1991).

43) Brose(1984), 213. 인터뷰 대상자들은 두 개의 연령집단에서 충원되었다. 즉 서독과 서베를린에 있는 시간제노동 회사에서 일하는 20대와 30대.

44) 이 연구는 '독일연구공동체(Deutsche Forschungsgemeinschaft, DFG)'의 재정후원을 받아 1985년부터 1988년까지 마부룩(Marburg)에 있는 필립(Philipp) 대학교의 사회학과에서 실시하였다. 이 연구결과물이 『시간 노동 *Arbeit auf Zeit*』(Brose/Schulze-Bing/Meyer 1990)이라는 책이다.

45) '제때에 하는 행위', 쉽게 말해서 '타이밍이 맞는 행위'의 유형은 19세기에 긴급상황이 일어날 때만 사회적으로 인정받았다. 그러나 20세기에는 타이밍에 맞는 행위조차 사전에 미리 계획된 것이다(Modell/Furstenberg/Hershberg 1978, 247).

임시노동과 같은 도시외곽의 비정규적인 일이 생기는 대로 따라서 움직인다.46) 그들은 한 곳에 정주할 수 없도록 강요당한 것과 다름없으며 '살기 나쁜(schlecht)' 주거지역을 전전하며 산다.47) 이로써 왜 '살기 나쁜' 지역에 사는 사람들이 높은 전출입과 이동성을 보이는지 부분적이나마 설명할 수 있을 것이다.

도시정책적으로 볼 때 '살기 좋은(gut)' 주거지역에서 환영받지 못하는 인구집단들이 있다. 일반적으로 정상적인 인생경력을 갖지 못한 사람들, 보기를 들어 실업자, 사회보조수혜자, 편부모(보통 미혼모), 저소득층, 이주민, 전쟁난민들은 '살기 나쁜' 주거지역에 수용되기 마련이다. 이 때문에 이런 주거지역은 주민이동성이 높은 데도 불구하고 다른 도시구역과는 달리 일종의 '일탈지역(Abweichungsgebiet)'이라는 이름을 얻게 된다. 공간적 격리와 강요된 이동성이 서로 결합하여 사회적으로 적응하지 못하고 생애사적으로 일탈적인 집단들을 이리로 따로 분리시키는 역할을 하는 것이다. 바로 이런 상황 때문에 주택시장과 주택정책의 영향을 자세히 살펴볼 필요가 있다.

---

46) 도시행정당국은 떠돌아다니는 사람들을 공간적으로 정착시켜서 다시 정상적인 사회에 통합하려는 임무를 수행한다. 1994년에 베를린 사람들은 끊임없이 증가하는 무숙자(Obdachlose)들을 '경제적으로 유용하게' 쓰기 위한 프로젝트를 설계하였다. 무숙자들이 스스로 잡지를 만들어 이 잡지판매대금으로 수익을 올리는 계획이었다. 보기로 ≪거리잡지 모쯔 *Straßenmagazin motz*≫와 ≪거리청소부 *Strassen/feger*≫가 있다.

47) Vgl. Giesbrecht(1990). 사회적 역사적 맥락에서 본 이동률에 대한 고전적인 논의로는 짐멜(Simmel)을 볼 것. 짐멜은 이동률이 특히 중세에서 근대 초기까지 중요한 권력수단이었다고 주장한다. 유랑민은 매일매일 이동률의 의미를 실천했던 주변집단에 속한다. 짐멜에 따르면 끊임없이 장소를 바꾸고자 하는 욕구, 자신을 보이지 않게 만들 수 있는 능력과 소망은 자신을 박해와 추방으로부터 보호하려는 방어벽과도 같다. 이것이 공격과 수비를 겸한 무기인 셈이다(Simmel [2]1995d, 761).

2. 주택시장과 주택정책

주거공간은 도시의 가장 기본적인 하부구조시설이다. 주민들을 수용할 공간이 없으면 도시는 제 기능을 할 수 없다. 따라서 주거 기능을 확보하는 일이야말로 도시정책의 주요과제인 것이다. 따라서 민영화된 주택시장이 주민들에게 주거공간을 제공하지 못하면, 도시정책당국이 적어도 값싼 주거공간을 노동자들에게 제공하기 위해서 주택의 매매에 개입할 수밖에 없다. 주택시장에 도시와 국가가 개입하면 세입자(또는 고용인이나 시민과 같은 주민집단들)와 임대주(또는 고용주, 집소유자, 건설회사)의 갈등도 기본적으로 다른 양상을 보인다.

1) 제2차 세계대전 이전: 전통주의자와 새로운 건축(Neues Bauen)

19세기 말에 '공공주택(Wohnungsgemeinnützigkeit)'의 원칙이 세워진 후 조합적인 주택건설과 토지개혁이 시대적 표어가 되었다.[48] 다른 한편으로 부르주아적인 전원도시 운동은 독일의 개혁주의자에게 큰 호응을 얻었다. 개혁주의자들은 전원도시 운동이 자본주의적인 주택시장 원칙에 대한 대안이라고 생각했다.[49] 이 두 가지 대립되는 발전은 "전통주의자와 새로운 건축 사이에 일어난 이데올로기적인 믿음의 전쟁"[50]이라고 말할 수 있다.

바이마르 공화국은 주택건설을 가족정책의 응용분야라고 보고 처음부터 지원하였다. 1920년대에 직장과는 따로 분리된 대량생

48) Vgl. Rodenstein(1991), 50ff.
49) 제2장의 각주 71)을 볼 것.
50) Rudoph-Cleff(1996), 144.

산형 주택이 녹지에 들어섰다.[51] 제3제국은 기능적인 건축양식으로 인민대중을 수용해야 했다. 외곽지역에 있는 개인주택들과 마찬가지로 건설조합들을 장려하였고 그리하여 노동자들의 소주택단지가 생겼다. 국가사회주의자들은 도시건설을 토대로 권력을 잡을 수 있다는 것을 알고 있었다. 그들은 기능적 도시건설과 자기들이 확립하고자 하는 중앙화된 독재체제가 친화력이 있다는 것도 잘 알고 있었다. 반면에 전원도시모델은 점점 더 사라졌다. 1930년대에는 전원도시가 '고향 이데올로기(Heimatideologie)'와 관련되어서만 의미가 있었다. '전통주의자'와 '새로운 건축'의 모순대립은 중앙화된 기능적인 건축양식과 분권화된 전원도시양식 사이의 대립이 계속 진행된 결과이다.

앞에서 말한 두 가지 건축양식들에 따라서 주택구조도 현대식 임대주택과 옛날식의 개인주택으로 나뉜다. 두 가지 주택구조들은 판연히 다른 도시경관을 이룬다. 이 차이는 도시와 촌락, 전통과 현대, 중산층의 위세 지향성과 프롤레타리아의 효율성 원칙 사이에 있는 현대적 분열을 전형적으로 대변해준다. 사회적으로 상승 일로에 있는 시민들이 자신들의 취향을 바꾸지 않는 한 안락하고 값싸게 살려는 소망은 충족되기 어렵다. 부유한 시민들은 시골의 휴양지도 되고 도시의 문화공간도 될 수 있는 그런 개인주택, 곧 전원도시모델을 선호한다. 당연히 콘크리트벽으로 둘러싸인 '임대아파트(Mietskasernen)'를 혐오한다. 이와 같은 취향의 차이는 오늘날까지도 이어져 내려오고 있다.

20세기 초에 이르기까지 세입자조직은 이익대변단체[52]로서 정

51) 르 코브지에(Le Corbusiers)의 건축구상에 대해서는 제2장 2.-2)-(1)을 볼 것.

52) Vgl. Riese(1990). 지금까지 알려진 바에 따르면 '세입자연맹(Mieterverein)'은 1882년부터 존재한다. 세입자조직은 어떤 계층 또는 정당과 연대하며, 임대주에게

치적인 중립성을 강조해왔다.[53] 그래서 원래 '세입자협회(Mieterverbände)'는 정치적이지도 종교적이지도 않은 다원적인 기관이었다. 이러한 다원성과 중립성은 제1차 세계대전이 끝날 무렵까지 그대로 지속되었고, 대부분 시민집단의 편을 드는 것으로 나타났다. 1919년에 세입자싸움을 투쟁수단으로 쓰려는 움직임이 두드러지게 나타났다. 이러한 과격한 흐름을 후원한 쪽은 우선은 노동자계급이었고 그 다음이 시민계급과 소시민계급이었다. 국가사회주의 아래에서는 '독일 세입자조합연맹(der Bund Deutscher Mietervereine)'이 정권에 봉사하는 교육기관으로 자리를 잡았다. 1933년에는 '주택조합(Baugenossenschaften)'이 국가 행정기관으로 대체되었다. 전쟁이 끝나고 나서야 '세입자연맹'은 다시 간판을 달 수 있었다.

2) 제2차 세계대전 이후: 공공임대주택과 개인주택의 건설

제2차 세계대전이 끝나고 주택난은 특히 가중되었다. 주택문제를 해결하기 위해서 우선적으로 현대적인 대단지가 조성되었고, 향토적인 주택양식이나 전원도시양식은 단지 '유기적이고' '듬성듬성한' 그리고 '정렬된' 도시 형태로만 남게 되었다. 경제가 급속히 성장하면서 잘사는 사람들과 못사는 사람들의 갈등도 첨예화되었다. '세입자연맹(Mieterverein)'은 중산층으로부터 등을 돌리고 하류층에 사업의 초점을 맞추었다. 시장의 원칙을 주택경제에 적

어떤 수단으로 압력을 줄 것인가 하는 문제들과 씨름한다.

53) Vgl. *Groß-Berliner Mieter-Zeitung*(세입자협회의 중앙잡지), 1919, Jg. 2, Nr. 7, 73. 1919년 '세입자조합'의 공식입장은 모든 정당들을 세입자조합으로 끌어들이되 세입자조합은 어느 한 정당을 특별히 지지하지 않는다는 것이다. 세입자조합에게는 세입자 이익을 옹호하는 정당과 세입자 이익을 반대하는 정당이 있을 뿐이다.

용해도 되는가를 두고 논쟁이 벌어졌다. '세입자조합(Mieterbund)'에서는 저소득층을 위한 사회적 공공주택의 건설을 요구했다. '세입자조합'은 공공주택을 개인소유체로 바꾸려는 투기시장에 점점 더 강하게 반발하게 되었다. '세입자조합'이 자본주의적 흐름에 대항하면서 비특권층의 이익을 옹호하려는 것이 이제는 확실해졌던 것이다.

그러나 주택배분에 미치는 자유시장경제의 힘은 점점 더 커지고 있었다. 법 제정은 날이 갈수록 시장의 원칙에 따라갔다. 1950년에 제정된 '제1차 주택건설법(I. Wohnungsbaugesetz, WoBauG)'에 따르면 독일연방 주 정부와 도시들은 주택건설사업에서 사회적 공공주택건설을 가장 우선적인 과제로 처리할 의무가 있다. 그러나 '평등 기본조항'에서는 '주택개혁운동(Wohnreformbewegung)'[54]이 너무 소홀히 취급되었다. 1956년의 '제2차 주택건설법(II. WoBauG)'도 자유경쟁 시장경제원리를 여전히 따라갔다. 자본시장에서 대부를 받아서 '공공임대주택'을 운영하였으며, 국가와 도시에서 이를 부분적으로 보조하였다. '사회적' 주택건설과 '민영' 주택건설의 중간형태로서 '조세부담이 적은 주택건설'이라는 새로운 개념도 도입되었다. 1960년에는 '주택정리법(Abbaugesetz)'[55]에 따라서 주거공간을 상업적으로 이용하는 것이 금지되고, 법적으로 묶어두었던 임대료 인상이 완화되었고, 구 건물에 사는 사람들을 보호하던 광범위한 해약보호조항도 풀리게 되었다.[56]

---

54) '주택개혁운동(Wohnreformbewegung)'에서는 주택을 사회적 문화정치적인 관점에서 보고 기본적으로 상품으로 취급하지 않는다.

55) 주택정리법(Abbaugesetz)은 주택의 강제적인 상업화를 청산하고 세입자의 사회적 권리를 규정하는 법이다.

56) Vgl. Riese(1990), 266-274.

1960년대와 70년대에는 다시 주택난이 생겼다. 인구가 성장하고 이와 더불어 핵가족이 늘어나 공간수요도 커졌기 때문이다. 이러한 긴급상황을 극복하기 위해서 기능적 건축양식을 딴 집들을 우선적으로 짓게 된다. 무주택가구들은 재정지원을 받고 대거주단지의 임대주택에 수용되었다. 1968년에 '사회적 주택건설을 지속적으로 지원하기 위한 법(Gesetz zur Fortführung des sozialen Wohnungsbaus)'이 생겨서 '보조비 회수안(Fehlbelegung)'에 반대하는 법안이 통과되었고 이에 따라 '소득향상자(Mehrverdiener)'는 임대주택에서 나가야만 했다.

1980년대 말에 또다시 주택난이 생겼는데 이번에는 이주민과 전쟁난민의 증가와 1인 가구수의 증가가 원인이었다. '소득향상가구(Mehrverdiener-Haushalte)'는 개인주택을 얻기 위한 지원금을 받고서 이사를 갔고 사회적 주택들이 다시금 건설되었다.

주택정책이 안고 있던 또 다른 과제는 1970년대 이후로 고층아파트단지에서 시급하게 필요해진 주택보수공사이다. 주택개선사업을 계기로 해서 새로운 문제가 떠올랐다. 이 공공보조주택들을 나중에 자본주의적인 사유화로 이끄는 부동산시장에 푸느냐 아니면 주민조합에 넘겨주느냐 하는 문제였다. 이 두 가지 대립되는 기본구상은 19세기 말부터 이미 팽팽하게 맞서있었다. 시간이 흐르면서 자유경쟁시장으로 가는 경향이 뚜렷해졌다. 주택시장에서는 개인건설업주가 주도권을 장악하였고 '공동체적인(gemeinnützige)' 주택건설회사는 뒤로 밀려났다.

세입자연맹의 우두머리와 정부담당자가 짜고서 관료제적으로 주택정책과 임대정책을 실시한다고 세입정책당국과 세입자협회는 비난을 받았다. 지방에 있는 단체들과 운동을 주도하는 단체들은 무시당했다. 1970년대 중반에 이미 세입자연맹은 직무수행기관으로 변모해 있었다.[57] 관료적인 사실관계는 늘어났고 이와 함께 과격한 저항형태는 현격하게 줄어들었던 것이다.[58]

3. 나가는 말

오늘날 정상적인 인생행로에서 일탈하는 생애사가 점점 늘어난다는 것은 의심할 여지가 없게 되었다. 각 개인들이 자기 자신의 삶을 결정하고 구성해나가게 되면서 인생경로도 여러 가지로 분화된다. 이로써 인생단계들은 동시다발적으로 되고 노동의 융통성도 커졌다. 이렇게 이동성이 높아지면서 시간적으로나 공간적으로나 변화가 생길 수 있다. 여태까지 중간 결산하면서 살펴본 사회조사연구를 되돌아 볼 때 남는 문제는, 개인주의화와 합리화가 진행되면 격리현상으로 가는가 아니면 다원화로 가는가 하는 점이다.[59]

지난 수십 년 간의 주택정책은 정상에서 일탈한 인구집단들을 격리시키는 쪽으로 나아갔다. 그리하여 '도심재활성화(Gentrification)' 현상이 생겼다.[60] 도시 안의 '선택적 이주(selektive Migration)' 때문에

57) *Berliner Mieterzeitung*, September 1975, Nr. 9, 1.

58) 따라서 '세입자연맹'의 권한을 넘어서 가옥점거와 같이 전투적이고 과격한 활동도 벌어지게 되었다.

59) 프리드리히스(Friedrichs)는 '격리(Segregation)'를 인구집단들에게 도시의 부분공간들을 불균형하게 배분하는 것이라고 정의한다(1995, 11).

60) 아직까지 독일어권에는 '도심재활성화(Gentrification)'를 나타내는 적절한 단어가 없다. '게토(Getto)'가 비슷한 개념으로 쓰이기는 한다. '게토'라는 말은 처음에 1516년 베네치아(Venedig)에서 쓰였다. 중부유럽권에서 '게토'는 교회가 크리스트인들을 유대인들로부터 '전염'되지 않도록 '보호'하기 위해서 유대인들을

계층이나 지위에 따라서 특화된 주거유형이 생기게 되었다. 어떤 사람들은 자기 마음에 드는 곳에서 살 수 있지만 어떤 사람들은 어쩔 수 없이 그곳에서 사는 것이다. 1980년대 이후로 '새로운 가난(neue Armut)'에 허덕이고 있는 집단들이 후자에 속한다. 주택정책은 격리현상에 가장 중요한 역할을 한다. 이렇게 해서 일탈적인 삶을 사는 사람들은 다른 시간들과 다른 공간들로부터 따로 제외되는 것이다. 이러한 정치적인 결정은 여러 이익집단들의 이해갈등을 반영하고 이로써 각 집단들의 운명을 결정짓는다. 그리하여 사회계층 형태와 사회계급 형태가 생기는 것이다.

인생단계들과 주거공간들이 분화되면서 새로운 형태의 도시들이 출현한다. 여러 세대들이 서로 다른 인생단계에 서서 하나의 도시공간에 공존하고 있다. 이로써 다원화와 역사적인 동력을 지닌 '동시적인 것의 비동시성(Ungleichzeitigkeit des Gleichzeitigen)'이 나타나는 것이다.[61] 1980년대와 90년대에는 포스트모던 도시건축에 대한 논의가 왕성하였다. 몇 마디로 추리자면 이 논의는 다음과 같은 내용을 둘러싸고 벌어진다. 즉 개인주의의 과격화 대 공동체성의 귀환, 국지화와 지역화 대 세계화, 경제성 대 환경보호, 기능성 대 미학성, 주거와 일의 분리 대 재통합, 단일기능성 대 다기능성, 중앙집권 대 분권주의.[62] 포스트모던에 대한 논의를 이 자리에서

한 도시구역에 강제적으로 이주시켰던 거주단지를 말한다. 그 이후로 '게토'라는 말은 대상지역을 낙인찍는 역할을 하면서 나치테러(Naziterror)라든가 할렘(Harlem) 같은 표현과 비슷하게 사용되었다. 일반적으로 알려지기로는 게토에 사는 주민들은 외부강제에 의해서 동질적이고 서로 연대감을 지니게끔 만들어져 있다. 뒤집어 말하면 그들은 외부세계로부터 사회적으로 공간적으로 낙인찍혀 차별당하고 있는 것이다. 하지만 게토의 내부구조는 결코 동질적이지 않고 오히려 서로 분화되어 있어 결속되어 있기보다는 서로 흩어지는 경향이 크다.

61) Vgl. Mannheim(1928), 164-168.

62) Vgl. Harvey(1990).

다룰 수는 없다. 다만 환경론적 도시건축구상과 포스트모던의 도시건축구상은 "변혁기에 처한 사회의 위기를 반영하고 있을 뿐만 아니라 사회적 세력들이 도시공간에 재배열되는 것을 뜻한다."[63)]

격리현상이냐 다원화냐라는 해답과 상관없이 끝으로 주목해야 할 것은 다음과 같다. 첫째로 변모하는 생애사구성은 공간적인 변화와 연결되어 있다. 둘째로 생애사의 주인공들은 정치와 법제도에 따라서 공간적으로 확정되어 있다. 마지막으로 재배열된 사회적 세력관계들은 도시에 그대로 드러나게 되어 있다.

---

63) Rodenstein(1991), 65.

제4장

조사방법: 현지조사자와 현지조사

> 사회학적으로 일한다는 것은, 자기 자신의 시대에 뛰어들고, 시대 문제들을 발견하고, 정확히 관찰하고, 사회적 상황을 몸소 경험하고, 그러나 항상 상황에 대해서 성찰적인 거리를 두는 것을 말한다. 거리두기와 더불어 사회학자 자신도 사회적 상황에 속해 있다는 사실을 언제나 인정해야 한다.[1]

조사방법의 절차와 표현방식은 한편으로는 구체적인 연구관심에 다른 한편으로는 이론적인 접근방법에 달려있다. 이 장은 앞에서 설정한 이론적 기본가정들을 생애사 연구와 도시 연구의 조사방법으로 엮어내는 데에 목적이 있다. 경험적 조사와 이론의 관계를 연구할 때 현지조사자의 역할은 매우 중요하다. 현지조사자의 위치는 중립적이지 않다. 그는 자신이 연구하는 현지에 시간적으로나 공간적으로나 함께 얽혀있고 현지의 권력관계에도 묶여있는 것이다.

이와 같은 작업을 하려면 바니 글레저(Barney G. Glaser)와 안셀름

1) Baethge/Eβach(1983), 10.

스트로스(Anselm L. Strauss)의 개념구상이 유용하다.2) 이들의 구상은 "경험적 자료에 기초하면서도 기어츠(Geertz)가 말하는 짙은 묘사(dichte Beschreibungen)를 가능케 하는" 이론의 구성을 목표로 하고 있다.3) 글레저와 스트로스의 생각은 경험적 조사연구에 뿌리내려 있다. 이러한 연구대상에 밀착되어 있는 이론은 현실과는 동떨어진 형식적인 이론과는 명백히 다르다. 글레저와 스트로스가 구상하는 연구대상에 밀착된 기초이론(grounded theory)은 경험적 조사 없는 공허한 이론과 추상적 이론 없는 천박한 경험주의의 모순과 대립을 지양하고 있다. 조사방법은 연구대상뿐만 아니라 이론에도 적합해야 하며 그때그때 선택할 수 있어야 한다.

이 장에서는 우선 현지조사자의 역할을 살펴보고 그밖의 연구조사방법은 필요하다고 판단되는 부분만 비판적으로 검토하고자 한다. 마지막으로 두 가지 연구프로그램을 소개하겠다.

1. 현지조사자: 민족학적 개념

현지조사자는 연구대상과 지식체를 잇는 중개역할을 한다. 그는 현실을 편견없이 인식하고 세심하게 선택하며 이론을 구성할 과제를 지니고 있다. 이것이 넓은 의미에서 사회학자의 기본체험에 속한다. 현지조사자는 이른바 감응적 개념을 써서 여러 가지 가설들을 동시에 추적하면서 많은 집단들을 비교하고 범주들을 만들고 범주들의 관계를 일반화하려고 시도한다. 이러한 연구과

2) Vgl. Glaser/Strauss(1967, ²1984).
3) Wiedermann(1991), 440. Vgl. Geertz(²1991a).

정은 직선적이 아니고 오히려 동시적이거나 또는 퇴행적이라고까지 할 수 있다. 현지조사자에게 중요한 것은 재구성, 진행성과 상호작용이다.

로버트 파크(Robert E. Park)에 따르면 도시 연구는 현지조사에서 출발하며 특히 민족학적 방법이 유용하다. 파크의 조사방법원칙은 "현지에 가서, 감을 잡고, 그곳 사람들과 친해져라"이다. 파크는 연구를 선입견 없이 그리고 목적 없이 끌어가기 위해서 '시선(the art of looking)'을 강조한다.[4] 엄격한 조사방법보다는 '사회학적 환타지(soziologische Phantasie)'가 중요하다는 것이다. 롤프 린트너(Rolf Lindner)는 파크가 말하는 '연구의 지혜(Forschungsweisheiten)'를 경험적인 예술이라고까지 말한다.[5] 현지조사자는 인지주체라고 볼 수 있다. 현지조사자는 자기가 연구하는 생활세계를 참여자인 동시에 관찰자로서 인지해야 한다. 이러한 파악방식을 '참여관찰(teilnehmende Beobachtung)'이라고 한다. 현지조사자가 구체적으로 참여자인지 관찰자인지는 그가 연구대상과 둔 거리에 달려있다.

참여관찰의 형태 가운데 하나가 '수용적인 면접법(das rezeptive Interview)'이다.[6] 현지조사자는 응답자가 스스로 이야기하게 만들고 우선적으로 관찰자의 입장에 선다. 이 조사방법은 현지조사자와 조사대상자의 비대칭적인 관계를 전제로 한다.[7] 왜냐하면 일

---

4) Vgl. Park(1928, 1974), Park/Burgess(^{3}1969), Park/Burgess/McKenzie(^{3}1927).

5) Vgl. Lindner(1990), 914.

6) Vgl. Kleinig(1982, 1986).

7) 이런 상황에서 현지연구자는 (참여자로서) 적극적 역할을 하거나 (관찰자로서) 소극적 역할을 할 수도 있다. 수용적 인터뷰는 나레티브 인터뷰와 비슷하지만 앞에서 살펴본 전제와 응용분야에서 차이가 있다. 나레티브 인터뷰가 생애사 연구와 인생행로 연구에 집중적으로 사용되고 있다면 수용적 인터뷰는 일상적인 상황을 그대로 끌어내온다.

상적인 대화는 대부분 일방적인 의사소통으로 되어 있기 때문이다. 수용적인 면접이 관례적인 면접과 다른 점은 청취자가 적극적인 역할을 한다는 것이다. “일방적으로 듣는다고 해서 무관심하다든가 수동적이라고 생각해서는 안 된다. 듣는 행위는 오히려 자극을 주는 적극적인 것이다.”[8] 따라서 현지조사자는 가능한 한 현지상황에 적게 개입해야 한다. 웃음이나 어깻짓, 고갯짓, 머리 끄덕임이나 머리긁적거림 등의 표정과 몸짓으로 반응하는 것이다. 수동적 자세가 이 조사방법의 원칙이다.

현지조사자는 관찰영역에서 일어나는 일들을 세세히 계획할 수도 없고 일을 만들 수도 없다. 일어나는 일들은 하루하루의 일상사인 것이다. 현지조사자의 구체적 역할은 그때그때의 맥락에 따라서 달라진다.

> 자료수집상황이 조사도구나 조사방법에 적응하는 것이 아니라 — 앞의 방법론에 따르자면 — 수용적 면접이 자연스럽게 모든 상황에 적응하는 것이다. 그래서 실제적인 정보들은 계속해서 남아 있게 된다.[9]

결국 현지조사자의 과제는 “사물과 사건에 대해서 깊이 생각하는 사람의 아주 정상적인 행위”[10]에 불과하다.

현지조사자가 전체 맥락에서 하는 역할은 조사자의 역사적 실존이라는 문제와 불가피하게 얽혀있다. 특정한 사회형태에서 현지조사자가 하는 구체적 역할은 각각의 시대에 따라 다르다. 현지조사자는 “짐멜이 낯선 사람의 특징이라고 말한 사회적 모습을

---

8) Lamnek(^{2}1993b), 83.

9) Ebd., 90.

10) Glaser/Strauss(^{2}1984), 101.

갖추어야 한다. 현지조사자는 내부인 시선과 거리두기를 모두 자기 안에서 변증법적으로 소화할 수 있어야 한다."[11] 다음으로 현지조사자의 사회역사적인 모습을 살펴보기로 하자.

나들이: 시공간 관계에서 본 현지조사자의 원형으로서 '낯선 사람'

현지조사자는 여러 다른 세계들의 경계영역에서 어슬렁거리는 사람이다. 이런 의미에서 현지조사자는 경계인이라고 말할 수 있다. 게오르그 짐멜(Georg Simmel), 알프레드 슛츠(Alfred Schütz)와 로버트 파크(Robert E. Park)는 낯선 사람 속에서 현지조사자의 역사적 원형을 발견한다. 물론 그 형태는 다음의 <표 3>과 같이 매우 다양하다.

짐멜은 낯선 사람의 원형을 19세기의 장사꾼에게서 찾는다. 그들은 각 사회의 밖에서 상품을 가져다가 그 사회의 안에 들여와서 판다. 짐멜은 낯선 사람들은 아주 독특하게 시간과 공간을 이용하고 있다고 지적한다. 낯선 사람들은 "오늘 여기에 와서 내일도 머무는 사람"이다.[12] 그는 어제의 사람이 아니기 때문에 그 사회의 전통에 얽매이지도 않고 그 사회에 뿌리박고 있지도 않다. 따라서 그는 자기가 머무는 세계에 속하지 않는다. 그러나 낯선 사람은 그 세계를 떠나지 않고 거기에 머물러 있다. 그러므로 낯선 사람은 "그 집단성원 가운데 가난한 사람과 그밖의 수많은 내부의 적들과 다를 바가 없다."[13] 낯선 사람의 존재는 거기에 사는 토착민들에게 위협적인 동시에 보완적이기도 하다. 낯선 사람의 정신적 자세는 장사꾼의 이성과 실용성에서 볼 수 있듯이 객관적

---

11) Koepping(1987), 28.
12) Simmel(^{2}1995d), 764.
13) Ebd., 765.

<표 3> 낯선 사람에 대한 다양한 시각들

	Simmel(1908)	Park(1928)	Schütz(1944)
생존양식	장사꾼, 반란자	민족집단들, 이민자	정상성에 어울리지 않는 개인들
자유	전통의 사슬에서 해방	격리시켜, 강요된 자유	스스로 결정한 자유
시간들과 공간들	전통이 없음 뿌리가 없음 인습에 얽매이지 않음 충성심 없음	두개의 문화와 사회 주변인, 주변집단	제한된 시공간에서 벌이는 모험성 대상에 문제를 제기할 수 있는 완전한 자유
정신적 자세	객관적 자세 (사실성과 합리성) 편견이 없고, 주도권을 잡는 적극적 역할	객관적 자세 희생자 역할	객관적, 편견없는 비판 당연시된 세계에 문제를 던짐
기능	보완적이고 위협적 (보기: 토착주민과 새로운 입주자의 갈등들)	공존하는 이질성	일탈적인 생활양식과 생애사
연구 접근방법	역사적, 철학적	관조적, 경험적	철학적, 경험적

이다. 그러나 "객관성은 가까움과 멈, 무관심과 참여가 교묘하게 결합되어 있는 모양"을 뜻한다.[14] 짐멜이 보기에 낯선 사람은 "실제적으로나 이론적으로나 자유인으로서 편견 없이 사회관계를 보고, 이를 일반적이고 객관적인 신념에 따라 평가하며, 사회의 인습이나 경건성 그리고 사회의 원인제공에 얽매지 않고 행동한다."[15]

짐멜과는 달리 파크는 낯선 사람의 역사적 원형을 이민자에게서 발견한다. 이민자는 '주변인(marginal man)'으로서 토착민들과의

14) Ebd., 766f.
15) Ebd., 767.

경계에서 "두 문화와 두 사회의 테두리에" 머문다.[16] 그러나 객관성이 자유의 조건이라고 보는 짐멜과는 달리, 파크는 객관성 뒤에 숨어있는 강제성을 본다. 이민자들은 강제로 사회의 주변으로 내몰리면서 객관적 태도를 갖게 되었다는 것이다. 파크가 말하는 '주변인'은 멀찌감치 외곽에 서서 희생자 역할을 한다. 이런 주변성으로부터 객관적인 시선이 생긴다.

슛츠는 짐멜과 파크처럼 낯선 사람의 역사적 원형을 찾아 나서지 않는다. 슛츠는 스스로 결정을 내리고 정상성을 벗어나는 개인의 출현에 관심이 있다. 슛츠가 생각하는 낯선 사람은 습관적인 사고를 벗어나 정상적인 생애사에서 일탈해서 "인습의 흐름을 막고, 의식과 실천의 사회적 조건을 바꿔나가는" 그런 사람들이다. 낯선 사람에게는 보통사람들이 "당연하게 받아들이는" 세계가 눈에 띄고 질문투성이이고 문제들로 가득 차 보인다. 따라서 낯선 사람들은 편견 없는 비판적인 역할을 맡게 되는 것이다. 슛츠에 따르면 낯선 사람들은 자신이 모르는 문화를 '모험의 현장', 문제 있는 연구주제 그리고 '문제 상황 그 자체'라고 본다.[17]

짐멜, 파크와 슛츠는 낯선 사람들의 역사적 역할과 사회적 기능을 밝혀내는 작업을 하고 있다. 파크는 짐멜에게서 역사적 유형 구성을 이어받았고, 슛츠는 이념형적 특징들을 계속 발전시켰다. 짐멜과는 달리 실용주의의 영향을 받은 파크와 슛츠는 경험적 연구의 물꼬를 텄다. 하지만 그들이 말한 낯선 사람들은 천천히 현실에서 사라져갔다. 그 대신에 초점은 어떤 사람들이 여태까지 낯선 사람들의 시각이라고 불리는 특성을 갖고 있는가 하는 데로 옮

16) Park(1928), 892f. Vgl. Mannheim(1958).
17) Vgl. Schütz(1972b).

아갔다. 위의 세 명의 연구자들은 모두 낯선 사람들이 객관성을 얻게 되는 것은 시간적인 그리고 공간적인 거리 때문이라는 데 동의한다. 이러한 정신적인 자세는 오늘날 현지조사자에게서도 찾을 수 있다. 시각의 자유와 객관성은 '학문'의 역할로 옮아온 것이다.

2. 현지조사

현지조사의 작업절차는 일반적으로 다음과 같다. 연구주제를 정하고, 이론적 관련성을 검토하고, 조사방법을 선택하고, 연구영역을 정하고, 사전조사를 하고, 현지조사를 조직하고, 연구대상을 조사하고, 문제를 연구하고, 결과를 평가하고 마지막으로 공개한다.[18] 그러나 이런 순서적 과정은 일반적인 지침을 말하며 구체적 연구과정에서 개별적 사항들이 바뀔 수 있는 가능성은 얼마든지 열려있다. 따라서 이 순서적 과정을 엄격한 원칙으로 생각해서는 안 된다. 이러한 관대한 자세 때문에 비구조화된 현지조사절차는 주관주의적이고 번잡하다는 말을 자주 들어왔다. 다음에서는 이러한 '비방법적인(unmethodisch)' 조사절차를 살펴보기로 하겠다. 이 절차는 현지조사의 결과에도 근본적인 영향을 미치고 있다.

1) 양적 방법과 질적 방법의 가상대립

양적 연구조사와 질적 연구조사의 관계는 서로 이분법적으로 갈라서서 화해할 수 없을 것같이 보인다. 왜냐하면 양적 조사는

18) Vgl. Fischer(1983), 74ff.

비판적 합리주의의 입장에서 출발하고, 질적 조사는 해석학과 현상학에서 출발하기 때문이다. 쿠트 레빈(Kurt Lewin)은 양적 방법과 질적 방법의 맞대결을 가상대립이라고 한다.[19] '트라이앵귤레이션(Triangulation)'에 따르면 "제기된 문제를 여러 가지 시각에서 살펴보려면" 적합한 연구관점과 연구방법을 결합해야 한다.[20]

양적 연구와 질적 연구의 차이는 결과를 평가하고 판단할 때 두드러지게 드러난다. 양적 연구에서는 현상을 수학적·통계학적으로 제시한다. 수집한 자료를 측정하고 계산할 수 있기 때문에 여러 변수들의 관계(인과관계나 상호관계)를 설정하고 판단기준을 도입할 수가 있다. 다시 말해서 타당도와 신뢰도를 비교할 수 있다. 이에 반해서 질적 연구방법은 적절한 기준이 없어서 비판을 받는다.

> 타당도는 연구과정이 근거가 있는가, 다시 말해서 이론적 모델이 설명력이 있는가에 달려있다. 그러나 신뢰도는 연구가 납득할 만한가 하는 검토 이상을 넘어서지 못한다.[21]

질적 연구의 결과는 대부분 묘사되어 있다. 설명력을 갖추기 위해 상황들을 연구의 연속적 과정에 맞게 잘게 나누고 유형과 범주를 제시하기도 한다. 이러한 분류화와 유형화는 이론적 발전

---

19) Vgl. Lewin(1981a), 97ff.

20) Flick(1991), 153. '트라이앵귤레이션(Triangulation)'은 여러 가지 방법들을 한꺼번에 사용하는 것을 의미한다. '트라이앵귤레이션'은 질적 방법과 양적 방법의 관계를 보완적 동시적으로 보는 필립 메어링(Philipp Mayring)의 '단계모델(Phasenmodell)'과 잘 들어맞는다. 이에 반해서 지그프리드 람넥(Siegfried Lamnek)은 양적 방법과 질적 방법은 보완적일 수 없으며, 평행선을 달리는 아주 다른 방법절차라고 주장한다(Lamnek ²1993a, 245-261). Vgl. Mayring(²1989), 190ff.

21) Atteslander(⁸1995), 256.

의 기본바탕이 된다. 이렇게 보면 질적 연구의 이른바 취약점이 강점이 되어 오히려 새로운 상호관계를 '발견'하는 데 기여할 수 있다.

'경험적 사회조사연구(Empirische Sozialforschung)'라는 보고서는 양적 연구와 질적 연구 사이에 보완적 관계가 점점 발전하고 있다는 것을 재확인시킨다. 앞의 두 가지 접근방법 사이에는 "실제적으로 보면 (…) 합치할 수 없는 아무런 근본적 이유가 없다"[22]는 것이다. 널리 퍼져 있는 비합일성은 서로 다른 이론적 전통에서 유래하며 경험적 연구는 이를 뒷받침해주지 않는다.

생애사 연구와 도시 연구는 예전에 행정관청에서 조사한 통계자료를 토대로 연구를 시작할 수 있었다. 시카고학파는 각 도시지역에서 모은 기본자료(예를 들어 도시지역사, 경제적 직업적 민족적 기준에 따른 인구분배, 전통, 풍습, 사회적 의례)를 이용했다. 이런 사정은 '시간의 사회학(Soziologie der Zeit)'에서도 같은데 '시간의 사회학'은 경험적 관점에서 볼 때 변수분석이라고 알려져 있다. 다시 말해서 시간관점과 다른 관련된 요인들(사회적 역할, 계층이나 계급, 집단소속감, 문화유형과 사회유형, 사회계획, 성역할, 학력, 연령, 출신지, 상승지향성 등)의 상호관계를 연구하는 것이다.[23] 생애사 연구는 '시간의 사회학'에서 가지를 치고 나온 것이다.

오늘날에는 행정적인 통계가 점점 더 많이 사용되고 있어서 일종의 '서류적 현실(Aktenrealität)'이 생길 지경에 이르고 있다. 우리는 행정통계를 의심할 바 없이 중립적이고 '객관적'인 실재라고

---

22) Zentralarchiv für empirische Sozialforschung Köln(1993), XII.

23) Vgl. Bergmann(1983). 상호관계를 나타내는 대표적인 보기로는 초기자본주의에서 중산층의 생활양식을 표현한 '만족의 연기 유형(deferred gratification pattern, DGP)'이 있다.

믿는 경향이 있다. 이 통계들은 행정관청의 권위와 학문적인 신빙성이라는 후광(Aura)을 업고 있기 때문이다. 현실적으로 통계는 행정관료제와 응용학문의 합작품이다. 이 과정에서 두 집단들은 각기 자신의 이해관계를 따라가게 마련이라는 사실은 이제까지 소홀히 취급되었다.

게다가 대중매체의 영향이 점점 커지면서 (넓은 의미에서의) 언론은 점점 중요해지고 있다. 대도시의 언론은 "도시의 교통양식, 인지양식 그리고 행동양식이 이상적으로 동시에 나타나는 곳"이다.[24] 언론의 '공적' 의견은 현지에 있는 여러 집단이익들과 얽혀 있기 때문에 대중매체의 객관성을 운운하는 것은 현실에 맞지 않는다. 언론은 의사소통수단으로서 권력싸움의 밖에 있는 것이 아니라 그 안에서 함께 씨름하고 있는 것이다.[25]

경험적 사회조사연구는 기술적인 보조시설의 발전에 상당히 의존해 있다. 그동안 사회과학 응용분야에서는 컴퓨터통계를 많이 쓰고 있다. 특히 녹음과 비디오녹화가 가능해지면서 자료를 정확하게 기록할 수 있게 되었다. 기술적 발전은 생애사적 방법에 크게 기여하였다. 생애사의 주인공은 자기가 얘기한 생애사를 음성과 화면으로 저장해서 연구자의 개입이 없이도 자기 이야기를 전달할 수 있다.[26] 그밖에도 연구자는 원자료를 완벽한 텍스트로 받을 수 있다. 이래서 '구술사(oral history)'를 엄격한 의미에서의 조사방법으로 이용할 수 있었던 것이다. 이러한 시청각적인 복사가

---

24) Lindner(1990), 21.

25) 린트너(Lindner)는 시카고학파와 저널리즘의 결합을 보기로 들면서 '대도시 연구'와 '대도시언론'의 경계가 희미하다고 강조한다. 하지만 그는 가능한 공동작업의 배후에 감춰진 의도나 각 집단들의 뒤에 숨겨져 있은 이해관계가 무엇이냐는 물음을 던지지는 않는다(Lindner 1990, 116-140).

26) Fuchs(1984), 132ff.

가능해짐으로써 "상호주관적으로 해석하고 (…) 해석할 때 질문자 효과와 관찰자 효과를 파악하고 (…) 이론적으로 융통성을 둘 수 있는 가능성"이 열린 것이다. 그렇지만 "질적 조사자료들의 잡탕이라는 새로운 유형" 또는 일종의 질적인 실증주의가 생길 가능성도 있다. 단지 자료를 그대로 정확하게 제시하면 연구결과가 신빙성이 있다는 잘못된 믿음도 유포되고 있다. 양적인 실증주의이든 질적인 실증주의이든 서로 다른 집단들(연구자 집단도 포함하여)이 다른 이해관계를 갖고 있다는 사실을 놓칠 위험이 있다. 이러한 집단 역학과정의 중심에는 물론 연구를 시작한 연구자가 자리잡고 있다.

2) 현지조사자의 이해관계

현지조사는 현지조사자의 이해관심에서 출발한다. 구체적으로 연구되는 현장은 이 연구영역을 선택했을 때의 이해관계에 의해서 조건짓게 된다. 하지만 거꾸로 기존의 연구성과들, 언론, 공공여론이나 또는 선입견이 이해관계에 영향을 주기도 한다.[27] 여기에서 문제가 생길 수 있다. 현지연구자는 여러 집단들의 성격에 대한 판단(또는 선입견)을 충분히 검토하기도 전에 '눈에 띄는' 또는 '문제시되는' 사회집단에 주목하는 수가 많다. 주제에 대한 관심을 불러일으키는 연구대상이 있으면 상황을 제대로 검토하기

---

27) 현장연구인 「토박이와 떠돌이("Etablierte und Außenseiter")」는 연구전제가 연구과정에서 얼마든지 바뀔 수 있다는 것을 잘 보여준다. 이 연구에서 범죄율의 증가원인을 조사하러 현지에 들어간 연구자는 범죄율의 분포가 상당히 다르다는 데에 우선 당황한다. 이에 따라 연구자는 연구목적을 새로이 발견된 상황에 맞게 바꾼다. Vgl. Elias/Scotson(1993).

전에 이미 이 대상은 "문제가 있다"고 전제하는 것이다.

이러한 전제는 포퍼가 말한 표준적인 과학적 절차의 가설과 견줄 만한 것처럼 보이기도 한다. 표준적인 절차는 가설적 언술을 검증하는 데 초점을 둔다. 반면에 현지조사에서는 묘사와 범주화 그리고 유형화가 중요하다. 만약 현지조사가 틀린 가정에서 출발한다면 연구과정과 연구결과는 '문제시되는' 측면을 점점 더 부각시켜 낙인을 찍는 결과를 가져올 것이다. 사회집단이나 주거지역을 '문제시하는 과정' 자체가 이미 여러 가지 이해관계와 얽혀있다는 사실을 감안한다면, 현지조사자의 시각도 결코 집단이해관계나 최소한 연구공동체의 이해관계와 무관할 수 없다. 이러한 편파성을 벗어나기란 거의 불가능하다. 따라서 방법상의 개방성을 비판적으로 보는 안목을 기르는 것이 중요하다.

더군다나 개방성이라는 원칙이 '미끼를 던지는 관료성(Leitfaden-bürokratie)'[28]을 조장할 위험성도 있다. 연구자는 연구결과가 지닌 의미 있는 관련성을 밝혀내고자 —구조화되어 있든 구조화되어 있지 않든— 이미 생각해둔 질문을 던지는 것이다. 이 때문에 연구자는 의식하든 의식하지 않든 '자아실현적 예언(self-fulfilling prophecy)'의 의미에서 연구를 진행할 수 있다. 게다가 인터뷰의 불균등성도 문제가 될 수 있다. 흔히들 유명인사와 하는 인터뷰는 준비도 잘되어 있고 계획에 맞춰 착착 진행되는 반면, 서민들(kleine Leute)과의 인터뷰는 본인에게 이미 알려주지도 않고 즉흥적으로 진행되는 수가 많다. 따라서 유명인사들은 자신들이 하고 싶은 말을 준비해서 하고, 반면에 서민들에게서는 연구자나 공공여론에

28) 미끼를 던지는 관료성(Leitfadenbürokratie)이란 인터뷰자가 질문을 구조화시키는 과정에서 미리 대답을 기대하고 그 대답이 나오도록 유도하는 것을 말한다 (Hopf 1978, 101ff.).

서 듣고 싶어하는 그런 얘기가 나오게 마련이다. 현지에 살고 있는 사람들의 시각을 담아내야 한다는 민속학적 표현은 예술인 동시에 정치이다.

연구결과가 연구대상집단의 이해관계와 맞지 않으면 그 집단에 해를 끼칠 수도 있다. 연구대상이 된 사람들은 현지조사자가 오는 데에 준비가 되어 있지 않는 경우가 많다. 그들의 반응은 한편으로는 사람들과 접촉하는 습관을 나타내고, 다른 한편으로는 현지조사자의 개인적 특성(예를 들면 성별, 연령, 외모, 국적)을 반영하기도 한다.[29] 그러므로 현지조사를 할 때는 현지조사자의 주도적인 역할과 함께 조사대상자의 수동적 역할을 염두에 두어야 한다.

3) 언어학적 분석과 지리학적 분석[30]

다음으로 연구결과를 어떻게 '가시화'할 것인가라는 사회학적 현지조사의 표현방식에 대해 살펴보기로 하겠다. 연구 자체가 사용할 수 있는 연구도구에 의존하고 있다는 사실은 자주 소홀히 다루어져왔다. 연구자가 사건이나 현상의 어떤 부분과 어떤 측면을 강조할 것인가를 결정하려면 조사자료의 표현가능성과 해석가능성을 감안해야 한다. 다른 측면에서 보자면 연구결과를 어떻게 제시하는가는 연구자가 연구대상으로부터 어떤 자료를 얻어왔느냐에 따라 달라진다. 말로 된 자료인지 글로 쓴 자료인지 눈으로 본 것인지 물질적 인공물인지에 따라 달라지는 것이다. 이러한 복잡한 매개과정은 언어적인 분석과 지리적인 분석을 통해서 밝혀

---

29) 연구에 미치는 성별차이의 영향에 대해서는 다음을 볼 것. Vgl. Peggy(^{2}1986).
30) 민족학적 그리고 지리학적 연구가 학제 간 상호협력이론을 만드는 데에 기여한다는 점은 이미 제2장의 2.-2)-(2)에서 살펴보았다.

질 수 있다.

현지조사방법은 너무 다양하고 유동적이어서 어떤 방법을 쓰겠다고 미리 확정해봤자 의미가 없다. 구체적인 연구방법은 연구과정(연구주제, 연구대상과 연구목적)과 긴밀하게 엇물려있다. 이러한 연구에서는 법칙성보다는 의미구조를 찾고자 한다. 문화분석은 일반이론보다는 하나의 사례를 둘러싼 맥락을 찾아 일반화하려는 데 초점을 맞춘다.[31]

경험적 사회조사연구의 방법은 연구대상영역에 따라 내용분석, 관찰법, 질문지법과 실험방법으로 세분할 수 있다.[32] 연구대상에는 인간활동의 산물(예를 들면 건축물, 도구, 의복, 무기, 텍스트, 음성녹음, 화면녹화)뿐만 아니라 현재의 인간행동도 포함된다. 인간 행동은 주어진 상황에 처한 행위주체에 의해 나오고 또는 나중에 (재)구성되기 때문에 인간행동을 이해하려면 기본적으로 내용분석을 해야 한다. 내용분석은 다른 조사방법들의 기초이기도 하다.

이 자리에서 언어학을 한번 돌이켜 볼 필요가 있다. 왜냐하면 생애사는 문자라든지 구두라든지 여러 가지 언어형태(예를 들면 일기, 회고록, 자서전, 전기, 편지, 인터뷰, 이야기들)로 되어 있기 때문이다. 이런 자료들은 전기 주인공이 손수 했건, 전기 작가가 했건, 아니면 생애사 연구자가 했건 간에 넓은 의미에서 보자면 모두 재구성된 자료들이다. 텍스트는 적어도 한번은 손을 대서 정리해서 여러 가지 유형과 형태로 변한 것이다. 보기를 들면 일기장이 하루흐름으로 하루계획으로 행동공간으로 그리고 생애사로 변

31) Vgl. Geertz([2]1991a), 15.
32) Vgl. <그림 2-11> 경험적 사회조사연구의 연구대상영역과 조사방법(Atteslander [8]1995, 72).

하는 것이다.

이와 같은 진행성에 비춰볼 때 패널분석이 수집한 자료를 현실에 가깝게 정리하여 이용할 수 있다. 패널분석은 시간간격을 두고 반복하는 연구로서 역사성을 생애사 연구에 통합하는 데 목적이 있다. 이에 반해 울리히 외버만(Ulrich Oevermann)은 사례의 바탕이 되는 구조, 현재의 맥락에서 사례에 따라 그 모습을 드러내는 구조를 강조한다. 경험과학으로서의 사회학에서는 기본적으로 "상호작용의 잠재적인 의미와 상호작용 텍스트의 객관적인 의미를 신중하고 포괄적으로 해석"하는 데에 초점을 두고 있다.[33] 이로써 그는 각각의 대화에서 기본에 깔려있는 구조에 눈길을 돌렸다.

언어학적 내용분석과 함께 지리학적 방법도 적용할 수 있다. 지도로 된 표현양식(mapping)은 시카고학파 사회생태학의 특허품이기도 하다. 지도학은 공간적인 배분을 그래픽으로 나타낸 것이다. 지리학적 방법은 지도나 그림, 사진을 갖고서 영상적인 표현을 한다. 영상적인 표현에 대한 관심이 커진 것은 도시건설계획과 함께 건축설계가 중요해지면서였다.

영상분석은 특히 기술적인 발전에 의존해 있다. 보기로서는 공중녹화가 있다. 비행촬영은 제1차 세계대전 동안에 사용된 것이다. 전쟁목적으로 사용했던 공중사진은 학문적인 방법에도 영향을 끼쳤다. 지리적으로 완전히 다른 시각이 열렸고 이는 '다시간적인 비행사진해석(multitemporale Luftbildinterpretation)'[34]이라는 새로운 연구대상이 되었다. 비행사진은 촬영시점 비교분석과 연속분석에도 짐짐 더 많이 사용된다. 도시지리의 맥락에서 볼 때 비행

33) Oevermann/Allert/Konau/Krambeck(1979), 381.
34) Vgl. Strathmann(1985).

사진 해석으로 말미암아 도시의 곳곳을 전체 형상그림과 함께 관련지을 수 있게 되었다. 게다가 패널분석이 함께 실시되면 공중촬영으로 도시발전의 추세를 명백히 보여줄 수 있다.

이밖에도 지리적 모델로는 '행동공간연구(Aktionsraumforschung)'가 있다. 이 연구는 사람들의 활동이 노동분할, 공간분할과 시간분할의 영향을 받고 있다는 가정에서 출발한다. 행동공간이라는 개념은 '도시의 선택적 사용(selektive Benutzung der Stadt)'을 말한다.[35] 그밖에도 '시간예산연구(Zeitbudgetforschung)' '여가시간연구' 그리고 '주관적인 도시계획'과 같은 연구방향들도 있다. 주관적인 도시계획 연구는 이미 1920년대에 시카고학파에서 도시 연구를 하는 데 사용했던 적이 있다. 각 도시주민은 도시를 선택적으로 경험하며 각자에게는 자기 고유의 인지적인 도시지도가 있다. 이에 따르면 엄격한 의미에서 '하나의 전체로서 도시(Stadt als Ganzes)'란 존재하지 않는다. 각 시민들의 선택기준들로서는 사회구조적인 특징과 더불어 각자의 개인적 특징(성별, 나이, 계층, 학력, 소득, 생애주기에서의 지위, 경제활동행위, 그리고 점점 더 중요성이 더해 가는 생활양식과 생활방식)들이 영향을 준다. '주관적인 도시지도'는 특히 도시인구의 내부관계를 찾아내는 데 도움을 준다. 보기로는 도시에 있는 '불안조성-공간(Angst-Räume)'을 나타낸 지도가 있다. 이런 지도를 보면 사회적인 거리와 공간적인 거리가 서로 연관이 있음을 알 수 있다. 사회지리학은 토착주민과 새로운 입주자 사이에 있는 서로 다른 시각들을 구별해준다. 이러한 경계들은 다양한 집단들의 이해갈등과 이에 따른 권력관계를 반영한다. 따라서 권력관계가 변하면 사회지리학적 의미에서 경계가 이동하게 된다.

---

35) Vgl. Friedrichs(1977), 302-328.

3. 시간차원과 공간차원을 묶는 연구프로그램들

여기서는 두 가지 연구방법들, 곧 '시간지리학(Zeit-Geographie)'과 '주거사 분석(Wohngeschichts-Analyse)'을 자세히 다룰 것이다. 이것은 시간적인 흐름과 공간적인 모양새를 엮어보려는 시도이다.

1) 시간지리학

'시간지리학(Zeit-Geographie, time-geography)'은 스웨덴의 지리학자 토스튼 해거스트란트(Torsten Hägerstrand)가 기초한 연구프로그램이다.[36] 그에 따르면 시간과 공간은 국지적으로 분리할 수 있으며 현실적으로 제한된 실존적 자원이다. 따라서 시간과 공간은 현실의 요소와 과정을 이해하기 위해 유용한 차원들이다. 이런 구상을 가지고 해거스트란트는 개인의 생애경로를 설계한다. 개인의 삶이란 시간과 공간을 따라 그어지는 길로 출생에서 시작해서 사망으로 끝나는 길이다.[37]

이에 따라서 솔베이그 메튼슨(Solveig Mårtensson)은 공간환경과 시간환경을 통해 본 생애사의 구성에 대해 박사논문을 쓰면서 시간성과 공간성과 행위라는 세 가지 요소들을 함께 연결하려고 시도한다. 이때 생애사와 시간지리학의 직접적인 관계가 뚜렷이 드러나게 된다. 메튼슨은 생애사가 "일상 삶에서 사건들과 상황들이 서로 엮여있는 특징"을 가지고 있다고 한다.[38] 따라서 생애사가 시간·공간·환경 안에서 어떤 형태를 띠는가를 알게 되면 생애

36) Vgl. Hägerstrand(1970, 1975, 1978), Carlstein/Thrift(1978a, 1978b).
37) Vgl. Fig. 1 "Part of the time-space path of an individual"(Hägerstrand 1975, 201).
38) Mårtensson(1979), 22.

사의 내용을 더 잘 이해할 수 있다는 것이다. 생애사적 구성은 안에서도 그리고 밖에서도 바라볼 수 있어야 한다. 생애사 연구의 모체라 할 수 있는 시간지리학은 기본적으로 외부로부터 작용하는 강제성을 연구하는 데에 기여한다.

그뿐 아니라 메튼슨의 연구는 심리학, 지리학과 도시계획을 오가면서 학제 간 협력연구에 기여한다. 또한 개인과 환경의 관계를 연구함으로써 상호인과성(two-way causation)으로 미시 수준과 거시 수준을 이어준다.[39] 특히 시간지리학은 영상을 분석한다. "시간지리학의 시작은, 각각의 점들을 찍고 점들을 잇는 선으로 지도를 그리고, 공동체에서 벌어지는 시간경로 약도를 만드는 것이다."[40]

시간지리학이 보여준 최대한의 기여는 '규범적 성격'을 조사연구에 끌어왔다는 데에 있다. 시간지리학에 따르면 모든 활동영역(domain)에서 벌어지는 일상생활은 힘 있고 결정권 있는 사람(decision-maker)의 생각에 따라서 만들어져서 실행되는 것이다. 이에 덧붙여 활동영역에 따라 규범과 일상습관도 달라진다. 권력관계에서의 행위는 시간적이고 공간적인 맥락에서 일어나기 때문이다.

이와 같은 입장은 현상학적 접근방법과 비슷하다. 여기서 잠깐 현상학과 시간지리학의 관계를 짚고 넘어가기로 하자.[41] 메튼슨은 '실존적 현상학(existential phenomenology)'과 시간지리학의 관계가

39) 미시구조와 거시구조의 결합이라는 미해결된 과제는 사회생태학적 사회조사 연구의 이론적 결합으로 알려져 있다. 다수준분석(Mehr-Ebenen-Analyse)과 그물망분석(Netzwerkanalyse)은 미시문제와 거시문제를 풀기 위한 시도이다. '합리적 선택이론(rational choice theory)'은 행위자 없는 거시사회학과 구조 없는 심리학주의의 일면성을 극복하는 데에 기여한다(Esser 1988, 39). Vgl. Coleman/Fararo (1992).

40) Mårtensson(1979), 145.

41) 제1장을 볼 것.

밀접하다는 가정에서 출발한다.[42] 현상학에서 말하는 생활세계는 문화적으로 정의된 시간적 공간적 맥락, 곧 일상생활의 지평선에 지나지 않는다. 현상학적 연구는 시간지리학과 마찬가지로 '지역적-총체적 연구(area-holistic research)' '사회의 시공간 그물망구조(spatio-temporal web model of society)' 또는 '인간과 사회의 공존적 현실(corporeality of man and society)'이라는 특징을 가지고 있다. 현상학적 시각에 맞는 연구방법을 적용하면 '개인적으로 겪은 경험'의 시간적이고 공간적인 경로를 파악해낼 수 있다. 시간지리학의 접근방식은 개인과 집단 그리고 환경의 상호작용을 제시함으로써 총체적인 맥락을 볼 수 있게 도와준다.

2) 주거 순환주기와 생애 순환주기: 주거사 분석[43]

주거사는 한 개인의 삶에 나타나는 거주하는 고장과 집의 연대기를 말한다. 주거사 분석은 "서로 다른 생애단계에 따라 주거행동은 어떻게 변하는가?"에 초점을 맞춘다. 한 개인은 보통 새로운 생애단계에 들어가면서 주거지를 변경하는 것이 보통이다. 따라서 공간적인 이동을 체계적으로 연구하려면 시간적인 차원을 고려해야 한다. 이와 관련하여 요아힘 마테스(Joachim Matthes)는 '생애 순환주기(Lebenszyklus)'와 병행하여 '주거 순환주기(Wohnzyklus)'를

---

42) Vgl. Mårtensson(1979), 151-162, bes. Fig. 7.1(ebd., 151) und Fig. 7.2(ebd., 155). Fig. 7.2를 보면 경험들이 인간과 주변환경이 끊임없이 상호작용하면서 구성되어지고 있음을 명백하세 알 수 있다. 현재지향적인 행동양식과 미래지향적인 의도들은 과거에 환경과 부대끼면서 겪은 체험들을 통해서 영향을 받는다. 이렇게 현상학과 시간지리학은 서로 엇물려있는 것이다.

43) 주거사 분석(주거 역사 분석, residence history analysis)은 1960년대 미국, 프랑스 그리고 네덜란드에서 발달하였다.

함께 연구한다.[44] 주거사 분석은 사회연구에서 소홀히 다루어왔던 역동적인 측면, 곧 시간적 차원을 이론에 포함시켜서 다음에 초점을 둔다.

> 각 개인들이 어떤 특정시점에 어떻게 이동하는가는 '지나간 인생경로' 특히 주거사의 특징에 따라 다르다.[45]

물론 개인의 이동성은 사회적 조건에도 달려있다. 무엇 때문에 특정한 활동이 바로 그 시점에 일어나는가를 설명하기 위해서는 공간적인 그리고 시간적인 과정순서를 서로 연관시켜야 하는 것이다.

실제적으로 주거사 분석을 하기 위해서는 시간이라는 차원의 맥락에서, 특히 역사적 시간과 생애사적 시간 그리고 주거기간을 살펴보아야 한다. 주거사 분석에서는 특히 학력과 경제활동, 가족들과 관련하여 생애경로 자료를 적용한다.

주거사 분석은 '생애경로의 접근방법(Lebensverlaufsansatz)' '환경론적 접근방법(Ökologischer Ansatz)' 그리고 '주택시장 접근방법'과 밀접한 관련이 있다. '생애경로의 접근방법'은 연령별구성을 생애경로와 연관시키고, '환경론적 접근방법'에서는 경제활동영역에서의 지역격차에 중점을 둔다. '주택시장 접근방법'에 따르면 이사를 가느냐 마느냐의 여부는 우선적으로 주거조건의 공간적 배분과 주택수요의 결정요인들에 의해서 제한을 받는다. 앞의 세 가지 접근방법은 모두 사회적 조건이 특정한 기회구조를 만들며 이로써 주거관계가 변한다는 전제에서 출발한다. 공간적인 주요 변수

---

44) Vgl. Matthes(1978b), 166ff.

45) Wagner(1989), 17.

들의 보기는 다음과 같다. 즉 직장변동과 사회적 상승과 하강, 근거리이동과 장거리이동, 과거 주거사의 영향, 집 소유주와 도시민의 이동률, 집 크기, 주민들의 욕구와 목적, 내부밀도(주택밀도).[46)]

이사를 하면 특정한 행동방식을 배워야 한다. 새로운 집이나 주거환경이 너무 빽빽하고 좁으면 새로 이사 온 사람들은 이에 적응하기에 인지적으로 혼란을 일으킬 수도 있다. 누구나 주거지를 옮기면 새로운 학습과정을 거치게 되는 것이다. 이사를 가면 개인들은 예전과는 다른 사건들에 부딪히게 된다. 이렇게 새로운 경험을 하면서 개인은 새로운 주거지역에서 일상적 지식을 얻게 되는 것이다. 보기를 들어서 어떻게 새로운 공간성의 기회와 이점을 이용하면서 위험을 피해갈 수 있는가를 배우게 된다. 이렇게 적응에 성공하면 공간적인 정체성을 가질 수 있다.[47)] 하지만 적응에 실패하면 개인은 주거지역에서 멀어져서 관심도 없어지고 다시 이사를 가게 된다.

주거사는 세대 간 연구에서 중요한데 왜냐하면 각 세대의 생애경로는 다름 아닌 공통의 공간경험이기 때문이다. 전쟁이 일어났을 때는 엄청난 원거리이동과 도시-촌락-이동이 생겼다. 지역적인 불균등이 커서 일반적으로 상류층만이 대도시를 떠나서 대피할 수 있었다. 전쟁이 끝나자 거꾸로 대량인구가 대도시로 몰려들었다. 따라서 주거사 분석은 집단연구 또는 세대연구뿐만이 아니라 '거대한' 역사를 연구하는 데에도 도움이 된다.

---

46) 내부밀도(Belegungsdichte)는 한 공간단위에 사는 사람들의 수로 정의된다.
47) 공간적 정체성에 대해서는 제1장 5.를 볼 것.

4. 줄임말

이 장에서는 이 글의 이론적 배경을 다시 한번 되새겨보았다. 왜냐하면 이론적 가정 없이는 사실상 어떤 조사방법도 구상할 수 없기 때문이다. 현상학적 시각은 이론적 지향성일 뿐 아니라 방법적 지침이기도 하다. 시간과 공간을 결합하려는 이론적 과제를 실현하려면 시공간을 함께 풀어낼 수 있는 방법이 필요하다. 이와 동시에 이러한 이론적 가정들은 연구조사방법의 바탕에 깔려있다.

이 장에서는 여러 가지 조사방법을 모두 다루지 않고, 연구절차를 이론적 기본가정에 미루어 비판적으로 검토하고 여태까지의 사회조사의 연구상황을 살펴보았다. 이때 현지조사자는 결코 중립적이지 않으며 연구과정에서 매우 중요하다. 현지조사자는 역사적이고 사회적인 산물로서 장사꾼과 주변집단의 생존형태와 특징에서 유래한다. 이밖에도 일상생활을 장기적으로 관찰할 때에 연구대상자의 반응이 매우 중요하다. 현지연구자는 현지상황에 되도록 개입하지 말고 섣부르게 잘못 건드려 상황을 변화시키지 않는 게 좋다.

구체적인 연구절차에서는 이론과 경험연구의 대립, 질적 방법과 양적 방법의 대립이 해소되며, 대립되어 보이는 두 측면은 오히려 서로를 보완한다. 언어학적 분석과 지리학적 분석은 현실의 모습이 뚜렷이 나타나도록 언어적인 세공방법과 공간적인 그림을 제공한다.

마지막으로 주거사 분석과 시간지리학이라는 두 개의 연구프로그램들은 현상학적 관점에서 시간적 차원과 공간적 차원을 통합하려는 보기들이다. 앞의 두 분석절차들은 녹음과 녹화기술을 이용하여 연구결과를 제시할 수 있다. 하지만 기술적인 가능성이 연구방법을 확대시킬 수도 있지만 제한할 수도 있다는 것을 잊지 말아야 한다.

제2부
사례연구
프라이부룩의 도시구역 바인가르트튼

19세기를 매료시켰던 말은 알다시피 역사이다. (…)
반면에 현재는 공간의 시대라 해야 할 것이다. (…)
세계는 시간과 함께 발전해나가는 거창한 삶을 통해서 자신을
드러내왔었다.
그 시점에서 우리는 점점 더 멀어지고 있다고 믿는다.
지금의 세계는 여러 점이 얽히고설킨 그물망과도 같다.
오늘날 벌어지는 여러 가지 논쟁들은
시간을 끈질기게 추종하는 사람들과 공간에 사는 고집 센 주민들 사이에
벌어지고 있다고 말해도 좋을 것이다.
(Foucault 1990, 34)

제5장

허허벌판에서 바인가르튼으로

> 전쟁이 끝나고 1946년 10월 내가 프라이부룩-하스라흐(Freiburg-Haslach)의 멜랑크톤 교구(Melanchthonpfarrei)로 전출되었을 때, 많은 프라이부룩 사람들과 몇몇 동료들이 유감을 표시했다(…). 이런 반응은 노동자들이 사는 하스라흐에 대한 시민들의 몰지각한 사고방식에서 나온 걸까? 아니면 오핑어 슈트라세에 늘어선 판자촌에서 발생하는 사회문제들 때문에 이런 경박하고도 총체적인 판단이 형성된 것일까?

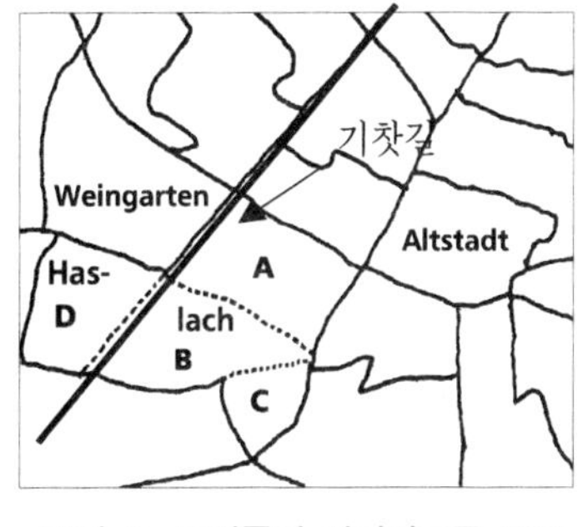

<그림 1> 도시구역 바인가르튼 1993

바인가르튼은 1993년에 프라이부룩(Freiburg im Breisgau)의 도시구역으로 독립하였다. 1992년 말까지 바인가르튼은 다음의 도시구역들과 함께 하스라흐-바인가르튼에 속했다.

(A) 하스라흐-엥어튼(Haslach-

Egerten), (B) 하스라흐-가르튼슈타트(Haslach-Gartenstadt), (C) 하스라흐-쉴트악커(Haslach-Schildacker) 그리고 (D) 하스라흐-하이드(Haslach-Haid). 6백여 년 전에도 바인가르튼이 있긴 있었지만 이는 허허벌판의 이름일 따름이었다. 하스라흐는 786년에 이미 독립적인 촌락이었고 1120년에 프라이부룩 도시에 편입되었다.[1] 오늘날 바인가르튼의 탄생을 보려면 이 시점까지 거슬러 올라가야 한다.

이 글은 바인가르튼과 프라이부룩의 관계가 이미 역사적으로 대부분 규정되어 있었다는 전제에서 출발한다. 따라서 이 장에서는 바인가르튼이 하스라흐에 속하고 그리고 하스라흐가 독립적인 구역으로서 프라이부룩과 함께 대등한 입장에 서있던 초기역사부터 시작하기로 하겠다.

1. 초기 역사: 하스라흐 대 프라이부룩

1) 촌락 대 도시 = 농민 대 도시민

하스라흐와 프라이부룩의 관계는 두 가지 측면에서 살펴보아야 한다. 하나는 지리적인 근접성인데 이 때문에 상호접촉과정에서 우호관계와 동시에 적대관계가 형성되는 것이 불가피하다. 다른 하나는 촌락인 하스라흐와 도시인 프라이부룩의 불균등한 발전이다. 이 불균등한 발전에는 하스라흐의 불리한 자연조건인 홍수와 식수부족의 탓이 크다. 따라서 하스라흐는 점점 더 프라이부

1) Vgl. 「옛날 하스라흐 분계선에 있는 들판의 이름들」(Lokalverein Freiburg-Haslach 1986, 182-185).

룩의 지배에 들어갔고, 하스라흐의 운명은 프라이부룩과 뗄래야 뗄 수 없는 상황에 접어들었다. 다음에서는 프라이부룩과 하스라흐의 초기 관계를 연대순으로 살펴보겠다.[2)]

786년에 하스라흐 촌은 자그마한 농촌공동체로서 갈렌(St. Gallen) 수도원에 기부되었다. 프라이부룩 시는 1120년 째링엔(Zähringen)의 콘라드 공작(Herzog Konrad)이 세웠다. 새로이 건설된 상업도시 프라이부룩과 접촉하면서 하스라흐 농민들에게는 좀더 많은 자유를 획득하고 자신들의 생활을 개선할 수 있는 가능성이 열렸다. 그들은 자신들이 생산한 우유, 달걀, 닭 또는 때때로 포도주를 프라이부룩의 주말시장에 가져와서 팔았다. 부유한 농민들은 점차 도시로 빠져나갔다. 촌락에서는 개인적인 자유가 구속되었던 반면에 도시는 자유의 상징이었던 것이다. 보기를 들면 도시에서는 농노제가 폐지되고 세금이 줄고 그리고 임의적인 재판이 종식되었다. 그러나 도시민들이 촌락민들을 멸시했기 때문에 촌락민들에게 도시는 질투와 더 나아가 증오의 대상이기도 했다.

1250년 남짓해서 하스라흐와 인접한 프라이부룩 쪽에 '좋은 사람들의 집(Gutleuthaus)'이 생기고 거기에 십자군전쟁에서 귀환한 나병환자들이 수용되었다.[3)] 나병은 원래 전염성이 높아서 환자들은 건강한 사람들로부터 철저하게 격리되어야만 했다. 이 집에서 경영하는 토지와 가옥은 경계를 넘어서 하스라흐에 속했다. 이는 프라이부룩 사람들이 애초부터 도시에서 환영받지 못하는 집단들을

---

2) Vgl. Haumann/Schadek(1992, 1994, 1996). 하스라흐의 역사를 개관하는 데에는 다음의 문헌들을 참고하였다. Scherrer(1980), Lokalverein Freiburg-Haslach(1986), Projektgruppe Haslach und Arbeitskreis Regionalgeschichte Freiburg(1990), Rehm (1991).

3) 나병환자들을 완곡한 어법으로 '좋은 사람들(Gute Leute)'이라고 불렀다. 오늘날의 칼-키스트너-슈트라세(Carl-Kistner-Straße)는 옛날에 굿로이트 슈트라세(Gutleutstraße)라고 불렸다.

하스라흐 쪽으로 넘겼다는 명백한 근거가 된다.

1368년에 하스라흐는 바덴(Baden)에 프라이부룩은 전방 오스트리아(Vorderösterreich)에 병합되었다. 이로써 하스라흐는 마크그래플러(Markgräfler) 지방의 전초기지가 되어, 프라이부룩이 속한 전방 오스트리아 지역과 대결하게 되었다. 다시 말해서 하스라흐는 전방 오스트리아에 의해 사방으로 갇혀버린 바덴지방이 되어서 하스라흐와 프라이부룩의 경계선은 동시에 바덴과 전방 오스트리아의 국경이 되어버렸다. 따라서 1525년에 농민전쟁이 일어났을 때 하스라흐와 프라이부룩은 확연히 등을 돌리게 된다. 하스라흐가 속한 진영은 프라이부룩을 포위해서 프라이부룩이 자신들과의 동맹을 선포하도록 강요하였다.

농민전쟁 후에 하스라흐에서 가톨릭은 중요성을 잃었다. 1556년에 하스라흐는 프로테스탄트 지역이 되었고, 반면에 프라이부룩은 예전처럼 충실하게 로마 가톨릭 쪽에 머물렀다. 이후로 하스라흐는 이 지역에서 정치적 뿐만 아니라 종교적으로도 고립되었다. 30년 전쟁 때 하스라흐는 완전히 파괴되었고 가난과 기아와 페스트에 시달렸다. 프라이부룩 시도 인구의 3분2를 잃었다. 더 나아가 프라이부룩 주위에 있는 촌락들이 하나둘 자취도 없이 사라졌다.

하지만 도시들의 발전에 힘입어 프라이부룩은 계속 번창해갔다. 1651년부터 프라이부룩은 전방 오스트리아의 수도가 되었다. 1694년부터 1806년에 프라이부룩에 독립된 프로테스탄트 교구가 생기기까지 프라이부룩의 모든 프로테스탄트들은 하스라흐 교구에서 관리하였다.

<그림 2> 하스라흐와 프라이부룩 1525

출처: 1525년 마크그래플러 지방의 농민전쟁을 그린 전면도에서 따옴(1:300 000)[4)]

이 시기에 프로테스탄트인 하스라흐와 가톨릭인 프라이부룩 사이의 편견 때문에 긴장과 충돌이 늘어났다. 프라이부룩의 대학교에는 종교개혁에 반대하는 예수회가 대거 요직을 맡고 있었고, 이런 프라이부룩 사람들에게 하스라흐는 멍텅구리 프로테스탄트들이 모인 촌락으로 보였던 것이다. 이 시기에 생긴 '고집통이 하스라흐 놈'이라는 말이 아직까지도 널리 퍼져 있다. 프라이부룩에서 프로테스탄트는 시민권을 얻을 수도 없었고 토지를 소유할 수도 없었다. 프로테스탄트들은 노동하러 혼자서 도시에 들어올 수 있을 뿐이었다. 수비대들이 도시에 주둔하면서 비로소 상당수 프로테스탄트들이 도시로 들어오게 되었다. 1781년에 요셉2세(Josef II)가 개신교 자유령을 공포하고 나서야 프로테스탄트들의 사정이 좀 풀리게 되었다.

스페인의 상속전쟁(1701년부터 1714년까지)과 오스트리아의 상속전쟁(1740년부터 1748년까지)이 터져 전쟁의 한복판에 놓인 하스

4) Lokalverein Freiburg-Haslach(1986), 21.

라흐는 다시금 약탈당했다. 1744년의 마지막 약탈이 지나가자 하스라흐 사람들의 관심은 전쟁에서 생활조건의 개선으로 옮겨갔는데 특히 식수조달과 홍수방지가 문제였다. 전쟁의 화마가 온통 파괴해버린 하스라흐에 자연재해가 겹쳤던 것이다. 1766년 여름에는 드라이잠(Dreisam) 강이 범람해서 하스라흐를 덮쳤다. 엄청난 홍수가 1780년, 1782년과 1801년에도 잇따랐다. 1816년에 드라이잠 강이 바덴 지방의 하천건설조합(badischer Flussbauverband)에 들어가면서 하스라흐는 비로소 잇따른 홍수재해에서 해방되었다.

하스라흐 사람들과 프라이부룩 사람들 사이의 선입견과 편견들은 일상생활에서 점점 더 쌓여갔다. 이들이 대결하는 장은 주말시장(Wochenmarkt)이었다. 프라이부룩 사람들이 과일야채를 팔러오는 하스라흐 사람들에 대해서 보이는 배척감은 1750년 7월 6일자의 '칼스루에 교직자회 기록(Karlsruher Kirchenratsprotokoll)'에도 잘 나타나 있다.

> 성인 조각상[5])들을 나르던 하스라흐와 볼픈바일러(Wolfen-weiler)에서 온 바덴 지방의 노예들이 채찍으로 맞고 무릎을 꿇고 있었다.[6])

이 사건의 기록에는 하스라흐가 다른 지역과 완전히 고립되어 있다고 덧붙이고 있다. 프라이부룩 사람들이 하스라흐 사람들에 대해서 지녔던 부정적인 이미지는 18세기 이후에 유랑민과 집시들이 린든베들레(Lindenwäldle)에 이주하면서 계속 이어졌다. 원래 이 지역은 군인들의 묘지였다는 소문이 떠도는 곳이었다. 19세기에서 20세기에 넘어가면서도 이런 소문들은 끊이지 않았고 이곳

---

5) 가톨릭의 성체를 말함.
6) Generallandesarchiv(GLA) in Karlsruhe AZ. 74/6856.

에 이주한 주변집단들에게도 그대로 적용되어 하스라흐의 부정적 인 이미지는 더욱 강화되었다.

프레스부르거 평화협정(Pressburger Frieden)이 맺어진 1805년에 프라이부룩은 바덴에 편입된다. 이로써 하스라흐와 프라이부룩의 경계선은 더 이상 국경선이 아니었고, 하스라흐도 더 이상 고립된 섬과 같은 지역이 아니었다. 이후로 프라이부룩은 산업화에 힘입어 새로운 번영의 시대를 맞이하였고, 반면에 하스라흐의 농민들은 점점 심해지는 궁핍에 시달리다 대거 미국으로 이민을 갔다. 이와 함께 이전에 전방 오스트리아 교구지역에 살던 가톨릭 교도들이 하스라흐로 이주하였다. 이로부터 하스라흐에는 초교파 경향(ökumenische Tendenz)이 강하게 형성되었던 것이다. 이 당시 하스라흐 사람들의 생활수준에 대해서 1852년의 지방순회 기록에는 다음과 같이 적혀 있다.

> 생활수준은 지난 몇 해 동안 약간 향상되었다. 그 원인은 특히 우유와 치즈를 팔고 또 가까이에 있는 공장들로 일하러 갈 기회가 생겼다는 데에서 찾을 수 있다. 악착스럽게 일하는 근성은 줄어들었다. 이곳 주민들의 성격은 조용하고 너그럽고 그리고 침착하다.[7)]

명백한 사실은 국경이 사라지면서 프라이부룩 사람들이 더 이득을 얻었다는 것이다. 왜냐하면 프라이부룩은 도시지역을 서쪽으로 확장시키려 했기 때문이다. 하스라흐 사람들은 예전처럼 프라이부룩에 유제품을 내다 팔았다. 이곳 공장에서 일할 기회도 생겼다. 프라이부룩이 산업도시로 성장하면서 하스라흐는 농민들의 작은 촌락에서 차츰 프라이부룩에서 일하는 노동자들이 사는 외

---

7) Generallandesarchiv(GLA) in Karlsruhe 355 Nr. 10/39.

곽지로 되어갔던 것이다.

2) 하스라흐의 편입과 주거지의 건설

하스라흐 교구는 1890년 1월 1일에 프라이부룩 시에 편입되었다. 프라이부룩이 편입을 적극적으로 주도하여 추진한 이유는 산업화과정이 진전되면서 도시의 확장이 불가피하기 때문이었다. 시장인 오토 빈터러(Dr. Otto Winterer)가 서쪽으로 프라이부룩을 확장시키려는 임무를 떠맡았다. 동쪽으로는 험한 자연환경 —예를 들면 슐로쓰베르크(Schlossberg), 로레토베르크(Lorettoberg), 샤우인스란트(Schauinsland)의 지맥—이 가로막고 있어서 도시를 확장시키기가 불가능했기 때문에 프라이부룩으로서는 사실상 달리 어찌할 도리가 없었다. 하스라흐 사람들의 반발을 무릅쓰고 프라이부룩은 하스라흐에 있는 가스공장과 비료공장 부지를 구입하였다.[8)]

프라이부룩이 점점 더 산업화하면서 그곳에 하스라흐 사람들의 일자리도 늘어났다. 하스라흐는 재정적으로 독립되어 있고 그리고 어떻게 살아남을 수는 있었지만, 그럼에도 불구하고 현대적 시설들을 만들 만한 여유는 없었다. 촌락 내부에 길을 놓으려던 하스라흐의 시도는 재정부족으로 실패하였다. 하스라흐는 현대로 비상하려고 했으나 그러려면 새로운 방안을 모색해야 했다.

> 하스라흐의 주민들은 자신들이 프라이부룩에 편입할 경우 포도세(Pflastergeld)의 폐지만이 아니라 안전도 얻게 되리라는 것을 잘 알고 있다. 그러면 학교문제, 도로문제와 상하수도시설 문제가 차츰 해결될 것이다. 이는 지금까지의 진행상황을 두고 볼 때 거의 불가능해

---

8) Vgl. Rehm(1991), 7.

보이는 하스라흐 사람들의 소망이 실현된다는 것을 뜻한다.[9]

이런 상황에서 편입이 문제해결의 방안일 수 있다는 생각이 자연스럽게 양쪽에서 나온 것이다. 하스라흐 쪽에서는 주민 위생을 위해서 산맥에서 흘러나온 프라이부룩의 깨끗한 물을 끌어다 쓸 수 있도록 해달라고 요구했다. 프라이부룩은 하스라흐 사람들의 요구사항을 대부분 받아들였다. 하스라흐는 더 이상 촌락이 아닌 노동자지역이 되어야만 하기 때문이었다. 그래야 비로소 프라이부룩이 오랫동안 꿈꾸어왔던 도시 확장이 가능했다.

하스라흐 사람들의 소망은 하나씩 하나씩 실현되었지만 이를 위해서는 끈질긴 노력이 필요하였다. 공공 상하수도관은 1892년에 설치되었지만 나머지 요구사항들은 이행되지 않았다. 1905년에 시민위원회에 속한 지방단체가 프라이부룩의 약속불이행에 대해 불만을 토로하였다.

> 이전의 독립교구인 하스라흐가 프라이부룩에 편입되어 들어간 지 어언 15년이 넘었다. 어느 모로 보더라도 프라이부룩은 확장되었고, 멋진 건물들과 번듯한 전동열차들이 생긴 것을 모두들 손뼉 치며 환영하는 것은 두말할 나위가 없다. 하지만 교외지역인 하스라흐는 여태껏 무시당해왔다. (…) 이 지역에 거리시설은 전혀 갖춰있지 않고 조명시설도 너무 미비하다.[10]

9) Scherrer(1980), 212. 1889년 3월 23일 프라이부룩의 시의회(Stadtrat)는 시민위원회에 '하스라흐 교구의 프라이부룩 시에로의 통합(Die Vereinigung der Gemeinde Haslach mit der Stadt Freiburg)'이라는 문서를 제출했다.

10) 1905년 6월 12일 외곽도시 하스라흐의 지역협회(Lokalverein)가 프라이부룩 시의회에 보내는 편지(Stadt Freiburg im Breisgau 1991에 기록). 1913년에 최초의 전철이 헤르더른(Herdern)에서 하스라흐(Haslach)까지 개통되었다. 이 5호선 전철은 1961년까지 다니다가 중단되고 1991년에 다시 운행되었다.

이 기록을 보면 프라이부룩 쪽의 소극적인 자세를 알 수 있다. 하스라흐의 발전이 이렇게 지연되면서 이곳에는 산업시설들이 들어서지 않았고 단조로운 대주거단지가 되어갔다.

오토 빈터러 시장이 지녔던 생각, 곧 하스라흐에 프라이부룩의 주거지를 건설하려는 계획은 착착 진행되어갔다.[11] 1913년부터 1938년까지 공공주택과 공익주택건설사업이 대규모로 이루어졌다. 주택건설을 책임진 단체는 주택조합(Bauverein)과 주택건설회사(Siedlungsgesellschaft, SG)였다.[12]

프라이부룩-하스라흐의 주거 기능은 시간이 흐르면서 변화하였다.[13] 20세기 초에는 하스라흐를 주로 봉급생활자와 공무원 가족들이 사는 곳으로 만들 생각이었다. 그래서 1913년과 1914년 사이에 그리고 1919년과 1929년 사이에 '굿로이트 펠트(Gutleutfeld)'[14]에 소위 전원도시가 생겨났다(<그림 3> A구역). 제1차 세계대전이 끝나고 프라이부룩 시에서 민영주택조합이 전원도시의 건설을 이어받았다. 이즈음 1929년에 하스라흐의 소주택지는 쇤베르그 슈트라세(Schönbergstrasse)까지 들어서게 되고 거의 5백 가구가 이곳에서 살게 되었다.

시에서 계획한 대로 새로운 세입자들은 중산층, 저소득 봉급생

---

11) 하스라흐에 주택들이 세워진 시기는 굵직굵직한 정치적 사건들이 잇따라 일어났던 시기와 일치한다. 제1차 세계대전이 일어났고, 히틀러가 정권을 장악했으며, 제2차 세계대전이 그 뒤를 이었다. 이러한 이데올로기적 시대가 하스라흐에 영향을 미쳤음은 의심할 여지가 없다.

12) 주택건설회사(SG)는 1919년에 프라이부룩 시의 지역 주택건설회사로서 출발하였다. 그늘의 우선 과제는 프라이부룩 사람들에게 가능한 한 많은 임대주택을 지어서 값싸게 공급하는 일이다. 전쟁과 인플레이션도 SG의 등장에 영향을 주었다. Vgl. Siedlungsgesellschaft(1994).

13) Vgl. Ruch(1990), 36ff.

14) 굿로이트 펠트(Gutleutfeld)는 1495년 이후부터 내려온 들판의 이름이다.

<그림 3> 하스라흐의 주택건설 1913~1938

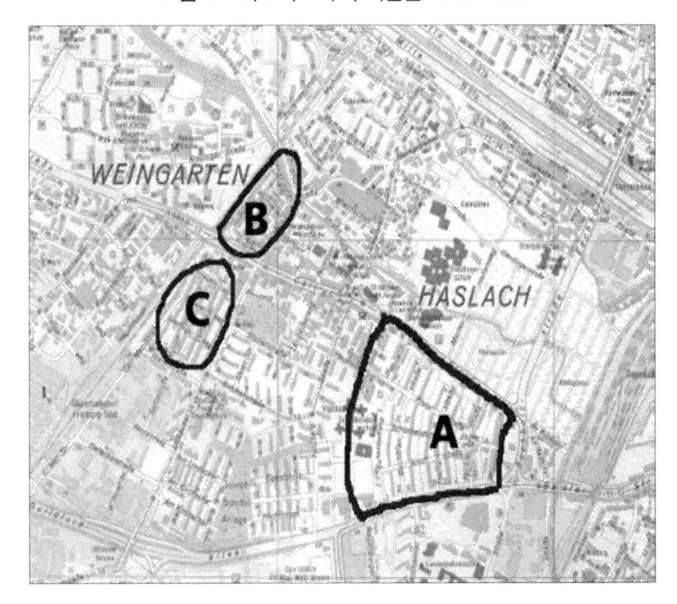

지도해설:

A. 바슬러 슈트라세(Basler Straße)와 칼-키스트너-슈트라세(Carl-Kistner-Straße) 사이에 있는 '가르튼슈타트(Gartenstadt)'

B. 마크그라픈 슈트라세(Markgrafenstraße)와 기찻길 사이에 있는 '라우븐콜로니(Laubenkolonie)' (Nonnenmattenweg, Im Weingarten, Blochackerweg, Feldmattenweg, Laubenweg)

C. 우프하우저 슈트라세(Uffhauser Straße)와 다마쉬케 슈트라세(Damaschkestraße) 사이에 있는 '라우븐호이저(Laubenhäuser)' (Carl-Mez-Straße, Kampffmeyerstraße, Drosselweg, Finkenschlag, Rislerstraße)

활자, 공무원, 기술자와 노동자들로 채워졌다. 이들은 주로 도시 시설이나 그 밖의 공공시설(전철, 전기공장, 가스공장, 국영철도, 국영우체국과 경찰)에 근무하는 사람들이었다. 전원주택에 사는 주민들의 구성은 점점 더 고급화되어 갔는데, 그 이유는 이전에 건설된 전원도시주택이 1920년대 말에 더욱 안락해지고 집값이 올랐기 때문이었다. 고소득 봉급생활자들과 공무원들도 전원도시에 사는 데 만족하였다. "하스라흐는 살기 좋은 동네다"라는 말이 널리 퍼졌다(<그림 4>). 전체적으로 볼 때 하스라흐에는 젊은 부부들과 봉급생활자, 전문직 노동자, 낮은 수준에 근무하는 공무원, 학생, 도시 근무자, 기술자, 프랑스와 독일의 군인가족들이 살았다. 그밖에도 소수이지만 사회적인 약자들, 특히 자녀들이 많은 가족들이 살고 있었다.

1920년대 말과 1930년대 초의 주택난을 겪으면서 프라이부룩의 행정당국은 하스라흐의 주거 기능을 수정하였다. 전원도시 건설이 끝나자 라우븐벡(Laubenweg), 논넨마튼벡(Nonnenmattenweg), 마크그라픈 슈트라세(Markgrafenstrasse), 우프하우저 슈트라세(Uffhauser Strasse)와 칼-메츠-슈트라세(Carl-Mez-Strasse)에 값싼 숙박시설들이 세워지기 시작하였다(<그림 3>의 B구역). 라우븐콜로니(Laubenkolonie)의 노동자 주거지역에는 1929년부터 1931년까지 대략 2백 가구를 수용할 수 있는 아파트가 세워졌다. 우프하우저 슈트라세(Uffhauser Strasse)와 다마쉬케 슈트라세(Damaschkestrasse)에 1931년부터 1938년까지 5백여 가구가 들어섰다(<그림 3>의 C구역). 이 건물들은 전원도시의 우아하고 고급스런 주택과는 아주 딴판이었다. 라우븐호이저(Laubenhäuser 또는 Laubengang-häuser)의 특징은 다음과 같다(<그림 5>). 각층마다 두 가구로 통하는 계단이 있는 게 아니라 전체 건물의 통로가 하나 있어서 이것이 밖으로 통하는 중심역할을 하고, 이 통로를 통하면 여러 가구에 자유롭게 드나들 수 있다.[15] 한 계단 통로로 16가구를 방문할 수 있으며 주거공간은 매우 비좁다. 이곳에는 대부분 하류층 사람들이 이사왔는데, 보기를 들면 사회적인 약자들과 다자녀 가족들 그리고 노동자계층이었다.

---

15) Siedlungsgesellschaft(1944), 26.

<그림 4> 전원도시

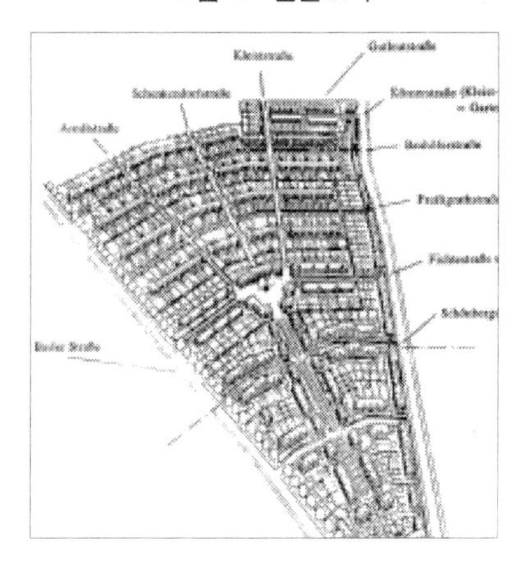

Quelle: Siedlungsgesellschaft(1929), 31.[16]

<그림 5> 라우븐호이저

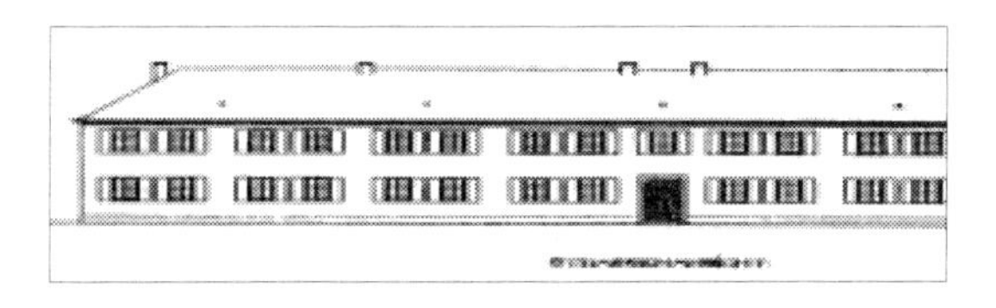

Quelle: Siedlungsgesellschaft(1929), 35.[17]

1929년에 칼 키스트너(Carl Kistner) 목사는 하스라흐 편입 40주년 기념일을 즈음하여 그 당시 하스라스 사람들의 요구사항이 얼마나 무시당해왔는지를 비꼬아 말했다.[18] 키스트너는 1930년에 다음과 같이 쓰고 있다.

16) 하스라흐, 피히테슈트라세(Fichtestraße)에 있는 거주단지.

17) 도시건설위원회 상임위원 칼 그루버(Dr. Karl Gruber) 교수의 설계도. Vgl. Schmidt(1992), 579-582.

18) Vgl. 1929년 12월 2일 폴크스바흐트(Volkswacht), Nr. 281(Stadt Freiburg im Breisgau 1991에 기록).

> 우리 도시구역은 사회복지국을 제일 많이 찾는 곳이다. 가난한 사람들이 이곳으로 점점 더 많이 수용되어 이곳에 카리타스 단체들이 제일 많이 필요하다. (…) 그런데도 이곳에는 사회복지단체들이 제일 적다. 만약 프라이부룩의 시스템과 밀접해 있는 프로테스탄트들처럼, 이런 지역에 대한 카리타스 단체들의 전폭적인 도움과 원조마저 없다면 쓰레기 같은 인간들은 점점 늘어날 것이다. 프라이부룩의 프로테스탄티즘 내부의 사회복지사업에는 시스템이 있다. 중심 도시는 외곽 교외지가 돈을 얻는 출처이다. 따라서 도시에서는 아무 할 일이 없는 사회복지사업가들은 외곽지에서 대단한 일을 해낼 수 있다.[19]

이 지역에 대한 편견은 폭발적으로 증가하는 강제철거, 아동과 청소년의 영양결핍과 하스라흐의 범죄율에 대한 보고서들 때문에 더욱 강화되었다.

농민촌락이었던 지역이 노동자와 봉급생활자의 주거지로 성장해서 1930년대에 이미 프라이부룩에서 가장 크고 가장 많은 사람들이 거주하는 도시구역이 되었다. 1935년에 프라이부룩의 국가사회주의 도시행정국은 하스라흐의 서쪽 변두리에 거대한 판자촌을 짓기로 하였다. 그곳은 판자촌이 들어서더라도 가장 눈에 띄지 않고 후미져서 교통편으로도 닿기 어렵다는 것이 이유이다.[20] 이렇게 해서 오핑어 슈트라세(Opfinger Strasse) 주거지에는 소위 단순주택(Primitivwohnung)이 세워졌는데 이곳에는 전철이 닿지 않고 주택에는 지하실과 전등, 가스관과 수도도 없었고 게다가 실외화장

19) 대주교 문서보관소(Erzbischöfliches Archiv) Freiburg, II. Spezialia, 3146, 교회방문 Vol. I. 대주교 교구청(Erzbischfliches Stadtpfarramt) 미하엘 성당(St. Michael, Haslach)에서 프라이부룩 대주교 교구(Erzbischöfliche Ordinariat)에 보내는 편지.
20) 시 문서보관소(Stadtarchiv Freiburg), C 4/II/13/11(1935년 7월 19일). '공공지원주택건설'에 관한 구두전달, 제목: 하스라흐 시의 건설안, 관련사항: 오핑어 슈트라세의 공공지원주택(바라크 단지) 건설.

실이 있었다. 이런 곳에 비사회적인 프라이부룩 사람들이 교육목적으로 수용되었던 것이다. 사회적 약자들은 정책적으로 헤르더른(Herdern)에서 하스라흐의 판자집으로 옮겨졌는데, 이곳은 오래전부터 집시들의 숙소로 인구에 회자되어 왔다. 도시확대담당부는 1937년에 이미 하스라흐 지역에 그런 집들이 엄청나게 늘어나 더 이상 집을 지을 땅이 없을 정도라고 기록하고 있다.[21] 이런 비판에도 불구하고 도시에서는 대규모 건설계획을 계속 추진하였다. 이때를 바로 바인가르튼이 탄생한 시기로 잡을 수 있다.

하스라흐와 바인가르튼의 역사는 서로 이어져 있어 비슷하지만 둘 사이에는 뚜렷한 차이점이 있다. 프라이부룩-하스라흐의 역사는 이곳에 하류층 사람들 곧, 서민들(노동자 가족들, 하류층 기술자, 일용근로자, 하류 봉급생활자와 공무원)을 수용하면서 시작되었다. 반면에 하스라흐-바인가르튼의 역사는 사회적 약자와 주변집단들을 이곳에 수용하면서 시작되었다. 이렇게 해서 일찍이 바인가르튼은 프라이부룩의 문제아로서 탄생한 것이다.

하스라흐와 프라이부룩의 차이는 점점 더 두드러져 갔다. 하스라흐의 퇴보는 프라이부룩이 부유한 동부와 가난한 서부로 갈라져 있다는 맥락에서 살펴볼 수 있다. 동서부를 가르는 경계는 화물열차가 지나는 철도길이다(<그림 1>). 이러한 사회적 지리는 도시가 끊임없이 서쪽으로 팽창해가는 과정에서 형성된 것이다. 하스라흐의 서쪽에 놓인 바인가르튼은 이 과정에서 손해를 본 것이다.

> 상류층은 기후도 좋고 지리상 편리한 도시의 동쪽과 북쪽에 살고 있었다. 노동자, 일용근로자, 소시민들은 상류층이 전혀 관심이 없는

21) 다음의 글에서 따옴. Rehm(1991), 14.

> 도시지역인 주로 서쪽, 철도의 다른 맞은편으로 들어왔다. (…) 1895년부터 하류계층은 거의가 철도 길의 서쪽에 모여 살고 있었다.[22]

2. 최근의 역사

제2차 세계대전이 끝나고도 건설 붐은 하스라흐의 서쪽에서 계속되었다. 전에는 하스라흐 농민들의 평야와 들판이었던 곳이 엄청난 규모와 빠른 속도로 주거지역으로 변하였던 것이다. 그 와중에도 동서의 차이는 변함이 없었다. 오늘날 바인가르튼의 모습은 주로 1960년대 이후의 주택건설에 의해 정해진 것이다.

1960년대 초에 시교구위원회에서는 주택계획을 둘러싸고 진지한 논의가 이루어졌다. 사회주택건설의 취지에서 저소득층과 다자녀 가족들을 수용하기 위해서였다. 기본적인 구상은 합리적이고 저렴한 건축방식을 목표로 하고 있었다. 높고 낮은 건축형태들이 지어졌고 그 주거지역은 넓은 녹지로 둘러싸여 있었다. 건물들은 서로 거리를 두고 드문드문 서있어서 대규모 밀집지역의 도시 주거환경이 생기지 않도록 했다.

동유럽에서 들어온 난민과 후기 이민자들을 위해서는 랑아커벡(Rankackerweg)에 작은 정원이 집 앞에 딸린 1-2가구 주택들을 띄엄띄엄 지어놓았다. 이때부터 이 지역을 동프로이센 거주지(Ost-preussen-Siedlung)라 불렀다(<그림 6>의 D구역). 이와 같은 건축양식은 1963년과 1964년에 다자녀 가족들을 위해 마련된 린든베들레 주거지역에도 그대로 도입되었다(<그림 6>의 E구역). 이 지역으로

---

22) 다음의 글에서 따옴. Kontaktstelle für Praxisorientierte Forschung(1994b), 1.3. 동서의 사회적 대립은 오늘날까지 이어져 더욱 강화되었다(Güßefeldt 1992).

<그림 6> 1960년대 이후 바인가르튼의 주택건설

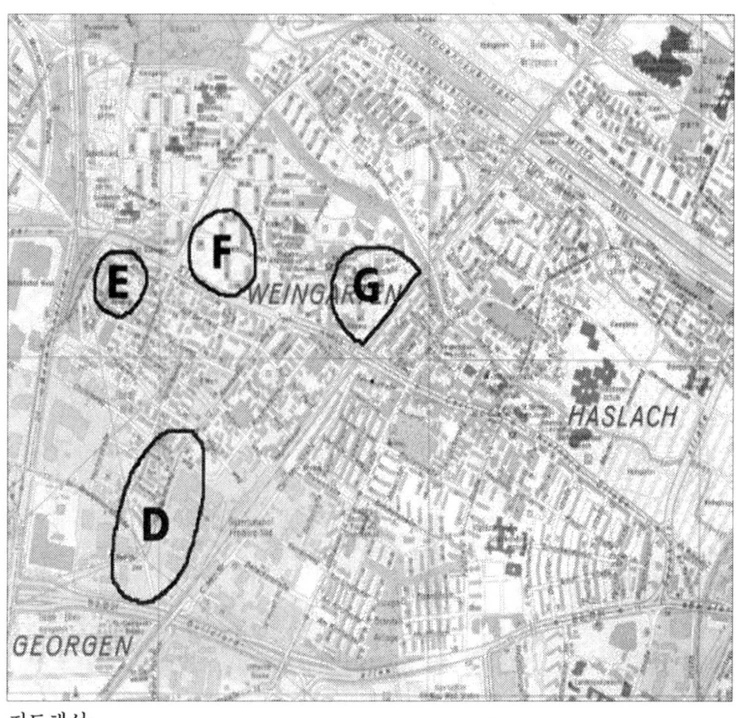

지도해설:

D. 1-2가구가 사는 작은 정원을 갖춘 여유있는 주택양식.
E. 다자녀 가족들을 위한 주거단지(am Lindenwäldle).
F. 마튼펠트(Mattenfeld)에 한꺼번에 들어선 대단지(West-Haslach, 처음에는 'Binzengrün'이라고 불리다가 나중에 'Weingarten'이라고 이름 붙임).
G. 크로찡어 슈트라세(Krozinger Straße)의 밀집화 현상.

오핑어 슈트라세에 살던 가구들의 3분의 1이 이사하였다.

주택난이 급증하면서 1964년과 1965년에는 바인가르튼 서부(Weingarten-West)에 최초의 대규모 주택지와 고층건물이 들어섰다. 빈젠그륀(Binzengrün, <그림 6>의 F구역)이 최초의 아파트 건물이었다. 1966년 건물 상량식 때 주택건설회사(Siedlungsgesellschaft, SG)는 이 건물이 바덴-남부(Südbaden)에 최초로 세워진 가장 현대적인 주

<사진 1> 부깅어 슈트라세(Bugginger Straße)에서 보이는 고층아파트(Binzengrün)

거시설이라고 자랑했다(<사진 1>). 1968년에 이미 바인가르튼에는 1,100가구 거의 4천여 명이 살고 있었다.

1967년과 1969년에 특히 크로찡어 슈트라세에 있는 녹지에 잇따라 중간주택들이 들어서면서 바인가르튼은 건물 밀집지역이 되었다(<그림 6>의 G구역). 그렇게 된 원인은 고층주택이 복합기능과 활동성 때문에 점점 인기가 올랐다는 데에 있다. 따라서 땅을 그 어느 때보다도 집중적으로 활용하게 되었다.

이 대규모의 신주거지에는 1971년에 주택들이 마지막으로 세워졌다. 이로써 하스라흐-바인가르튼에는 현재의 윤곽이 잡혔다. 바인가르튼은 처음부터 잠자러 가는 도시로 계획했기 때문에 휴게시설은 안중에도 없었다. 상가는 순전히 합리성 원칙에 따라서 지어서 쇼핑을 하러 돌아다니는 상점가와 같은 여유시설은 없었다.

높이 치솟았던 고층아파트의 열기는 1980년대에 뚝 떨어졌다. 하스라흐의 지역단체는 도시건설담당 부서에 더 이상 고층주택을

<사진 2> 크로찡어 슈트라세의 상가

<사진 3> 상가에 늘어선 집들(Krozinger Straße)

짓지 말고 인접한 주택지의 건축양식을 고려해야 한다고 제안했다. 1983년과 1984년에는 1930년대에 지은 공동주택들을 개축하여 미관상 보기 좋게 만들었다. 1986년에는 하스라흐의 탄생 1200주년을 축하하였는데 이때의 축하기념사를 살펴보면 자신들의 명예를 구하려는 하스라흐 사람들의 노력을 엿볼 수 있다.

"이 기념일을 기하여 우리 스스로 우리의 도시구역을 긍정적으로 볼 수 있게 되기를 바랍니다. 흔히들 주장하듯이, 우리는 질이 낮은 주거지에 사는 것이 아닙니다. 하스라흐는 좋은 생활조건을 갖추고, 친절한 이웃들과 균형잡힌 인구 구성비를 갖춘 사랑할 만한 주거지역입니다. 이는 우리 스스로 이 지역에 사는 정체감을 지니고 하스라흐의 시민임을 자랑스럽게 얘기할 수 있을 때는 아주 쉽고 간단한 일입니다."[23]

바인가르튼은 이제 정상화단계에 접어들었다. 1982년에는 프라이부룩에서 최초로 고층주택 주민운동(Hochhausinitiative)이 조직되었다. 1985년에는 바인가르튼 서부에 있는 가장 오래된 고층아파트가 개축되었다. 이로써 바인가르튼은 1960년대와 70년대에 세워진 대주거단지로서는 처음으로 바덴-뷰템베륵(Baden-Württemberg) 주의 보조금을 받아서 주택을 개조하였다. 프라이부룩-바인가르튼의 시민단체 대표들은 하스라흐를 바인가르튼의 본보기로 삼아야 한다고 역설하였다.

"성급한 시대정신이 반영하듯 지난 몇 년 동안 바인가르튼의 주거공간에 일어난 일과 그리고 같은 속도로 시민사회의 영역에서 일어난 사건들은, 하스라흐의 경우에는 12세기라는 오랜 기간을 두고 유기적으로 성장한 모습이다. (…) 새로 태어난 도시구역인 바인가르튼은 이 전례에서 잘 배워나가야 할 것이다."[24]

1980년대 말에 들어서 바인가르튼을 포함하여 하스라흐의 건축붐은 부쩍 줄었다. 새로운 건설 대신에 주택개선사업이 지속적으로 추진되었다. 도시구역의 정상화와 주민의 유기적 연대가 중요해졌다. 주민들의 자립성과 자의식이 전면에 떠오르는 과제가 되

---

23) Lokalverein Freiburg-Haslach(1986), 6.
24) Ebd., 8.

었다. 그리고 정상화의 노력과 더불어 내부의 분화도 진전되었다.

3. 배척: 선입견의 형성

1) 하스라흐 주민들의 분화

1920년대 말부터 '전원도시'에 사는 부유한 세입자들은 자신들을 알트-하스라흐(Alt-Haslach, 철도에서 동쪽)의 나머지 구역과 구별하기 시작했다. 이 차별화 경향은 점점 강해졌고, 1930년대 초에 많은 프롤레타리아 가족들이 알트-하스라흐로 이주하면서도 마찬가지였다. 전원도시에 사는 사람들은 전원도시를 '새로운 하스라흐(Neues Haslach)' 그리고 '위 하스라흐(Oberes Haslach)'라고 불렀다. '새로운 하스라흐'와 '오래된 하스라흐(Altes Haslach)'의 구분은 의식적으로 '위 하스라흐'와 '아래 하스라흐(Unteres Haslach)'로 이어지게 되었다.[25] 이런 어법에서 '위, 아래'라는 말은 지리상의 위치를 가리키는 것이 아니라, 부유한 상류층과 가난한 하류층 사람들의 사회적 거리를 나타내는 것이다. 이러한 사회적 분화과정은 아래에 있는 노동자와 위에 있는 봉급생활자의 계급갈등을 뚜렷이 나타낸다.

사람들은 호칭뿐만 아니라 일상행동에서도 서로를 배척하려고 시도한다. 전원도시에 사는 '위 하스라흐' 사람들은 마치 호화주택지에 사는 특권층처럼 행동한다. 그들은 하스라흐의 다른 주거지역에 사는 사람들과 접촉할 의사가 없고, 마찬가지로 '아래 하

25) Vgl. Ruch(1990), 42.

스라흐' 사람들도 '위 하스라흐' 사람들과 만나는 데에는 특별히 관심이 없다. 두 집단들은 각각 자기들끼리 모여 있기를 오히려 좋아하는 것이다.

일상생활의 모습은 사회적인 분리로 이어진다. 오래 전부터 하스라흐에 살고 있는 사람들을 인터뷰하면, 사회적인 결속력이 사라지고 익명성이 커지는 것을 애석해 하면서 지나가버린 황금시절을 그리워하는 것을 자주 들을 수 있다. 이렇게 과거를 긍정적으로 회상한다는 사실은, 회고하는 사람이 자신을 과거의 행위주체이자 동시에 현재의 객체(희생자)로 이해한다는 의미에서 그들이 현재상황을 부정적으로 평가한다는 것을 반영하기도 한다.

반면에 이 지역에 새로 전입한 노동자 가족에게는 그리워할 만한 황금시절이 없다. 그들은 자신들을 '오래된 하스라흐'와 빠르게 일치시켰으며 '오래된 하스라흐' 사람들의 자의식을 이어받았다. 전원도시 사람들과 '새로운 하스라흐' 사람들에게는 사회의 부정적 시각이 이러한 정체감의 형성에 걸림돌이 되었다. 이 사람들은 시 당국이 자기들을 특히 홀대한다고 느꼈다. "하스라흐는 돌이 많이 섞인 땅이어서 꽃이 피기 어렵다."[26]

이러한 분화과정은 정치적 행동에도 그대로 반영되었다. 공공임대주택에 사는 하스라흐 사람들은 전체의 집세를 인하시키기 위해서 혹은 집세 인상에 반대하면서 이미 자신들의 생활현장에서 대항력을 키워나갔다. 하스라흐 사람들은 전통적으로 좌파지향의 정당들(SPD와 KPD)에게 표를 던졌고 부르주아 정당은 거의 표를 얻지 못했다.[27] 바이마르 공화국 당시와 제3제국의 초기에

26) Katholischer Pfarrführer Freiburg(1931), 31.
27) Vgl. Nessel(1990), 110ff.

는 '빨갱이 하스라흐'라든가 '공산당 지역'이라는 말이 공공연히 떠돌았다. 사실상 하스라흐에는 사회민주당(SPD)과 공산당(KPD) 추종자들이 많았다.[28]

하스라흐에는 노동자와 가난한 계층들이 몰려 살고 있기 때문에 프라이부룩 시민들 사이에서 하스라흐는 점점 더 정치적으로 의심스럽고 사회적으로 악명이 높은 지역이 되었다. 다른 한편으로 하스라흐 사람들은 촌락공동체적인 유대감을 가지고 있었다.[29] 소속감과 이웃관계가 정치적 신념보다 더 중요하게 여겨졌다. "누구나 먼저 하스라흐 사람이고 나서, 공산주의자거나 또는 국가사회주의자이다."[30] 1930년대에 하스라흐에 이사 온 한 남자는 다음과 같이 회고했다. "하스라흐는 평판이 아주 나빴지만 그러나 내게는 제일 존경할 만한 사람들이 여기 살고 있었다."[31] 다른 지역인 슈틸링어(Stühlinger)에 있는 학교에 다녔던 사람이 회고하건대, "못된 하스라흐 놈이라는 말이 항상 꼬리표처럼 따라다녔고 하스라흐 학생들에게는 제일 엄한 선생이 배정되었다."[32] 그런데도 슈틸링어에 있는 학교에 다녔던 하스라흐의 학생들은 자

28) 다마쉬케 슈트라세(Damaschkestraße)에 새로 지어진 노동자주택에 1933년부터 공산당(KPD) 중앙본부가 있었다. KPD는 하스라흐에서 전통적으로 강한 사회민주당(SPD)과 함께 '빨갱이 하스라흐(rotes Haslach)'의 모습을 드러내는 현상이었다. 1928년에 SPD는 하스라흐 사람들, 특히 알트 하스라흐에 살던 사람들에게 42%의 표를 얻어 제1정당이 되었고 1932년까지는 KPD는 SPD와 함께 다수정당의 자리를 차지했고, 국가사회주의노동당(NSDAP)이 그 뒤를 이었다. NSDAP에게 표를 던진 사람들은 대부분 전원도시 주민들이었다. 1933년부터 알트 하스라흐에서 전통적으로 다수였던 좌파정당이 우세를 잃었다. 왜냐하면 주민들은 국가사회주의정권이 경제적인 도약을 달성한다고 믿었기 때문이다.

29) Vgl. Nessel(1990), 108f.

30) Haumann(1990), 24.

31) Ebd., 20.

32) Wicker(1990), 78.

기 거주지역에 대한 소속감을 잃지 않았다. 오히려 비(非)하스라흐 사람들의 부정적인 평가에 맞서서 전형적인 자존심을 키워나가는 행동을 보였다. 전원도시에 사는 사람들은 끊임없이 자신들을 알트-하스라흐로부터 떼어내려고 하는 한편, 알트-하스라흐에서는 새롭고 긍정적인 정체감이 형성되는 지표라고도 볼 수 있다.

하스라흐 주민집단들의 분화는 바인가르튼의 대단지에도 계속 지속되었다. 이제부터는 바인가르튼의 분화과정을 훑어보려고 한다. 따라서 알트-하스라흐의 그 이후의 발전은 더 이상 다루지 않을 것이다.

2) 바인가르튼에 대한 바깥 사람들의 선입견(또는 의견)

오늘날 프라이부룩 사람들이 보기에 바인가르튼이 좋은 주소가 아니라는 데에는 이의를 제기하지 않는다. 이러한 의견 또는 선입견을 더 정확히 살펴보고자 바인가르튼에 살지 않은 프라이부룩 사람들에게 “바인가르튼에 대해서 어떻게 생각하십니까?” 또는 “바인가르튼을 아십니까?”라고 물어보았다. 아래에서는 발췌한 인터뷰 결과를 제시하고 해석해보겠다. 해석과정에서는 인터뷰 대상자가 바인가르튼에 대해 정확한 지식과 정보를 가지고 있느냐가 아니라, 바인가르튼의 바깥에 사는 사람들이 어떻게 이 도시구역을 인지하고 있느냐에 초점을 맞추었다.

고층건물은 보기만 해도 끔찍해!

A* 씨, 25살의 남자, 4년 전부터 프라이부룩 대학에서 독문학을

---

* 이 글에 인용한 모든 사람들의 이름은 익명으로 처리하였음. 인터뷰의 인용에서

공부하고 있다. 그는 조사자가 바인가르튼에 관심이 있다는 얘기를 우연히 듣고서 자진해서 자신의 의견을 피력한다.

"고층아파트들은 익명적이고 단조롭지요. (…) 바인가르튼은 알고 보면 거리 하나나 마찬가지지요. 바인가르튼을 감싸고 도는 크로찡어 슈트라세 말입니다. 거기는 소름끼치고 사람 살 곳이 아니고 생동감이라고는 없지요. (…) 저는 원칙적으로 도시계획에 반대하며 시간이 지나면서 자연스럽게 형성되어 발전된 도시를 좋아합니다. 헤르더른(Herdern)을 보세요. 거기에는 인공적이 아니라 자연스럽게 증축된 오래된 집들이 있어요. (…) 저는 촌에서 자라났습니다. 거기에 사는 사람들은 자기 집을 소유하고 있었고 서로서로 알고 지냈지요. (…) 슈틸링어(Stühlinger)에도 고층주택들이 있고 그래서 익명성이 확실히 크지만, 바인가르튼과는 반대로 분위기도 좋고 휴식공간도 충분히 많아요. (…) 이는 아마 거기 사는 사람들에 달려있는 것 같습니다."

바인가르튼은 자주 고층주택과 동의어로 쓰였고 무엇보다도 바인가르튼의 외관에 대한 시각적이고 미각적인 혐오감이 지적되었다. 이는 물론 프라이부룩 사람들과 독일 사람들의 주거문화에 대한 취향이 바뀌었다는 것을 반영한다. 1960년대에 인기를 끌었던 고층아파트는 이제 더 이상 인기가 없었다. 그 대신에 자연스럽게 형성된 환경에서 사는 것이 이상형이 되었던 것이다. 아무리 그렇다고 해도 바인가르튼에 대한 부정적인 시각은 이곳이 단지 고층건물단지라는 사실만으로는 설명될 수 없다. 왜냐하면 대도시들의 마천루 장관은 아직까지도 경탄의 대상이 되기 때문이다. 더군다나 바인가르튼 지역에는 고층주택만 있는 것이 아니라 단독주택과 공동주택과 같은 다른 건축형태들도 있다.

는 성별을 밝혔고, 본문에서 복수의 인터뷰 대상자가 인용될 때는 성별 없이 그냥 복수로 썼다. 그리고 특별히 국적을 표기한 사람을 빼고는 모두 독일인이다.

범죄율이 높아!

B 씨(여)는 프라이부룩 대학의 학생인데 바인가르튼에 대해서 듣는 것은 대개 지역신문을 통해서라고 한다.[33)]

B: "몇 주 전에 바인가르튼에 대한 기사를 읽었어. 범죄율이 높대. 거기에는 외국인들이 많이 살아."

조사자: "하지만 외국인들이 많이 산다고 해서 꼭 범죄율이 높은 건 아니지."

B: "그렇긴 해, 하지만 실업을 생각해봐. 외국인들이 직장이 없으면 (…) 신문에도 그렇게 나와 있어. 들은 얘긴데 거기 사는 사람들은 집이 없어서 강제로 거기에 수용된 사람들이지 제 발로 간 사람들이 아니래."

C 씨(남)는 바인가르튼에 있는 사회복지시설에서 일하는데 자기가 아는 바인가르튼 사람이 시내에서 모욕당한 일을 얘기한다.

"잘 들어보세요. 그 사람이 시내의 슈퍼마켓에서 물건을 좀 많이 사고나서 신용카드로 지불하려고 하니까, 글쎄 신용카드는 안 된다고 하더랍니다. 신용카드에 써있는 주소가 크로찡어 슈트라세라는 이유만으로 말입니다."

바인가르튼에 대한 의견들은 대중매체를 통해서 만들어지고 입에서 입으로 회자되어 끊임없이 퍼지고 고정화된다. 청소년 범죄율이 높다고도 자주 말한다. 이렇게 해서 바인가르튼 사람들은 한꺼번에 죄인으로 취급당하는 경우가 잦다. 지역신문들은 그곳에서 청소년들 사이에서 일어난 범행들을 자주 보도한다. 사람들은 바인가르튼에 청소년들이 굉장히 많이 산다는 사실은 무시하

---

33) 프라이부룩에는 ≪바디쉐 짜이퉁 *Badische Zeitung*≫이 발행되고, 수요일마다 프라이부룩의 ≪슈타트타일 짜이퉁 *Stadtteil Zeitung*≫이 곁들여 나온다. 이밖에도 ≪도시소식 *StadtNachrichten*≫, ≪프라이부룩 주간보고서 *Freiburger Wochenbericht*≫와 ≪프라이부룩 도시배달꾼 *Freiburger Stadtkurier*≫이 있다.

고, 이것을 자동적으로 높은 청소년 범죄율로 연결시키는 경향이 있다.

> 비사회적인 사람들!
>
> D 씨(여)는 6년째 프라이부룩 대학에 다니고 있는데 바인가르튼에 대한 의견을 주저 없이 털어놓는다.
>
> "나는 바인가르튼 사람들이 반사회적이고 저질이라고 생각해. 거기에 사는 외국 사람들은 대부분 교육을 받지 못한 사람들이고, 그래서 범죄행위도 많이 저지르지. (…) 뭐라구? 거기에도 개인소유주택이 있다고? 나는 몰랐어. 거기는 고층아파트만 있다고 생각했지. (…) 거기에서 이주민, 외국인과 독일 하류층이라는 통칭 하층집단 사람들이 누가 우선권을 얻느냐 누가 일자리를 얻느냐를 두고 다투는 듯한 느낌이 들었어. 상류층은 거기에 아무런 관련도 없지? (…) 나는 사회보장보조비를 타먹고 사는 사람들이 게다가 시내까지 구걸하러 오는 건 말도 안 된다고 생각해. 2년 전에 있었던 일 생각나? 정말 메스꺼울 지경이었어! 그 여자가 애를 앞세우면서 금방 굶어죽을 것 같은 얼굴을 했잖아. 이즈음에는 그런 사람들이 좀 적어졌지. (…) 그들이 도시 밖에 살면서, 자기들 고유의 문화를 지키고, 사회보장보조비를 받는 데에 나는 반대하지 않겠어. (…) 그런데 사회보장보조비를 받으면서 왜 시내에 나와서 구걸을 하지?"

프라이부룩에는 바인가르튼에 가보지 않은 사람들이 많고, 그 도시구역을 멀찌감치서 (샤우인스란트나 차도에서) 본 사람들도 허다하다. 그런데도 그들은 바인가르튼과 그곳에 사는 사람들에 대해서 요지부동의 확고한 의견을 지니고 있는 것이다. 바인가르튼이라는 도시구역에 대한 의견들은 다음과 같은 요소들이 연상적으로 떠오르면서 상호작용하여 이루어진다고 말할 수 있다. '고층아파트에 대한 혐오, 범죄에 대한 불안감, 사회적 약자와 외국인

집단에 대한 불신감.' 이로써 바인가르튼의 부정적인 이미지가 형성된다. 이는 우선적으로 부족하고 부정확한 정보 때문이고, 그 지역을 직접 알기도 전에 모순되는 사실관계들을 그대로 받아들인 결과이다. 이를 한마디로 선입견이라 할 수 있다.

외국인들이 (너무) 많아!

E 씨(남)는 10년 전부터 프라이부룩 대학에 다니는 한국인이다. 그는 대략 3년 전부터 바인가르튼에 살고 있는데, 자신이 이사 가기 전에 이미 그곳은 외국인 '게토'로 알려져 있었다고 담담하게 얘기한다.

"나는 거기가 집처럼 편안해. 사람들은 좀 시끄럽지만 서로 참아가며 살 만해. (…) 이 지역을 지나는 12번 버스를 타면 당장 외국인들이 상당히 많다는 걸 알아차리게 되지. 외국인들이 많이 이 버스를 타고, 이 버스 안은 대개 다른 버스들보다 시끄럽거든. 만약 그 버스에 독일인이 타고 있다면 마치 다른 나라에 와 있다는 어색한 느낌이 들 만도 할 거야."

F 씨(여)도 한국인인데 자주 바인가르튼에 사는 다른 한국인 가정들을 방문한다. 그녀는 자신의 느낌을 다음과 같이 표현한다.

"나는 외국인들 사이에 있으면 오히려 편안하더라. (…) 하지만 거기 사는 사람들한테 들었는데, 거기는 마약중독자와 범죄청소년들 때문에 위험하대."

G 씨(여)는 4년 전부터 프라이부룩 대학에서 문화인류학을 공부하는데 바인가르튼의 상황에 대해서 유감을 표명한다.

"여러 국가에서 온 사람들이 가까이 모여 살면서, 긍정적으로 보자면 다른 문화를 접하고 자신의 시각을 풍요롭게 하고 더 나아가 한마디로 다문화사회를 이룰 수 있는 좋은 기회가 생기는데 이를 놓치고 있다는 게, 정말 딱해."

외국인들이 너무 많다는 말은 독일 전역에서뿐만 아니라 이곳 주거지역에서도 흔히 들을 수 있다. 인터뷰에 따르면 외국인 문제에 대해서 독일인들과 외국인들의 생각은 각각 다르다. 외국인들 자신은 바인가르튼에 외국인들이 집중되어 사는 것 자체가 문제라고는 생각하지 않는다. 독일인들은 여러 국적의 사람들이 함께 살면서 다문화사회를 이루어내야 한다는 기대와 소망이 크다. 이 기대에 어긋나면 이를 제일먼저 알아차리는 사람들은 당연히 독일인들이고 여기에서 그들은 문제점을 발견한다.

모두다 그런건 아니야!

H 씨(남, 24살)는 프라이부룩 대학에서 생물학과 지리학을 공부한다. 그는 1년간 바인가르튼의 라우프너 슈트라세(Laufener Strasse)에 산 적이 있다.

"그 당시에 나는 8층짜리 아파트건물의 2층에 살았지. 나는 한 집에서 주거공동체(Wohngemeinschaft)를 이루고 살았는데 집주인은 본(Bonn)에 사는 여자였지. (…) 나는 내 이웃들과 전혀 왕래가 없었어. (…) 외국인도 거의 본 적이 없어, 적어도 내가 살던 층에는 말이야. 외국인들이 많이 사는 데는, 나에게서는 아주 멀리 떨어져 있는데 크로찡어 슈트라세(Krozinger Strasse)와 아우게너 벡(Auggener Weg)일 거야. 참, 가끔 가다 놀이터에서 갈색 피부의 아이들이 노는 걸 본 적은 있지. 눈에 확 띄더군. 그걸 빼고는 나는 바인가르튼에서 무슨 부정적인 일이 일어나고 있다고 들은 적도 없어. 자주 디튼바흐(Dietenbach)까지 조깅을 했지만 아무것도 본 적이 없어. 다른 쪽으로는 간 적이 별로 없지. 그쪽으로 갈 일이 전혀 없었거든. 아마 내가 살던 곳에 다른 데보다는 좀더 잘사는 사람들이 많았을 거야."

바인가르튼의 바깥에 사는 프라이부룩 사람들에게 바인가르튼은 독립된 도시구역으로서 부정적인 이미지를 지닌 개념이 되었다. 하지만 바인가르튼은 전혀 동질적인 주거단지가 아니다. 인터뷰를 통해서 나타나듯이 바인가르튼의 여러 구획들에 진전된 분화는 계속되고 있다. 어떤 바인가르튼의 주민이 어떤 주거경험을 하느냐는 그가 바인가르튼 내의 어느 구획에 살고 있느냐에 달려 있다. 이로써 바인가르튼의 '나쁜 평판'을 이곳의 주민들은 서로 달리 인지하고 있다는 새로운 시각을 얻을 수 있다.

제6장

경계들 속의 또다른 경계들: 각 주민집단들의 배척과정

헤르더른(Herdern), 슈틸링어(Stühlinger) 같은 지역이랑 우리가
무엇이 특별히 다른가?
너무 많은 사람들이 한 곳에 몰려 살고 있다는 것뿐이다.
우리가 이곳에 다닥다닥 붙어서 살게 된 데에
주민들은 아무런 죄가 없다.
이는 신중하지 못한 도시계획을 세운 생각이 짧은 정치인들 때문인
것이다. (…) 많은 사람들이 지닌 열등의식은 과장되어
부추겨진 게 아닌가 하는 생각이 들 때가 많다. (…)
나는 더 이상 '콘크리트 성(Betonburgen)'이니 '돌사막(Steinwüste)'
'반사회적인 인간(Asoziale)' '사회보장수혜자' '이주민'
'전쟁난민'이니 하는 말들을 참고 들을 수 없다.
여러분들도 나랑 똑같은 느낌을 받나? 이런 말 뒤에는 언제나
부정적인 견해가 숨어있다.
다르게 보면 긍정적일 수도 있는데 말이다.[1]

---

1) Dorst-Leimstoll(1993), 117.

바인가르튼 내부의 분화를 살펴보려면 바깥 사람들이 지닌 선입견이 바인가르튼 사람들에게 미친 영향을 살펴봐야 한다. 바깥 사람들의 선입견 때문에 바인가르튼에 사는 사람들 사이에는 서로가 서로를 배척하려는 욕구가 생긴다. 각 주민집단들은 외부로부터 낙인찍히지 않기 위해서 다른 집단들을 배척하려고 시도하는 것이다.

이 장에서는 각 집단들이 어떤 기준들에 따라서 형성되는가를 살펴보겠다. 이를 위해서 공간적인 상황뿐만 아니라, 각 개인의 생애사적인 위치, 특히 나이, 가족주기 그리고 거주기간 등을 고려할 것이다. 이에 바인가르튼의 특수한 변수들인 문화적 정체성과 민족적 정체성도 덧붙여진다.

1. 공간적인 배척

1) 사회지리학적인 개관

사회적 환경과 자연적 환경(길거리, 찻길, 강 줄기 등)은 한 지역에 사는 주민들의 상호접촉과 의사소통에 큰 영향을 준다. 따라서 바인가르튼의 지리적인 상황은 매우 중요하다. 프라이부룩에서 제일 큰 도시구역인 바인가르튼의 북쪽에는 드라이잠(Dreisam) 강이 흐르고, 남쪽과 서쪽에는 차도가 있으며, 동쪽에는 바인가르튼을 하스라흐와 나누는 화물열차철도가 있다(<사진 4>).

H 씨(남)는 아래와 같은 길을 따라가면 이 지역에 대한 개관을 얻

<사진 4> 기찻길

을 수 있다고 말한다.

"역사적으로 형성된 세 개의 부분으로 나누어볼 수 있다. 첫번째 길은 12번 버스가 정차하는 크로찡어 슈트라세를 따라가다가 거기서 노징어벡(Norsinger Weg)을 따라가면 된다. 이러면 바인가르튼의 한 부분을 명백히 따로 떼어서 볼 수 있다. 두번째 길은 청소년회관(Jugendzentrum)과 기독교전문대학(Evangelische Fachhochschule)을 지난다. 세번째 길은 운터렌 뮬렌벡(Unteren Mühlenweg)에서 디튼바흐제(Dietenbachsee)까지 이른다. 이렇게 하면 우선 바인가르튼의 전경을 훑어본 셈이다."

오핑어 슈트라세(Opfinger Strasse)는 남과 북으로 갈라져 있고 빈쩬그륀(Binzengrün)은 동과 서로 나뉘어 있다.

이러한 입지적 조건이 바인가르튼의 도시경관이고 동시에 주민들의 일종의 심리학적 분계선이다. 그러므로 바인가르튼에 있는 각 공간의 성격이 달라지게 되는 것이다. 이 공간들의 차이점은 다음의 사회지리학적 지도에 나타나있다.[2)]

2) 바인가르튼의 전반적인 모습을 보여주기 위해서 기독교전문대학(die Evangelische Fachhochschule, EFH)에서 만든 사회지리학적 지도를 참고하였다. 이 지도에는 주거지역이 자연공간과 사회공간의 기준에 따라서 셋으로 나뉘어 있다. 바인가르튼-오스트(Weingarten-Ost), 바인가르튼-베스트(Weingarten-West) 라이어른(Lair-

<그림 7> 바인가르튼 내부의 여러 다른 지역들

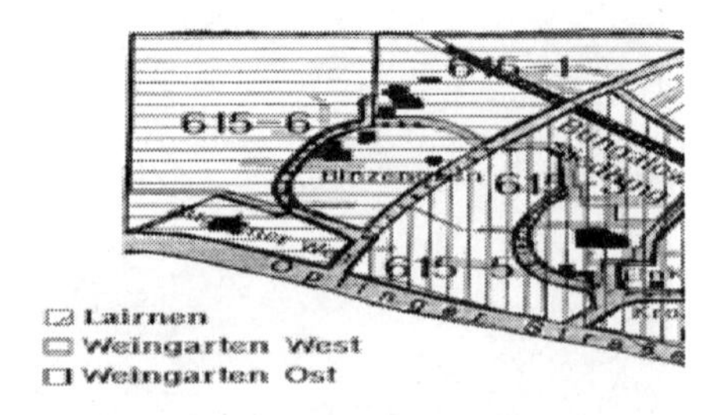

출처: Kontaktstelle für Praxisorientierte Forschung(1994b), 1.16.

이 지도에는 한편으로는 통계적으로 나누어진 부분들이 나타나 있고, 다른 한편으로는 주관적으로 인지된 경계들이 나타나 있다. 바인가르튼 내부에 있는 각 부분들을 구별하기 위해서 다음의 기준들을 도입하였다.

> 이 내부지역들은 지리학적인 경계로 나눈 것도 아니고 통계학적인 경계로 나눈 것도 아니다. 그 대신에 사람들이 구체적으로 움직이며 그리고 모두들 상정하고 있는 생활세계에 나타나있는 관계성에 따라 나누었다. 이에 따라 공간적인 근접성, 이웃관계의 구조, 비교가능한 사회적 또는 전통적 소속감이 표현된다.[3)]

바인가르튼의 주민들이 일상생활에서 자신들 스스로를 무어라고 부르는지는 눈여겨볼 만하다. 대개는 옛날 들판의 이름들을 그대로 쓰고 있는데 대단지가 들어선 이후로 거리 이름들을 사용하기도 한다. 라이어른(Lairnen), 빈쩬그륀, 로그라븐(Rohrgraben)과 하이드(Haid)가 들판의 이름에서 따왔다면, 형식적·공간적인 이름으로는 가장 최근에 생긴 바인가르튼-오스트(Weingarten-Ost)와 바인가르

---

nen)과 하이드(Haid).

3) Kontaktstelle für Praxisorientierte Forschung(1994b), 1. 8.

<사진 5> 기찻길의 서쪽
(크로찡어 슈트라세 Krozinger Straße)

<사진 6> 기찻길의 동쪽
(라우븐 벡 Laubenweg)

튼-베스트(Weingarten-West)가 있다.

이름에서 나타난 차이들에는 주민들이 다르게 인지하고 있는 공간의 성격이 드러나 있다. 이를 토대로 바인가르튼 내부에 좋고 나쁜 주소들이 생겨나게 되었다. 만약 주소가 크로찡어 슈트라세이거나 또는 고층아파트라면 그 사람은 주민들에게 좋은 인상을 줄 수 없다. 자신이 바인가르튼에 사는 더 나은 집단에 속한다고 생각하는 사람들은 자신을 평판이 나쁜 고층아파트 주민들과 구별하고 싶어해서, 자기가 사는 곳을 들판 이름이나 거리 이름으로 댄다. 이는 바인가르튼의 주민들이 그 지역의 이름 '바인가르튼'과 연결되기를 꺼려해서 발전시킨 내부인의 전략이다. 이렇게 명칭을 고르면서 그들은 스스로를 다른 이들과 분리하고 다른 이들을 명백하게 배척하는 것이다.[4]

주민들이 지어서 부르는 명칭에 따르면 다음과 같이 일곱 개의 내부지역들이 있다. 빈쩬그륀, 바인가르튼-노르트(Weingarten-

---

4) '아래 하스라흐'와 '위 하스라흐'의 차이를 상기할 것. 제5장 3. 1)을 볼 것.

Nord), 크로찡어 슈트라세, 상가(Einkaufszentrum), 바든바일러 슈트라세(Badenweiler Strasse), 아우게너 벡(Auggener Weg), 방갈로 거주단지(Bungalowsiedlung). 다음에서는 이 내부지역들의 윤곽을 사회지리학적으로 그려보겠다.

2) 다양한 내부지역들

먼저 바인가르튼에 속하지는 않지만 인접해있는 하스라흐-하이드(Haslach-Haid)를 간략하게 살펴보자. 하이드는 4차선 도로인 오핑어 슈트라세를 중심으로 바인가르튼의 남서쪽과 직접 맞대어있다. 고층아파트가 즐비한 (바인가르튼 쪽의) 크로찡어 슈트라세와 1-2가구 독립주택들이 늘어선 랑아커벡의 모습은 매우 대조적이다. 어쨌거나 하이드는 바인가르튼에 비해서 자연스럽게 성장했다고 볼 수 있다. 이곳에는 전통적인 가족형태들이 많이 있다. 하이드 주민들의 평균 교육수준은 프라이부룩 전체의 평균과 비슷하고 사회보장수혜자의 비율도 비슷하다.[5] 이와 달리 바인가르튼 주민들의 교육수준은 도시평균보다 낮고 사회보조비율은 높다. 셋집과 개인소유집의 차이 그리고 도시와 촌락형태의 차이도 상당하다.

린든베들레(Lindenwäldle)는 행정구역상 하이드에 속한다. 그러나 린든베들레와 하이드의 나머지 구역들은 엄연히 다르다. 린든베들레는 바인가르튼에 있는 아우게너 벡과 비슷한 역사와 구조를

---

5) 바인가르튼에 사는 사회보조수혜자의 비율이 13%로서 예상했던 대로 프라이부룩의 다른 지역에 비해서 2배 반이나 된다. 사회보조수혜자는 바인가르튼-베스트에 24%, 바인가르튼-오스트에 15.7%이다. Vgl. Tabelle 6.6.1. “독일인과 외국인의 연령에 따른 사회보조비율 1992년(Kontaktstelle für Praxisorientierte Forschung 1994b, 6. 17).”

지닌다. 따라서 린든베들레는 사회지리학적으로 볼 때에 오핑어 슈트라세의 다른 반대쪽에 있는 아우게너 벡과 같이 다루어져야 하는 것이다.

오핑어 슈트라세를 따라서 바인가르튼-오스트(크로찡어 슈트라세와 빈쩬그륀)와 바인가르튼-베스트(부깅어 슈트라세와 아우게너 벡)가 나란히 서있다. 빈쩬그륀, 크로찡어 슈트라세와 부깅어 슈트라세의 사람들은 자신들을 고층아파트 주민이라고 보며 따라서 나는 "고층집에 삽니다"라고 말하는 것을 자주 들을 수 있다. 그 반면에 아우게너 벡은 집시(Sinti)가 사는 곳으로 알려져 있다.

바인가르튼-오스트는 사회문제가 밀집된 문제지역이라고 누구나 말한다.[6] 바인가르튼의 대략 40%나 되는 인구가 여기에 몰려 있다.[7] 1960년대에 지은 대단지인 크로찡어 슈트라세와 지헬 슈트라세(Sichelstrasse)에는 3천 명이 사는데, 이는 바인가르튼 전체인구의 20%에 달한다. 대단지에 있는 고층주택들은 주택건설회사(Siedlungsgesellschaft, SG)와 공동주택공사(Gemeinnuetzige Heimstätten AG, GehaG)의 소유이다. 주민의 연령분포는 도시평균과 두드러지게 차이가 있다. 이곳에는 후기 가족주기에 들어선 사람들이 많이 사는 한편, 다른 한편으로는 아이들과 청소년들이 증가하고 있고, 다른 곳에 비하여 30-40대의 경제활동인구가 적다. 특히 이혼여성의 비율은 12.5%로서 프라이부룩의 전체평균 7.7%보다 훨씬 높다. 외국

---

6) Vgl. Huber-Sheik(1996), 104.

7) 1992년에 바인가르튼에는 15만 명의 인구가 살았다. 통계치는 다음의 자료를 참조했다. Kontaktstelle für Praxisorientierte Forschung(1994b). 원래의 수치는 프라이부룩 시의 '주민통계국(Amt für Statistik und Einwohnerwesen)'에서 조사한 주민신고카드(연령구성, 외국인비율, 가족구성), 인구센서스(가구구성, 학력수준), 사회보장카드(사회보조)와 선거명부에서 따온 것이다. 이밖에도 범죄통계를 보기 위해 이에 상응하는 '청소년재판 보조기록'을 참고했다.

인 비율도 13.8%로서 프라이부룩의 평균 10.5%보다 높다. 두 가족 가운데 한 가족에 미성년자가 속해 있고, 이 가운데 5분의 1이 홀어머니(간혹 홀아버지)와 살고 있다. 게다가 이 지역은 1970년대에 빽빽이 들어선 중간 건물들 때문에 프라이부룩에서 인구밀도가 가장 높다.

1994년에 주택건설회사는 그 동안 먼지와 소음을 일으키는 주거환경을 개선하고자 10개년 계획을 시작하였다. 10개년 주택개선사업이 끝나면 집세가 오르게 되어 있고, 또 소득이 늘어난 가구에 대해서는 처음에 주어졌던 주택마련기금의 혜택을 환수하도록 되어 있어 세입자들에게 부담이 되었다.[8] 바인가르튼의 주택은 이제 값이 싸다는 매력조차 잃어가고 있었던 것이다. 주민들은 앞으로 자신들의 주거상황이 나아지리라고 기대하고 있지도 않았다. 이로써 바인가르튼은 그 어느 곳보다도 살기가 나쁜 곳이 되어갔던 것이다. 이 결과 최근에 빈쩬그륀과 크로찡어 슈트라세의 전출입이 극도로 늘어났다. 바인가르튼에서 이사를 나가는 독일인들은 전입하는 사람들보다 훨씬 많다. 그 반면에 외국인들과 후기 이주자들은 바인가르튼에서 이사 갈 기회도 욕구도 없는 것이 일반적이다. 이 사실은 이 지역에 외국인과 비숙련노동자 그리고 미숙련노동자들이 급증하는 현상을 보아도 알 수 있다. 이런 변화 때문에 주민 구성이 점점 더 나빠지고 있다는 논의가 공공연히 벌어지게 되었다.

바인가르튼-베스트(Weingarten-West)에는 도시 전체에서보다 여성의 비율이 높고, 특히 이혼여성들의 비율이 14.7%이나 되어서

---

8) 논란이 일고 있는 '보조비 회수안(Fehlbelegungsabgabe, FBA)'은 1996년 1월 1일부터 시행하기로 되었지만 7월1일로 연기되었다. 소득 한계치를 주 정부법에 맞도록 고치기 위해서였다.

대단히 높다. 아이가 있는 가족의 3분의 1을 편부모가 이끌고 있다. 빈쩬그륀에는 3천8백 명의 주민들이 살고 있고, 이곳에 있는 고층주택건물들과 4층 또는 8층의 주거단지는 주택건설회사의 소유이다. 빈쩬그륀은 바인가르튼-오스트와 바인가르튼-베스트 사이에 있는데도 나름의 독특한 형태를 지니고, 이 지역에서 좀 나은 주소에 속한다. 이에 따라서 여기에 사는 고층아파트주민들은 자신들이 사는 곳이 크로찡어 슈트라세보다는 나은, 빈쩬그륀이라는 점을 특히 강조한다. 공간적으로 보면 빈쩬그륀은 오핑어 슈트라세, 줄쯔부르거 슈트라세(Sulzburger Strasse), 휴겔하이머 벡(Hügelheimer Weg)과 도르프바흐(Dorfbach)에 접해 있다. 이 주거단지에는 몇 년 전에 이미 주택개선사업이 행해졌다. 빈쩬그륀에는 바인가르튼에서도 사회복지기관(청소년회관이나 유치원 같은 시설)이 가장 많이 몰려 있다. 이곳 주민들은 자기들을 바인가르튼-오스트가 아닌 바인가르튼-베스트에 산다고 힘주어 얘기한다. "아무리 그래도 우리는 바인가르튼-오스트보다는 낫다!"는 것이다.

이미 말했듯이 1960년대와 70년대의 주거 대단지들은 처음부터 잠 자러 가는 도시로 기획되었다(<사진 1>, <사진 5>).

> 시대정신은 고층아파트단지의 산뜻한 설계도, 미국식의 대도시경관, 주거지역에까지 들어오는 도로와 현대기술(원격 난방, 온수공급, 승강기, 오물처리시설, 방송시설 등)과 중앙화된 하부구조시설, 주거지와 상업지의 명백한 분리에 매료되어 있었다.[9]

하지만 얼마 되지 않아서 주거환경과 건물들이 단조롭고 그대로 방치되어버리는 현상이 나타나 비판의 대상이 되었다.[10]

9) Rausch(1992), 21.

<그림 8> 고층아파트의 내부구조

a) 방이 두 개인 집(크로찡어 슈트라세 52번지 <사진 5>)

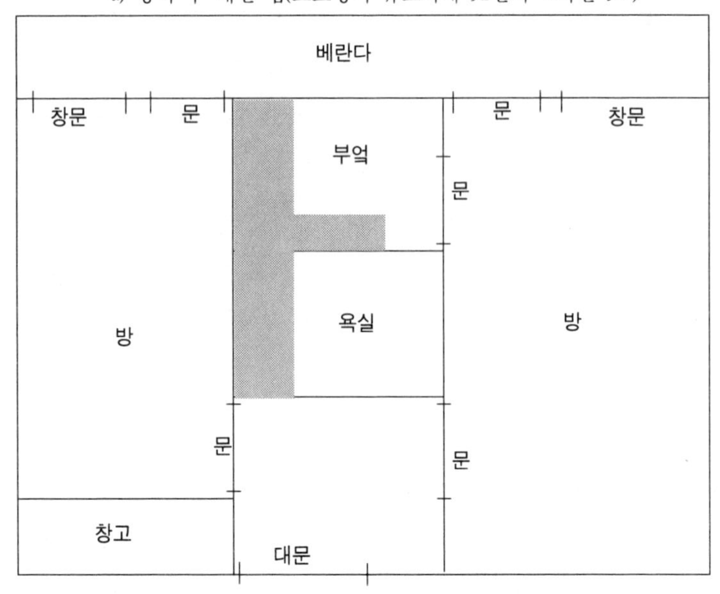

b) 방이 세 개인 집(부깅어 슈트라세 50번지 <사진 1>)

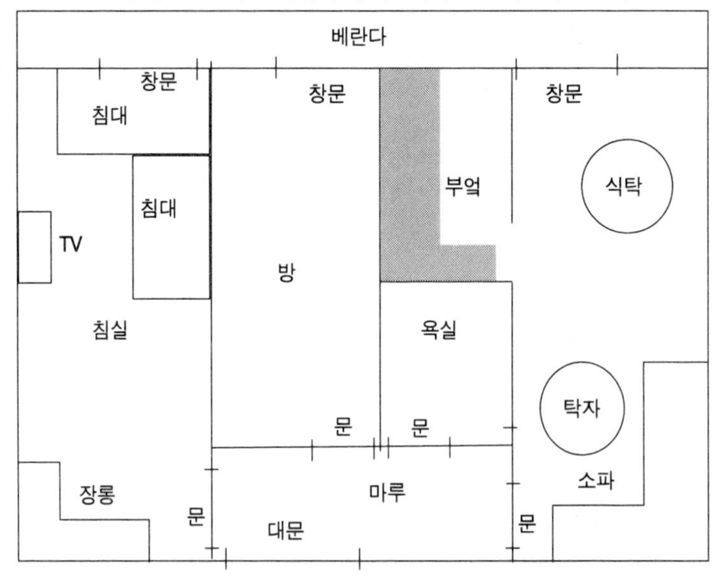

10) Bundesminister für Raumordnung, Bauwesen und Städtebau(1990a), 16.

앞의 그림들은 고층아파트 집의 내부구조 가운데 몇 가지를 보여주고 있다(<그림 8>). 한 집에는 최소한 침실, 거실, 욕실, 부엌과 베란다가 있다. 대부분 가족을 위해서 지은 것이고 주거공동체나 목적공동체는 염두에 두지 않았다. 집안에서 개인 혼자만의 공간도 고려되지 않았다. 집 밖에서 다른 가족들과 접촉할 기회란 승강기에서 우연히 만나는 경우를 제외하고 매우 제한되어 있다. 이 때문에 몇몇의 적극적인 주민들이 나서서 사회사업가와 주택건설회사의 도움을 받아 공동체를 위해 아파트 한 채(Gemeinschafts-wohnung)를 얻어냈다. 어린이와 청소년을 위한 놀이터와 휴식시설도 모자란다. 따라서 이들은 계단참이나 지하주차장, 또는 길거리라는 공간을 이용하게 된다. 결론적으로 잠자러 가는 도시의 획일적인 구조를 보충하기 위해서 하부구조시설이 시급히 필요하다.

아우게너 벡에 있는 집시촌(Sinti-Siedlung)은 주민들의 생활방식에 맞게 만들어졌다. 이 속에 살 사람들의 생활습관과 욕구를 감안한 건축방식인 것이다. 대가족의 강한 결속력을 고려하여 이동벽 등의 유동적인 집 구조를 설계하였다(<그림 9>). 손질하기 쉬운 방바닥과 나무나 석탄 또는 코크스로 때는 벽난방이 있다. 넓은 지하실에는 많은 물건들을 저장할 수 있고 작은 연장도구들을 둘 수도 있다. 집시들의 삶은 땅에 가까워야 한다. 따라서 이곳에는 고층주택이 없고, 집들은 밖으로 나가는 계단으로 서로서로 통하고, 집의 천장도 더 이상 개축할 수 없게끔 만들어져 있다. 가구들과 화물차와 소매로 파는 물건들이 들어갈 수 있도록 다양한 규모의 창고와 저장고를 만들어 놓았다.[11] 집 사이사이의 길거리는

---

11) 건축양식에서는 목표집단의 독특한 생활습관과 주거욕구를 고려하였다. 오늘날 특이해 보이는 신티 거주지는 다음과 같은 구상에 따랐다. 층이 낮은 건물, 계단통로와 긴 복도 없이 나란히 늘어서 갈등의 소지가 적은 양식, 개별적으로

<그림 9> 집시촌의 집 내부구조(1층 단면도)

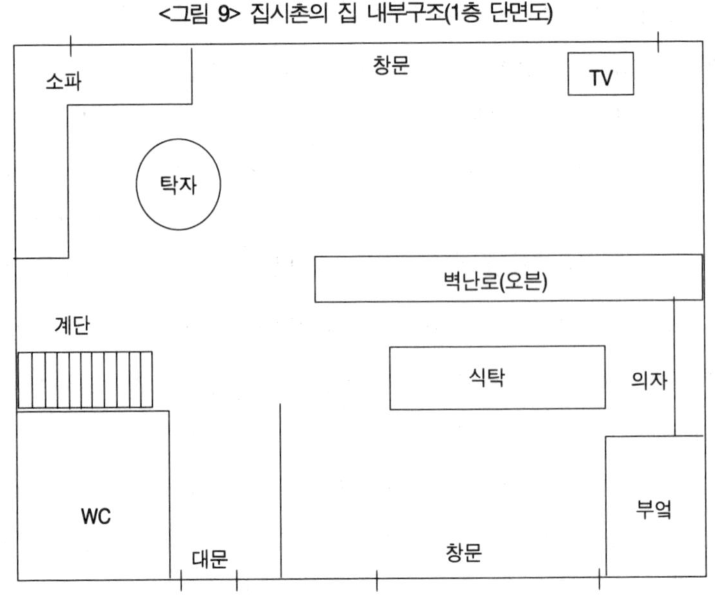

만남의 장소나 놀이터, 주차장으로 사용된다. 이 주거지역은 다른 곳과 철저하게 격리되어 있고 촌락공동체 같은 분위기를 풍긴다고 사람들은 말한다(<사진 7>). 폐쇄된 촌락의 성격은 한편으로는 집시들이 고유한 문화를 지킬 수 있기 때문에 긍정적인 효과가 있다. 그러나 다른 한편으로는 다른 지역에 사는 아이들과의 접촉이 처음부터 제한된다는 부정적인 면도 있다. 이곳에는 다자녀 가족들이 상당수 살고 있다. 전체 가구의 2분의 1에 미성년자가 산다. 아우게너 벡에 사는 집시(Sinti)의 60%가 사회보장보조비를 받는데 이는 프라이부룩에서 제일 높은 비율이다(이 보조비의 일부

분리되어서 특히 대가족에 편리하도록 이동가능한 주택설계, 땅에 가까운 주거, 견고한 건축구조와 건축자재, 창고로 사용하기에 편리한 앞마당, 작은 작업장, 수선 관리하기 쉬운 바닥, 나무와 석탄 코크로 때는 벽난방과 오븐, 이동할 수 있는 방벽들, 넓은 지하실, 확장공사를 할 수 없는 천장 등.

<사진 7> 아우게너 벡(Auggener Weg)

는 제3제국과 국가사회주의 아래에서 집시들이 당한 박해를 배상하기 위한 배상금이다).

이에 반하여 바인가르튼에는 더 나은 주택지도 있어서 거기 사는 주민들은 자신들을 평판이 나쁜 바인가르튼 지역의 주민들과 구별하려고 애쓴다. 고급 주택단지의 전형적인 보기가 바인가르튼-베스트의 줄쯔부르거 슈트라세(Sulzburger Strasse)에 있는 소위 방갈로단지(Bungalowsiedlung)이다(<사진 8>).

대략 2천 명의 주민들이 안드레아스 교회(St. Andreaskirche) 뒤에 있는 개인소유 단독주택에 살고 있다. 이 집들은 밖으로 폐쇄되어 있어서 행인들은 단지 차고문과 베란다를 볼 수 있을 뿐이다.

> I 씨(여)는 안드레아스 교구(St. Andreas-Gemeinde)에서 사회복지사가 되기 위한 학업의 연장으로 실습을 하였는데 방갈로 주택에 대해서 다음과 같이 말한다.
>
> "이 집들은 개인 소유권자들이 자신들을 고층아파트 주민들과 구

<사진 8> 방갈로 단지(줄쯔부르거 슈트라세 Sulzburger Straße)

분하려고 지은 것입니다. 이 사람들은 시교구(Gemeinderat)에서도 자신들의 이익을 관철할 수 있죠."

이 구역은 가장 면적이 적고 가장 우아한 주택지로서 바인가르튼에서 '상류사회(High Society)'라고도 불린다.

라이어른(Lairnen)에는 약 2천5백 명이 개인소유주택에 살고 있다(<사진 9>). 이곳의 주민들은 대부분 평균연령이 높고 후기 가족주기에 접어들었다. 따라서 바인가르튼의 다른 지역들에 비해서 어린이와 청소년이 적고, 이곳에 사는 노년층은 서로 가까이 살면서 유대감도 깊어서 전출입이 적다. 주민들은 비교적 높은 사회계층에 속하며 평균 교육수준도 프라이부룩 전체 그리고 하이드의 주민들과 비슷하다. 이들은 이 도시구역의 교회 공동체나 단체와 집단에서 자원봉사를 하여 공적 행사에 참여함으로써 조직력을 확보하고 있다.

이 주거지역의 건축양식은 아주 다양해서 단독주택에서 시작

<사진 9> 라이어른(Lairnen)

해서 다가구주택, 고층아파트까지 서있다. 그리고 하스라허 슈트라세(Haslacher Strasse), 라우프너 슈트라세(Laufener Strasse), 브리찡어 슈트라세(Britzinger Strasse)와 바든바일러 슈트라세(Badenweiler Strasse)와 잇닿아 있다. 운터렌 뮬렌벡(Unteren Mühlenweg)에 사는 주민들까지 그들은 바인가르튼-오스트보다는 라이어른과 지역적 정체감을 지니고 있다. 라이어른과 운터렌 뮬렌벡에 잇닿은 로그라븐(Rohrgraben)에는 지위가 높은 사회계층 집단들이 4층에서 8층이 되는 개인소유주택에 살고 있다(<사진 10>).

마지막으로 상가를 살펴보겠는데, 상가란 엄밀히 말해서 상점들을 둘러싼 주거지역을 말한다. 여기에 있는 고층아파트 하나와 비교적 낮은 고층아파트 둘, 4-5층의 건물들과 길게 늘어선 주택단지는 주택공사(GehaG)에 속한다(<사진 3>). 집세는 비교적 높고 6백여 명이 여기에 사는데 대부분 의사, 변호사나 그들의 가족들이 거주하고 있다.

<사진 10> 로그라븐(Rohrgraben)

앞에서 바인가르튼 내부의 분화된 여러 공간들을 살펴보았다. 그러나 공간적인 경계만으로 이에 상응하는 공간적 정체감을 형성할 수는 없다. 사회적인 경계가 지리적인 경계와 언제나 일치하는 것은 아니다. 왜냐하면 사회적 정체성과 결속력은 공간적인 경계를 뛰어넘기 때문이다. 집단정체감은 상이한 주민집단들 사이의 관계를 통해서 드러난다.

2. 사회적 경계들: 주민구성과 유형화

바인가르튼에는 후기 가족주기에 속하는 사람들, 혼자서 자식을 기르는 여자들, 외국인과 이주민들의 비율이 도시전체 평균보다 높다. 그에 반해서 학생들을 포함한 21살에서 30살까지의 성인인구가 적다.[12] 사회보장수혜자의 비율은 특히 노인들, 실업자들

12) 전체 주거지역에 학생수가 매우 적다는 점을 상기할 것.

과 홀로 자녀를 양육하는 사람들 때문에 가장 높다.[13]

바인가르튼의 교육수준은 프라이부룩의 나머지 지역들에 비해 훨씬 낮다. 예외적으로 라이어른이 프라이부룩의 수준과 비슷할 뿐이다.[14] 게다가 집시들(Sinti)은 자신들의 문화적 유산을 가족공동체 안에서 비공식적으로 전수하는 데 익숙해져 있어서 공식적인 학교교육을 중요하게 생각지 않는다. 이런 점에서 바인가르튼 사람들이 교육을 안 받았다고 하는 말은 일반화해서 사용할 수 없다. 게다가 바인가르튼에 있는 학교에 다니는 학생들은 상급학교에 진학할 가능성이 제한되어 있다. 초등학교(4년제)를 졸업하고 김나지움(Gymnasium 9년제)에 가는 교사추천서를 받기 어렵기 때문이다. 또한 바인가르튼에는 김나지움이 없기 때문에 때에 따라서는 비레(Wiehre), 귄터스탈(Günterstal)이나 헤르더른(Herdern)에 있는 학교에 가야 한다. 그 대신에 하스라흐에 있는 슈타우딩어 실업학교(Staudinger-Gesamtschule)를 추천받는 경우가 대부분이다. 전체적으로 볼 때 이곳 청소년들은 고등교육을 받을 만한 가능성이 적다.

이 도시구역의 주민구성에 대한 유형화를 하는데, 바인가르튼 전체의 통계 수치는 단지 제한되고 간접적인 정보를 제공할 뿐이다. 바인가르튼 사람들의 자기 이해에는 각자의 국적과 고향과 문화에 따라 크게 다르다. 이들이 최근에 아주 다른 역사적 경험을 하고 이곳으로 왔다는 것만으로도 이는 충분히 이해할 수 있다. 다음에 제시된 주민집단의 유형들은 일상생활에서 사용하는 명칭

---

13) 바인가르튼보다는 프라이부룩에서 외국인 인구의 증가로 인한 부담을 더 많이 가지고 있었다. 프라이부룩의 외국인 비율은 1985년과 1992년 사이에 무려 34%나 증가했으며 대부분이 유고슬라비아, 레바논 그리고 루마니아에서 온 전쟁난민들이었다.

14) 1987년의 인구센서스에 따라서 18살 이상의 사람들만 포함시켰다.

들에 터해 있는데 이 명칭들은 국적이나 고향 등에 따라 다르다. 바인가르튼의 특징은 다문화적인 다양성이기 때문에 이런 범주들이 오히려 잘 들어맞는 것이다.[15] 시민(Bürger)이라든가 이주민이라든가 외국인, 집시(Sinti)라는 명칭은 각 집단이 다른 집단들과 거리 두기를 원한다는 것을 뜻하기도 한다.

1) 시민

'시민(Bürger)'이라는 말은 바인가르튼에서 긍정적이고 고상한 의미로 널리 쓰이는 표현이다. 더구나 이 말의 쓰임은 원래의 뜻을 넘어서서 바인가르튼에서 확대 변용되어 있다. 시민이라는 말은 한편으로는 시민이 아닌 다른 하층집단에 대해서, 다른 한편으로는 독일인이 아닌 다른 나라 사람들에 대해서 자기 자신을 높이 치켜세우는 것이다. 시민들은 바인가르튼 여러 곳에 흩어져 살고 어느 정도 조직화되어 있다. 시민집단에는 도시구역의 사회활동을 지도해나가고 적극적 역할을 하는 사람들, 대부분 그곳에 오래 살고 있는 사람들이 속한다. 시민들은 여러 가지 사회시설과 단체에서 자원봉사자로 열심히 일을 한다. 이들이 지닌 바인가르튼의 이미지는 과거의 회상에 깊이 뿌리박혀있다. 이는 바인가르튼 독립기념 25주년을 맞이하여 1992년에 발간된 책 『바인가르튼 사람들의 독본 *Weingartener Lesebuch*』에 잘 나타나있다. 이 책에는 고층아파트 주민들, 특히 최초로 이곳에 이사하여 당시 바인가르튼에 살면서 만족하고 있었던 주민들의 회고담이 실려 있다.

15) 다른 기준들을 보려면 다음을 볼 것. Vgl. Schulze(1992).

"여기 사는 사람들은 서로에게 친절하였다. 그들 모두는 그 당시 좀더 낫고, 크기도 하고, 보기 좋은 집을 얻은 데 대해 매우 기뻐하였다."[16]

그러나 최초의 기쁨은 주거 단지에 빽빽하게 건물들이 들어서고 거대단지화하면서 순식간에 사라졌다. 차츰 남들을 손가락질하면서 주거환경에 대한 불만족을 표명하였다.

"그때는 주택난이 심했지./ 우리는 자문하곤 했어: 도대체 무슨 일이야?/ 저녁 늦게 아파트에 만나는 사람들이라고는/ 의심할 바 없이 여기서 잠을 자는 불청객이었지./ 침낭과 매트리스와 이불을 갖고서/(…)."[17]

회고담에는 주민들이 과거가 더 나았고, 특히 그들이 기대했고 그리고 이사 와서 처음에 경험했던 그 과거보다 오늘날의 상황은 점점 더 나빠지고 있다고 생각하고 있음이 잘 드러난다.

"그래, 그때가 좋았지,/ 조용하고 편안한 사람들이었어./ 하지만 그 사람들은 지금 많이 이사 가버렸지,/ 이래서 아파트가 이 모양 이 꼴이 된 거야."[18]

이에 따라 시민들은 현재의 상황을 개선하기 위해 스스로 노력하기 시작한다. 그들은 시민연대운동을 하면서 스스로 경험을 축적한다. 참여의 폭은 주택개선사업에서부터 다른 주민들(Mitbürger)에게 정보를 제공하고 이들을 계몽하는 수준을 넘어 지역정치에까지 이른다.

---

16) Raser(1993), 3.
17) Ruth(1993), 14.
18) Ebd.

"주민운동(Bewohner-Initiative)의 기초가 확립되었다./ (…) 하지만 일이 순조롭지 않은 경우가 많았다./ 왜냐하면 여기에는 이미 많은 문제들이 산적되어 있었기 때문이다./ 우리의 손으로 해결할 수 없는 문제들이 많았다./ 시민참여가 매우 활발했는데도 충분하지 않았다./ 도시 당국이 문제의 열쇠를 쥐고 있었다./ 고층아파트촌에 더 나은 생활환경을 보장하기 위해서는 도시 당국이 나서야 했다!"[19)]

시민들은 스스로 자발적으로 조직하기 시작했다. 많은 사람들은 지속적인 시민운동의 미래에 희망을 품고 있었다.

"내가 말하고자 하는 것은, 우리 모두가 바인가르튼이 살기 좋은 곳으로 남아 있도록 주의를 기울이고 노력한다면 미래는 밝다는 점이다. 그동안 이곳에는 시민단체와 주민공동체가 많이 생겼고, 긍정적이지만은 않은 바인가르튼의 이미지를 개선해보려고 노력하고 있다".[20)]

하지만 시민들 사이에 문제가 발생하기 시작했다. 개인주의의 강화와 세대갈등이 그것이다. 사회전반적인 흐름이 이에 간여하고 있고 바인가르튼의 특수상황도 여기에 한몫을 한 것 같다. 이렇게 해서 명백히 나타난 결과는 분리와 고립이 진전되고 연대적인 행동은 점점 줄어든다는 점이다.

"지난 몇십 년간 우리 사회에서 변한 것은 사람들의 공동체의식이다. 개인주의화의 경향이 이런저런 공동체 형태로부터의 이탈과 서로 엇물려 있다는 것은 부정할 수 없는 명백한 사실이다."[21)]

---

19) Ebd.
20) Raser(1993), 3.
21) Sickmüller(1993), 24.

바인가르튼이 도시구역으로 독립하면서 홀로 자식을 키우는 사람들이 대거 이곳으로 전입하였다. 원래부터 이곳에 살던 주민들이 여성해방적인 관점을 가진 독신의 자녀양육자들을 이해할 수 없는 것은 당연한 일이다.

> J 씨(여)는 고층아파트에 맨 처음에 입주한 사람으로서 같은 아파트에 살면서 독신으로 자녀를 양육하는 여자들과 접촉하는 데 어려움을 토로하고 그리고 동시에 긍정적인 가능성을 역설한다.
>
> "우리는 세대갈등을 겪고 있습니다. 크리스트교의 신앙에 따르면 피임약을 사용하지 못하게 되어 있지요. 자아실현이라는 말은 오늘날 누구도 거역할 수 없는 긍정적인 말이지요. 독신모들에게는 별난 특성이 있어요. 그들은 자신의 직업적인 성공을 단념할 수도, 가족을 단념할 수도 없었던 사람들이지요. 그들은 한편으로는 외롭고, 다른 한편으로는 갇혀서 감시를 당하고 있다고 생각해요. 독신모들은 이 아파트에서 좀더 나은 삶을 꾸릴 수 있습니다. 보기를 들어서 자신들이 시장 보러 잠시 집을 비울 때는 노인네들에게 아이를 맡길 수 있지요. 이런 것이 고층아파트에서만 가능한 특수한 현상이라고 생각해요."

이에 덧붙여 초기 입주자들은 아주 다른 방식의 교육을 받고 자란 젊은 세대와 함께 살기에 어려움이 있다. 이 문제는 바인가르튼에만 일어나는 일이 아니다. 왜냐하면 노인들이 빠르게 변화하는 시대에 잘 적응하지 못하는 것은 이미 알려진 사실이기 때문이다.

새로 이사 온 사람들은 당연하게도 현재 바인가르튼을 과거와 비교할 만한 추억을 갖고 있지 않다. 그들은 마침내 집을 얻었다는 것이 기쁠 따름이고 따라서 이 도시구역에 대해 긍정적인 이미지도 갖고 있다. 게다가 바깥 사람들에 대해 반항의식을 가진 바인가르튼 사람들도 많다. 한 여자주민은 "여기가 제 마음에 듭니다"라고 강조하면서 바인가르튼의 나쁜 평판을 부정한다. 다음의 주민(여)도 또한 지금의 생활환경에 만족을 표명하고 있다.

> "7년 전에 이곳에 입주하려고 할 때 의혹과 생각이 없었던 것은 아니지요. 저도 신문기사를 통해서 이곳의 부정적인 측면을 알고 있었거든요. (…) 하지만 지금은 여기 바인가르튼에서 내 집과 환경에 만족하고 있습니다. (…) 바깥 사람들이 퍼뜨리는 악성소문과 선동 모략들에 개의치 않고 살아갈 수 있어요. 기회도 다양하지요. 고층 아파트 때문에 사람들이 많이 살아도 개인적인 삶을 꾸밀 수가 있어요. 문화행사도 풍부하고 다양하지요."[22]

초기 입주자들은 바인가르튼에 부정적인 이미지가 생긴 것이 그 동안 중간중간에 빽빽이 들어선 건물들과 문제성 있는 주민집단들 탓이라고 한다. 그들의 눈에 거슬리는 모양은 불결함, 소음과 악취 등이다. 여기저기 흐트러져 있는 자전거들과 쇼핑용 수레들을 보면 코를 틀어막으면서 인상을 찌푸리게 된다는 것이다. 이런 모습들은 깨끗하고 잘 가꾸어져 있고 조용하고 정확하며 친절한 독일도시의 일반적인 전경에 들어맞지 않는다. 따라서 이곳에 사는 주민들의 시민단체와 공동체는 거슬리는 모습들을 없애고 바인가르트의 나쁜 이미지를 지우고자 노력하는 것이다.

그런데 앞에서 이미 살펴보았듯이 이곳에 새로 입주한 사람들은 자신의 생활환경에 비교적 만족하고 있다. 따라서 (독일)시민이라는 범주유형은 과거의 황금시절부터 이곳에 눌러 살고 있는 주민들이 자신들을 새로 입주한 사람들로부터 분리시키는 데에 일

22) Blessing(1993), 13.

조하고 있는 것 같다. 이를 통해볼 때 시민이라는 개념은 중립적일 수 없으며 주민들은 이 개념을 통해서 특수한 규범과 가치를 형성하고 있다.

2) 이민자(귀화한 독일인)

1960년대 전에 이미 알트-하스라흐(Alt-Haslach)에는 이민자들이 수용되었던 적이 있다. 다음은 6년 동안 바인가르튼에 살고 있는 폴란드 이민가족이 그 동안 겪은 체험을 인터뷰한 것이다. 이는 독일에 사는 이민가족들이 전형적으로 겪는 일이기도 하다.[23)]

> 이 집에는 20대 중반의 부모와 두 자녀가 살고 있다. 인터뷰는 이 가족의 집에서 독일어로 했다. 다음에서는 인터뷰 내용을 가족사 중심으로 제시하겠다.
>
> 재직업교육과정
>
> 1989년에 서방으로 가는 시류를 따라서 이 가족도 이리로 넘어왔다. 처음 2년 반은 비시어 슈트라세에 있는 이민자를 위한 임시합숙소에서 방 한 개를 지정 받아서 살았다. 남편은 폴란드에서 초등학교 교사과정을 밟았는데 이곳에서 학력이 인정되지 않아서 그 동안 컴퓨터 기술자로 재직업훈련을 받았다. 그가 초등학교 교사가 되려고 이곳에서 요구하는 학업을 시작했다면 너무 오랜 기간이 걸렸을 것이다. 재직업훈련을 받고 나서도 얼마간 그는 실업상태에 있었다(다음에 계속).

이민자들은 자신들의 학력이나 직업경력을 독일에서 제대로

---

23) Caritasverband(1991).

인정받지 못한 경우가 허다하다. 이곳의 교육제도가 다르기 때문에 이민자들과 외국인들이 고향에서 획득한 졸업학력은 독일에서 제한적으로만 인정된다. 이래서 이미 획득한 졸업장이나 자격증은 여기서 부분적으로만 인정되어 당사자들이 처음부터 다시 직업교육을 받아야 하는 경우가 흔히 생기는 것이다.

> 이웃관계
>
> 한번은 그의 자동차가 고장이 나서 고치려고 옆에 사는 집시들에게 도움을 청하러 갔다. 집시들도 그에게 오곤 했기 때문이다. 그는 집시들이 친절하고 상냥하다고 했다. 그의 부인도 집시들이 여름에는 뒤뜰에 불을 피우고 저녁에 모여서 함께 음식을 먹고 얘기하고 하는 것이 마음에 들었다고 한다. 물론 자기 자신이 그렇게 살 수 있으리라고는 생각하지 않지만 말이다.
>
> 이곳이 폴란드에서처럼 긴밀한 이웃관계가 생기기 어려운 이유로, 부분적으로는 전출입이 너무 잦아서라고 그들은 말하고 있다. 하지만 부분적으로는 그들 둘 다 일을 하기 때문에 시간이 없어서라고도 한다.
>
> 부인은 만약 아파트 내부에서 행사를 좀더 많이 만든다면 사정이 달라질 수도 있으리라고 말했다. 행사에 참여할 시간이 있을지는 자신도 모르겠지만 말이다. 남편도 청소년회관(Jugendzentrum)과 이웃회관(Nachbarschaftswerk)에서 주최한 축제에 가서 이웃들을 사귀었다고 한다. 그 다음부터는 서로 인사도 하고 가벼운 잡담을 나누기도 한다. 그것만 해도 얼만데요?라고 그는 덧붙였다(다음에 계속).

이 부부는 자기 고향에서 경험한 자연스럽게 형성된 이웃관계가 무엇인지를 알고는 있지만 그게 가장 이상적이라고는 보지 않는다. 이웃과의 접촉이 적다면 이를 달리 대체할 수도 있는 것이다.

여가활동
이 가족이 자가용을 산 것은 일 때문이기도 하고 휴가나 소풍을 가기 위해서이기도 하다. 주말마다 이들은 차를 타고 나가 함께 무언가를 한다. 폴란드 사람들은 프라이부룩에서 서로서로 흩어져 살고 있다. 하지만 교회에서는 폴란드인들만의 미사가 있다. 거기서는 폴란드 사람들끼리 만나 얘기도 하고 수다도 떨고 하면서 유쾌한 시간을 즐기는 것이다(다음에 계속).

이 이민가족의 인간관계망은 폴란드 전통에 따른다. 친척관계와 가톨릭신앙으로 다른 폴란드 이민자들과 함께 뭉쳐 살고 있는 것이다. 여가시간도 폴란드에서 온 사람들과 같이 지내는 경우가 많다.

루마니아에서 온 한 이민자 가족의 삶은 다음의 전화통화를 통해서 살펴볼 수 있다. K 씨(여)는 청소년인 아들과 함께 5년째 바인가르튼에 살고 있다. 그전에 그녀는 다른 도시에 살았다.
"저는 현재 삶에 만족해요. 내가 이 아파트를 배정 받던 날은 햇살이 비치는 날이었지요. 여기는 전망이 좋아요. 조용하고 슈퍼마켓에서도 싼값에 물건을 살 수 있구요. (수입이 가계를 꾸려나가기에 충분하냐는 조사자의 질문에) 있는 돈으로 꾸려나가야지요. (…) 하이드(Haid)와 리젤펠트(Rieselfeld)에는 지금 새 집들을 짓고 있어요. 좋은 현상이라고 생각해요. (…) 여기서 문제를 일으키는 사람들은 젊은 애들이지요. 그것만 빼면 저는 이곳이 좋아요. (…) 저는 이곳에 친척은 거의 없지만 고국에서 온 사람들은 많이 알고 지내지요. 하지만 모두들 시간이 없어요. 낮에는 일하고 저녁에는 좀 조용히 쉬고 싶어하죠. (…) 저는 언제나 무언가를 찾아 헤매는 사람은 어디에도 만족할 수 없다고 생각해요. 찾고 찾고 또 찾고, 마음에 든다 마음에 안 든다 (…) 나는 사람들이 나쁘다고는 생각하지 않아요. 모두들 다른 생각을 가졌을 뿐이고, 그게 정상이죠."

이민자 가족들과 인터뷰를 하면서 그들이 지닌 삶에 대한 긍정적인 자세를 자주 엿볼 수 있었다. 이곳에 사는 이민자들은 새로 이사 온 사람들로서, 바인가르튼의 초기 입주자들보다도 바인가르튼의 지역적 발전에 대해서 모르고 바깥 사람들이 손가락질하는 것을 모르는 경우도 많다. 그들은 독일이 자신들에게 좀더 나은 삶을 약속하고 있다고 기대하고 산다.

"이사라고요? 네, 이사 가고 싶지요, 하지만 바인가르튼에 계속 살래요."

앞에서 살펴본 폴란드에서 온 이민가족은 좀더 넓은 집으로 이사 가고 싶어한다. 그 이유는 딸과 아들이 각자 자기 방이 필요하기 때문이지 바인가르튼에서 살기 싫어서가 아니다.

거리 두기

"크로찡어 슈트라세는 문제가 많다고 하더군요. 거기에는 바인가르튼에서 가장 질이 나쁜 사람들이 산대요. 크로찡어 슈트라세에 사는 아는 사람이 그러는데, 거기에서는 밤마다 무슨 일이 일어난다던데. 그런 소동들이 꼭 고층아파트라서 일어나는 것은 아니라고 생각해요. 바드 크로찡엔(Bad Krozingen)을 보더라도 거기에는 고층주택이 많은데 거기 사는 독일 사람들 사이에서는 거의 아무 일도 없거든요(다음에 계속)."

이민자 가족은 바인가르튼의 주거지역에 만족하고 있지만 그런데도 독일시민들과 마찬가지로 자기들을 다른 사람들로부터 분리시키려는 욕구를 가지고 있다. 이민자 가족들이 하는 얘기를 듣노라면 이민자들이 독일에서의 삶에 희망을 갖고 있음에도 불구하고 엇갈리는 정체감에 시달리고 있음을 느낄 수 있다.

폴란드에서 온 이민가족의 남편은 이 상황을 '함께하는 삶'이 아닌 '그냥 옆에 있는 삶'이라고 묘사한다.

> "이민자들 자신이 자기들이 외국인이라는 사실을 인정하지 않는 데에 문제가 훨씬 심각하지요. 그 말은 그들은 자신을 '폴란드인'이 아닌 폴란드에서 귀화한 '독일인'이라고 말한다는 거지요. '우리는 러시아인이 아니고, 러시아에서 귀화한 독일인'이라며 부모들은 자식들에게 이렇게 가르치지요. '너는 더 이상 폴란드인이 아니다. 너는 이제부터 독일인이야!' 이게 잘 될 리가 만무하지요. 독일 사람들은 우리가 폴란드인이라는 것을 금방 알아차리니까요. 며칠 전에 우리가 슈퍼마켓에 갔었을 때 일어난 일이예요. 계산대 앞에 서있던 한 독일여자가 소곤거리더군요, '저기 폴란드인들이 온다!'라고요. 폴란드에서는 정반대 상황이었지요. 거기서는 사람들이 '저기 독일인들이 온다!'라고 손가락질을 했거든요."

이러한 상황에서는 후기 이민자들의 적응과 통합이 특히 어려울 수밖에 없다.[24] 독일사회에 통합해야 한다는 사회적 압력 때문에 그들은 자신들이 갖고 있던 생활자세를 버리기까지 해야 하는 것이다. 이런 비슷한 경우를 독일에 장기체류하려는 외국인들도 똑같이 당할 수 있다.

---

24) 귀화한 이민자들은 독일 국적을 갖고 있기 때문에 기본법에 규정된 독일인임에 틀림없다. 독일 국적을 얻기 위해서는 자기가 살던 고장에서 독일 국민이라고 알려져 있고, 이 사실을 혈통이라든가 언어, 교육, 문화와 같은 특징들로서 증명할 수 있어야 한다(6 Bundesvertriebenengesetz [BVFG]).

3) 외국인: 꺼리는 주제

바인가르튼에 처음으로 주택들이 들어섰을 때 먼저 독일 사람들이 이리로 입주하였던 반면, 외국인들은 독일 사람들이 썼던 하스라흐 둥지에 있는 집에 들어가게 되었다. 그 당시에 외국인 문제는 프라이부룩 전체에도 바인가르튼에도 떠오르지 않았다.

1977년부터 1992년까지 바인가르튼의 외국인 비율은 6.1%에서 13.8%로 증가하였고, 같은 기간에 프라이부룩 전체에서는 7.5%에서 10.5%로 올랐다. 1992년에 외국인들은 주로 크로찡어 슈트라세와 빈쩬그륀에 집중되었다. 외국인들이 가장 많이 살던 곳은 크로찡어 슈트라세로서 29.3%가 외국인이었다.[25] 처음부터 외국인들은 크로찡어 슈트라세에 집중적으로 수용되었음을 알 수 있다.

여러 나라 사람들이 모여 있으면 문화적으로 다양하고 풍부하리라고 막연히 기대한다면 이는 바인가르튼의 현실에는 맞지 않는다. 외국인들은 시급하게 집이 필요해서 바인가르튼으로 온 것이다. 이는 독일인들의 경우와 똑같다. 높은 외국인 비율은 사회적으로 후퇴한 바인가르튼의 모습과 한꺼번에 언급되는 일이 많다. 이렇게 해서 크로찡어 슈트라세의 변화된 외관이 전체 생활환경을 보는 데 부정적으로 작용했던 것이다.

바인가르튼에 사는 외국인들이 안고 있은 문제들은 새로운 전입자라는 점에서 뿐만이 아니라 그들이 흘러 들어오게 된 유래가 다르다는 데에서도 발생한다. 그들의 상황은 독일 전역에서 벌어지는 외국인들의 상황과 큰 차이가 없다. 전쟁난민들은 자신들의 삶이 다시 송두리째 뿌리뽑힐까봐 독일에서 추방당할까봐 불안에

---

25) 주민신고서에 '이중국적자'로 등록된 후기 이민자들을 포함하면 42.2%나 된다.

떤다. 한 세르비아 여인은 이슬람교도인 남편과 어린아이 둘과 함께 1992년 5월 보스니아에서 전쟁난민으로 독일에 왔다. 그녀는 다음과 같이 미래에 대한 불안을 표명한다.

> "앞으로 어떻게 될지 몰라서 언제나 가슴이 짓눌러오지요. 우리가 여기 계속 머물 수 있을지, 내 남편이 여기에서 일을 구할 수 있을지, 우리가 독일어를 배우려면 돈이 있어야 하는데 그 돈이 생길지 모든 게 불확실하니까요. 우리는 심지어 다시 고향에 돌아가서 이슬람교도와 세르비아인이 결합한 부부로 정착할 수 있을지도 모르니까요."[26]

이 불안감 때문에 같은 고장에서 온 전쟁난민들은 자기들끼리 뭉치게 된다. L 씨(남)는 고층아파트의 한 층에는 보스니아계의 난민들이 잇따라 이사 와서 몰려 산다고 한다. 이렇게 같은 고장에서 온 외국인들이 모여 함께 사는 모습은 자주 볼 수 있다. 그렇다고 외국인 전체가 하나로 뭉칠 수 있는 것은 아니다. 그들은 각기 다른 나라에서 왔기 때문이다. 가까운 문화권을 중심으로 해서 몇몇 집단이 가까이 지내고 있기는 하다. 아시아계로서는 중국과 타이완, 일본과 한국인들이 있고, 지중해 연안국가로는 스페인과 이탈리아, 오리엔탈계로는 터어키와 시리아인들이 있다. 다른 한편으로는 보스니아인과 세르비아인, 쿠르드족과 터어키인들처럼 고국에서 서로 원수지간인 집단들도 있다. 외국인 사이의 공통성과 다양성은 일반적으로 잠재적으로만 내재하고 있을 뿐이다. 각 집단들은 기본적으로 자기나라 사람들끼리 모여 있을 따름이기 때문이다. 그들은 공간적인 경계와는 일치하지 않는 내부의 연줄망을 이

---

26) Lauck-Ndayi(1993), 73.

루고 있다.

외국인들이 서로 단결하는 것은 비공식적인 통로에서이고 여러 가지 방식으로 나타난다. 보기를 들어서 바인가르튼-베스트에는 주마다 터어키 농산물을 파는 트럭이 들어온다. 이는 이동시장과 같아서 터어키에서 온 사람들이 규칙적으로 모이는 장소이기도 하다. 외국인들이 모이는 다른 경우는 '성인 만남의 공간(Erwachsenenbegegnungsstätte, EBW)'에서 열리는 쿠르드족의 신년축제(Newroz) 같은 경우이다.[27] 이 축제의 참석자들은 바인가르튼에서뿐만 아니라 독일 전역에서 온다. 독일에 사는 쿠르드인들은 서로 다른 사투리와 다른 관습들을 지니고 있어도 쿠르드인 전체에 해당되는 일이면 모두 뭉친다. '성인 만남의 공간(EBW)'에서는 주마다 한국에서 온 어머니와 아이들이 만나서 서로 경험을 교환하고 자녀교육에 대해서도 의논한다. 이 모임은 바인가르튼에 사는 한 한국인 어머니가 주선한 것이지만 프라이부룩에 사는 모든 한국인들이 이용하고 있다.

외국인들은 도시구역 비레(Wiehre)에 있는 외국인운동단체(Ausländerinitiative) 쥐드빈트(Südwind)에서 독일어를 배우거나 아니면 이민(여)자 카페와 같은 다양한 행사에 참여하기도 한다. 외국인들은 바인가르튼과 공간적 일치감을 보이는 게 아니고 프라이부룩 전체에 사는 같은 나라에서 온 사람들이 서로 연결되어 있다.

다시 말하면 바인가르튼에서 눈에 자주 띄는 외국인들의 모습은 불안감을 조성하는 눈에 거슬리는 그림일 뿐, 조직체나 빈번히 왕래하는 이웃관계로는 나타나지 않는 것이다. 이 도시구역의 공식적인 사회적인 삶에서는 외국인들의 흔적을 볼 수 없다. 바인가

27) 1997년에 이 신년축제는 3월 14일이었다.

르튼에 살고 있는 여러 고장에서 유래한 외국인들의 호칭이나 정체성에서 일치감을 찾는 것은 헛수고일 뿐이다. 외국인들은 기본적으로 독일 사람들에 견주어 볼 때 하나의 명목상의 집단으로 존재할 뿐이고, 각 나라별로 프라이부룩이나 독일전역에서 조직되어 있는 경우가 흔하다. 이로써 바인가르튼에 사는 외국인들의 침묵이 어디에서 유래하는가를 알 수 있다.

나들이: 이민자와 외국인 생애사의 특수성

독일 전역에 벌어지는 외국인 전체의 문제를 다루는 것은 이 글의 범위를 벗어난다. 따라서 여기에서는 독일의 통합정책이 일상생활에 미치는 영향에 한해서만 살펴보기로 하겠다.

> M 씨(남, 25살)는 쿠르드인으로서 5년째 바인가르튼에 살면서 시민연대운동에 참여하고 있다.
>
> "독일 사람과는 아무 문제도 없어요. 나는 여기에서 일을 하고 있지요. 독일에서는 일자리가 있으면 존중을 받아요. 독일에서 나는 항상 일을 했지요. 세금도 내고요. 여기에서는 세금만 제대로 내면 독일 사람들과 문제 생길 게 없지요. 하지만 독일문화는 마음에 안 들어요. 독일 사람들은 일하고 일하고 또 일하지요. 나는 독일에 살고 싶지 않아요. 생활기반이 튼튼해서 맘이 편해지는 그런 나라에 이민 가고 싶어요. 그 나라는 내가 온 나라와 문화가 비슷했으면 하고요."

여기 인용한 말은 외국인들의 생애사에서 어떻게 지위(Statuspassage=사회적 적응)와 정체감(Identitätspassage=문화적 적응)이 불일치하는가를 잘 보여주고 있다.[28] 외국인들을 적대하는 추세를 제쳐놓고 보자면 독일에는 외국인들도 독일인들과 똑같은 대우를 받

28) Vgl. Hoffmann/Even(1984), 64-76.

으며 일할 수 있어야 한다는 사회적 합의가 존재한다. 동등한 노동조건을 바탕으로 해서 외국인들이 사회적인 생활에도 참여할 수 있을 것이고 따라서 사회적으로 적응할 수 있으리라는 것이다. 외국인이 여기에 문화적으로 적응하지 않고 독일사회에서 인정을 받을 수 있는가 하는 물음은 일상생활의 형태에 대한 것이다. 이 부분에서 독일 통합정책이 요청하는 바가 큰 역할을 한다. 독일 통합정책에 따르면 정체성이 뒷받침되지 않은 지위 안정은 불가능하다. 독일국적의 지위를 합법적으로 획득하려면 먼저 문화적 정체성을 증명해야 하는 것이다. 이 통합정책의 기본구상에 반하여, 1970년대 중반 경제위기가 닥쳤을 때 보여준 외국인들끼리의 단결력은 외국인 적대의식을 불러일으키는 근거가 되기도 했다.

터어키인들은 독일인들과 다른 생활문화를 지니고 있다. 전통적으로 터어키인들은 가족을 단위로 하여 자기들끼리 모여서 생활한다. 터어키인들에게는 사는 집이 자유시간을 보내는 중심지이다. 이런 상황에서 만약 독일인들이 터어키인들의 문화적 단합을 비판한다면 이는 터어키인들의 쪽에서 볼 때 일종의 방어행동을 유발할 수 있다.

> 낯선 사회적인 환경에 대처할 수 있으려면, 개인이 현재 지닌 자의식과 자기신뢰가 매우 중요하다. (…) 자의식이란 문화적인 정체성을 말하며 또한 한 특정집단에의 소속감을 의미하기도 한다. (…) 자의식을 지니고 또 획득하는 사람들은, 같은 문화적 정체성을 지니고 같은 사회적 지위를 지니며 또한 익숙한 문화적 행동유형을 가지고 있는 사람들과 접촉하고 있는 경우가 흔하다.[29]

---

29) Elwert(1982), 721.

중요한 것은 지위안정이 이에 상응하는 정체성과 어긋난다는 사실이다. 귀화한 외국인들은 독일에 통합해야 한다는 독일인들의 요구를, 외국인들이 자신들 고유의 정체성을 포기하고 독일인이 되라는 말로 듣는다. 외국인들은 진정한 통합의 의미에 대해서 의견이 다르다.

> 우리들은 통합을 독일사회에 동화, 편입하는 것이라고 생각지 않는다. 통합이란 자기 고유의 문화적 가치와 개념을 지키면서 이 사회에서 동등한 파트너로서 받아들여지고 인정받는 것을 의미한다.[30]

이렇게 독일인과 비독일인들이 서로 공감할 수 있는 여지가 점점 줄어드는 것이다. 이토록 통합에 대한 이해가 다른 이유는 문화적 차이에 대한 이해 자체가 다르다는 데에도 기인한다. 그래서 갈등상황이 벌어지면 서로서로 이해하고 납득시키기가 어려운 때가 많다. 한 보기로서 터어키 사람들은 비난과 모욕을 받으면 반드시 자신을 방어한다. 이런 갈등상황을 초래한 사람은 터어키의 명예관에 따라 몸싸움이 벌어지는 것을 감수해야 한다. 이런 걸 보면 아마도 독일인들은 터어키인들이 원시적이거나 문명화되지 못했다고 생각할 것이다. 터어키 청소년들은 독일인들과 티격태격하면서 일종의 집단결속력을 형성한다. 외국인들은 자기들끼리 왕래접촉하며 독일인들과는 가까이 지내지 않는다.

외국인과 독일인 사이의 접촉이 적기 때문에 구체적인 체험에서 나오지 않은 선입견들이 고정화되고 또한 견고해진다. 편견에 사로잡힌 경험들을 집약해보자면, 외국인들이 불결하다느니 게으

30) Donner/Ohder/Weschke(1981), 136.

르다느니 통합하기에 무능력하거나 통합할 의향이 없고 범죄성이 높다는 말로 표현된다. 편견과 선입견은 일상생활사에서 외국인에 대한 적대감을 재생산해낸다. 한번 낙인찍히면 그 집단이나 집단구성원들은 개별적인 주체로도 취급받지 못하고 희생양으로조차 인정받지 못한다. "사람들은 자기들이 원하는 대로 남들을 인지하는 것이다."

만약 외국인들이 노동시장이나 주거시장에서 독일인들과 경쟁하기 시작하면 상황은 더욱 복잡해진다.

> 일자리가 줄어드는 경제적 위기에는 비숙련, 반숙련 독일노동자들이 외국인들과 경쟁하는 것이 사실이다. 외국인 노동자와 독일인 하류층 가족들은 값싸고 단순하게 설계된 주택을 놓고 서로 경쟁하는 것이다. 이러한 대립은 외국인들이 집중되어 있는 주거지에 사는 독일인과 외국인 사이에서 명백하게 나타난다.[31]

독일 중산층과 하류층의 경쟁관계, 하류층 안에서도 외국인과의 경쟁관계는 바인가르튼에서 명백히 나타난다. 투표성향을 살펴보면 바인가르튼에서는 우익보수계인 공화당(Republikaner)이 꾸준히 다른 프라이부룩 지역에 비해서 많은 표를 얻어왔다.[32]

외국인들은 사회적 지위안정과 문화적 정체성이 서로 일치하지 않아서 자주 어려움을 겪어왔다. 대중매체들은 이러한 문제에 주의를 기울이지 않고, 이 불일치를 줄이기에 주력하기보다는 함

---

31) Gürkan/Laqueur/Szablewski(1982), 20.

32) 1996년 3월 24일에 실시된 지방의회선거(Landtagswahl)에서 바인가르튼을 살펴보면, 사회민주당(SPD)이 35.3%(Freiburg 24.9%), 크리스천민주연맹(CDU)이 32.1%(31.0%), 녹색당(Grüne)이 15.2%(28.3%) 그리고 공화당(REPs)이 8.1% (4.2%)를 차지하였다(프라이부룩의 주민통계국에서 나온 도시구역에 따른 지방의회 선거결과에서 따옴).

께 가기 어려운 두 가지 측면을 따로따로 전파를 통해 보낸다. 한편으로 외국인들은 이국적이고 다문화적인 미래의 청사진을 통해 볼 때 흥미로운 대상이다. 다른 한편으로 일하러온 외국노동자나 여기 살러온 (전쟁)난민들은 독일인에게 무거운 짐이다. 대중매체가 낯선 나라에서 온 사람들에게 보이는 이 애매모호한 자세는 가치중립성이나 다원성이라는 미명하에 정당화된 전략이기도 하다. 실제로 대중매체는 기회주의적이고 이중적인 모습을 보이는 경우가 많다. 정치적 상황이나 사회적 비판의 분위기와 기존 권력의 이해관계에 따라 대중매체들은 두 가지 모습을 그때그때 바꿔서 보낸다.

4) 집시: 금기(Tabu)된 주제

집시들이 사는 거리는 아우게너 벡(Auggener Weg)인데 신티-거주지(Sinti-Siedlung)로 더 잘 알려져 있다. 이들은 워낙 집단결속력이 강한데다가 한 공간에 묶여 살면서 결속력은 더 강화되었다. 어디 사느냐고 물으면 집시아이들은 "저는 여기에 살고 저는 집시입니다!"라고 자주 대답한다. 이 말을 할 때 그들은 자기확신과 자신감에 가득 차 있다.

아이들은 이곳에서 태어나서 자랐기 때문에 아우게너 벡과 긴밀한 관계에 있다. 신티들이 낯선 이를 만나면 이들에게 가장 중요한 것은 그가 어디에 사는가이다. 특히 신티아이들은 자신들의 공간환경이 학교운동장, 뒤뜰과 아우게너 벡에 있는 잔디밭, 그동안 집시 친척들이 이사 간 크로찡어 슈트라세와 부깅어 슈트라세의 고층아파트들, 부깅어 슈트라세의 매점, 크고 작은 상가, 대중교통 종점에 있는 대형시장들 등으로 제한되어 있다. 만약 낯선 사람이 가까운 데에 살면 집시는 주저 않고 그를 자기 집으로 초대한다. 공간적으로 가까이 살면 낯선 이에 대한 거리감이 사라지는 것이다. 방문하는 시각은 정확하게 정해져 있지 않고 대충 잡을 뿐이다.

"한번 들러! 나, 저기 사니까."
"점심때든 저녁때든 나는 항상 집에 있거든."

집시는 엄수해야 할 노동시간이나 휴식시간의 개념이 없고 자기들의 공동주거지에 밀착되어 살고 있다. N 씨(여) 부인은 집시 한 명과 친해지면 다른 집시들의 인정을 받는 건 시간문제일 뿐이라고 집시들의 결속력을 묘사한다.

O 씨(남)는 노동복지기관 소속인 유치원(Kindertagesstätte der Arbeiterwohlfahrt=Kita) 원장인데 몇 년 전에 집시-거주지에 있는 이웃회관(Nachbarschaftswerk=NbW)에서 실습을 했다고 한다. 그는 오늘날 집시들의 처지를 다음과 같이 서술한다.

유랑민에서 정착민으로

"그들은 이미 일종의 과도기에 처해 있다고 봅니다. 거기서 태어나 정착해서 자라난 20대 청년들도 살고 있거든요. 예전에 이들은 유랑민족이었지요. 이제는 정착민으로 되어 가고 있어요. 이 과정에서 그들은 장점과 단점을 모두 경험하지요. 장점은 할 수 있는 한 취하려 하고, 단점에 대해서는 비난도 퍼붓지요."

집시와 비(非)-집시들의 접촉이 제한되어 있는 이유는 공간적인 격리 때문이기도 하고 문화적인 특수성 때문이기도 하다. 이런 상황에서도 집시와 규칙적으로 접촉을 하는 집단들은 사회복지사와 경찰이다. 집시가 오핑어 슈트라세에서 이리로 옮겨졌을 때 이미 이들의 보호통제와 그리고 감시는 계산되어 있었다. 이러한 과거사와 현재사를 살펴보면 아이들이 낯선 이들에게 대뜸 "당신 사회복지사요?"라고 묻거나 "저기 경찰이다!"라고 소리치고 다니는 것도 당연한 일이다.

집시들은 알고 보면 이리저리 얽혀 모두가 친척들이고 아이들을 끔찍이 아낀다. 한 집시여인은 단호하게 말한다. "우리 집시들은 원체 좋은 사람들이에요. 그러나 아이들에게 무슨 일이 생기면 물불 안 가리지요." 아이들이 밖에서 놀면 어른들도 그 근처 어딘가에 있는 것이 보통이다. 청소년회관에 집시들의 디스코파티가 있었을 때, 청소년들뿐만 아니라 청년기를 벗어난 어른들과 부인네들도 아이를 데리고 오고 모두 함께 춤을 추었다. 집시들은 최연장자의 권위를 인정하며 이를 토대로 결속력을 유지해나가는 것이 보통이다. 그래서 집시들이 어린아이들을 아끼고 노인들을 존경한다는 것이 널리 알려져 있는 것이다.

O 씨(남):

뭉쳐있는 가족

"우리 유치원(Kita)에 집시인 남자아이 한 명이 오는데 엄마한테서 벗어나지를 못하더군요. 엄마랑 얘기한 적이 있었어요. 엄마와 아들의 연대감은 굉장하지요. (…) 엄마가 어떤 문제에 대해서 완고하면 아들도 똑같이 반응하지요. 하지만 엄마가 원래 원하지 않은 일이라는 것을 눈치 채면 그러면. (…) 그 애 말고도 여기에 오는 집시 사내아이들이 있는데 그들에게 우리는 특수지위를 주고 있어요. 그러면 아무 문제도 생기지 않지요."

집시-거주지와 가족들은 집시 아이들에게 확실한 은신처이다. 하지만 자신들의 생활공간에서 익힌 집단규범은 다른 데에 통용되는 규범들과 충돌하는 일이 잦고 이런 상황에서 비-집시들과 공동으로 어떤 일을 추진하는 것은 거의 불가능하다.

P 씨(남)는 모험놀이터(Abenteuerspielplatz)에서 사회복지사로 일한 적이 있는데 집시 아이들과 충돌했던 사건을 다음과 같이 이야기한다.

촌락공동체

“한 네 달 전에 여기에서 패싸움이 일어났었어요. 집시인 사내아이가 다른 사람에게 얻어맞았는데, 그 집시 마을사람들이 다 몰려온 것이지요. 그 다음엔 경찰들이 왔지요. 독일 사람들이라면 이런 일은 일어날 수 없지요. 물론 독일 아이들도 짓궂고 별별 일을 다 꾸미지만 그네들이 무슨 싸움을 한다고 해서 아빠가 오지는 않잖아요? (…) 하지만 집시들은 함께 꽁꽁 뭉친 공동체이지요. 무슨 일만 일어나면 마을 전체가 몰려오니까 겁이 나지요. (…) 몇몇 집시아이들이 내게 자기들에게는 집시만의 법이 있다고 말하더군요. 저는 너희들끼리는 뭘 하든 상관없지만 여기서는 안 된다고 말했죠. 두 가지 상충되는 법칙이 공존하면 충돌이 생기는 것이 당연하지요.”

문화적 충돌은 이렇게 해서 일어나는 것이다. 결속력과 공동체의식에서만 우러난 행동은 개인주의화 경향이 점점 강해지는 독일인들 사이에서는 시대에 맞지 않게 보인다. 따라서 집시들이 몰려서 다니는 것을 독일인들은 납득하기 어렵다. 이런 단체행동에 겁까지 먹게 되는 것이다. 독일인들은 자기들과 어울리길 원한다면 적어도 자신들의 규범을 지키라고 요구한다. 집시들은 독일사회에 적응하거나 동화하는 것을 집시로서의 정체성을 상실하는 것이라고 이해한다.

집시는 일반적으로 독일인이지만 국적이 없는 경우도 있다. 독일 말을 쓰긴 하지만 그들에게는 자기들 고유의 언어가 있다. 하지만 집시언어에는 문자가 없다. 다시 말해서 가족들과 살면서 말로 배우는 도리밖에 없는 것이다. 언어는 집시들이 자기 고유의 정체성을 유지하는 가장 중요한 상징물이다. 좋은 말이 아니라는 이유로 명백하게 금기시된 단어들도 있다. 보기를 들면 개고기라든가 말고기 또는 고양이고기라는 말을 해서는 안 되고, 섹스 특히 월경주기에 대해서 말하는 것도 터부시되어 있다. 그밖에도 지켜야할 예의범절이 있다. 청소년들은 어른들 앞에서 담배를 피워서는 안 된다. 여자들은 머리를 짧게 자르면 안 된다. 모범적인 집시여인상은 긴 머리에다 블라우스와 치마를 입고 손가락 사이에는 담배를 끼고 있는 모습이다. 18살이 되기까지는 여자와 남자의 친밀한 접촉이 금지되어 있다. 18살이 넘으면 그들은 결혼할 수도 있다. 하지만 간호원이나 의사와 결혼해서는 안 되고 이들을 집시들의 공동체에 초대해서도 안 된다.

실제로 들여다보면 언어를 빼면 집시들의 문화는 점점 사라져 가고 있는 실정이다. 아직 남아 있는 것을 꼽자면 음악과 방랑벽이다. 집시를 부르주아적인 정상적인 삶에 끌어들여 소위 통합시키려고 하면 불가피하게 집시들의 가치가 흔들릴 수밖에 없다.[33] 그러나 아직도 그들 가운데 특히 노인들은 자신들의 의례를 지키고 있으며, 젊은 애들도 적어도 노인네들이 있는 자리에서는 예의범절을 깍듯이 지킨다.

집시들의 전통은 오늘날에도 여러 가지 활동상에서 찾을 수 있다. 집시들이 여는 벼룩시장에 가면 집시들이 수선해서 팔려고

33) 다음에서 따옴: Gottlieb(1995), 15.

내놓은 가구들을 볼 수 있다. '이웃회관'에서 여는 카페에 가면 카드놀이를 하는 집시들을 볼 수 있다. 뒤뜰에는 나무로 불을 때는 화덕이 있고 집안에도 벽난로가 있다. 주말마다 그들끼리 집시-거주지에서 예배를 본다.

교육에 대한 집시들의 기본자세를 살펴보는 일은 매우 중요하다. 왜냐하면 오늘날 교육은 개인들이 보다 나은 사회적 지위를 얻기 위한 기본바탕이기 때문이다. 인내와 정확성 또는 자기합리화와 같은 사회적으로 인정받은 덕목과 능력들을 가르치려면, 학교와 학부모 그리고 —때로는— 교회가 협력해야 한다. 산업사회가 지향하는 교육목적과 집시들의 교육목적은 서로 배치된다. 집시들은 학교제도를 별로 중요하다고 여기지 않고 친척들을 훨씬 중요하다고 본다.[34] 또한 집시들은 관료적으로 조직화된 능력위주 사회에 굴복하려고 하지 않는다. 다시 말해서 이들은 아이단계에서 그 다음의 교육학습과정을 거치지 않고 곧바로 결혼을 하거나 일을 하면서 곧바로 성년으로 넘어가는 것이다. 이러한 생애사적 구성은 집시들의 전통과 엇물려있다.

독일인들이 보기에 집시들의 생애사에는 청소년기라든가 젊은이라는 과도기적 단계가 빠져 있다. 이에 따라 학교를 다니게 되더라도 집시 아이들한테는 뚜렷한 지향성이 없는 것이다.

O 씨(남):

"그들은 법이 미치지 못하는 영역에서 살고 있는 거지요. 언젠가는 학교를 그만두게 되고, 학교 측은 이들이 오지 않으면 골칫거리가 하나 줄어든다고 내심 손뼉을 치지요. 원래 독일에서는 어린아이가

34) 민족학적으로 볼 때 이 체제는 나이에 의해 내부질서가 규정되는 '가다 시스템(Gada-System)'과 견줄 만하다.

학교에 가지 않고 의무교육을 받지 않으면 학교는 신고를 해야 하고 경우에 따라서는 경찰이 동원되어 아이를 학교에 가도록 하는 게 보통입니다. 하지만 집시아이들에게는 학교에 안 와도 아무 일도 일어나지 않아요. 학교 측도 그들이 안 오면 오히려 기뻐하니까요. 사고만 일으키고 다루기 어려운 아이들과 청소년들이 학교에 오지 않으니 좋아하는 것도 어느 면에서는 이해할 만하지요."

집시들은 일반적으로 교사를 불신한다. 한 집시엄마는 교사들이 교실에서 학생들 앞에서도 담배를 피우고 학교장까지도 학교에서 담배를 피운다고 한다. 예전에 어떤 선생은 수업 중에 대마초(Haschisch)도 피웠다. 그는 지금은 학교를 그만두었다고 한다. 한 집시소녀는 자기 엄마가 '바인가르튼의 집(Haus Weingarten, 아우게너 벡에 있는 집시를 위한 사회복지회관)'을 운영하는 여자의 뺨을 갈겼다고 자랑스럽게 얘기한다. 그 여자가 자기를 때리려고 했다는 것이다. "그 관장이 틀렸어!"라고 소녀가 말하자 엄마도 "맞고 다니면 안 돼!"라고 덧붙인다.

이러한 상황을 이해하려면 국가사회주의에서 겪은 집시의 운명이 어떻게 오늘날까지 집시와 독일인들의 관계에 영향을 미치고 있는가 하는 점을 염두에 두어야 한다.[35] 바인가르튼에는 예나 지금이나 집시들과 독일인들 사이에 욕설이 오가고 있다. 행사장이나 거리에서는 "잘난 체하고 더러운 독일놈들"이라든가 "사기

---

35) 찌고이너는 인도에서 유럽으로 넘어왔다고 알려져 있다. 그들은 15세기에 중부유럽과 서부유럽에 처음으로 출현하였고, 신티(Sinti)와 로마(Roma)라는 두 민족집단들로 나뉘어 있다. 신티는 500년이 넘게 도시를 중심으로 옮겨다녔고 이들은 '독일의 찌고이너'라고 불린다. 독일에서 태어난 집시들은 거의 모두가 독일국적을 가지고 있다. 로마는 100년부터 중부유럽의 농촌지역에서 잘 알려져 있다. 로마는 대부분 루마니아에서 유래한다. 이들은 국적이 없기 때문에 '외국인 찌고이너'라고 불린다. Vgl. Holl(1993).

치고 도둑질하는 집시들"이라는 말을 심심찮게 들을 수 있다. 집시들은 하나의 민족으로서 '찌고이너(Zigeuner)'라는 표현에 자부심을 지니고 있으나 독일인들은 이 말을 부정적으로 생각하고 오래전부터 욕으로 써왔다. 이에 상응하여 집시들도 비(非)-찌고이너들을 가르키는 부정적인 표현으로 '가쇼(Gadscho)'를 쓴다.[36] 배타성은 언어용법에도 찌고이너/비(非)-찌고이너, 안/밖, 신뢰성/이질성 등으로 나뉘어 뚜렷이 나타나고 있는 것이다. 찌고이너와 비(非)-찌고이너의 적대적 이분법은 이 두 집단이 함께 —정확히 말해서 옆에— 살면서도 사라지지 않은 것이다.

비(非)-찌고이너들 사이에는 찌고이너들의 실제의 특징이나 또는 추정된 모습을 나타내는 표현들이 회자하고 있다. "찌고이너들은 태어나면서부터(…)"라든가 또는 "그것이 찌고이너의 기질이야"라는 말도 흔히 들린다. 이와 같은 표현들에서 유추할 수 있는 독일인들의 집시상은 한편으로는 로맨틱한 그림이고 다른 한편으로는 범죄적인 그림이다.[37] 로맨틱한 그림은 자유롭게 강요 없이 사는 찌고이너의 민속적인 측면을 강조하는 반면, 범죄적인 그림은 도둑질하고 뒤틀리거나 위험하기까지 한 찌고이너들을 지적하고 있다.[38] 문화기술지 학자들이나 다문화적인 생활상에 관심이 많은 사람들은 때로 집시의 민속적인 측면을 귀중한 문화유산으로 떠받든다. 집시들은 독일인들이 잃어버리고 있는 문화유산, 곧

---

36) Wolf(1960), 89.

37) 1989년 11월 20일 ≪바디쉐 짜이퉁≫. 1989년 외국인 적대심에 반대하며 열린 페스티발에서 프라이부룩에 사는 찌고이너 가족들은 민속음악을 감명 깊게 연주하였다. 이것을 보고 사회국(Sozialamt)의 대표자인 한스 페터 멜(Hans Peter Mehl) 교수는 프라이부룩에서 우리와 함께 사는 집시들의 삶은 사회적 낭만주의가 아니라 사회적 실재라고 힘주어 말했다.

38) Gottlieb(1995), 10.

자연과의 합일과 공동체 의식을 간직하고 있는 것이다. 하지만 바인가르튼 집시들의 일상적인 삶에 큰 영향을 미치는 것은 부정적인 찌고이너상이다. 경찰과 행정당국은 집시들이 자기 고유문화를 고집하고 있기 때문에 정상적인 사회생활에 적응할 수 없다는 결론을 이미 내려놓고 있다.[39] 한 경찰관이 찌고이너와 싸움이 붙었다는 전화고발을 듣고서 한 충고이다. "속수무책입니다. 우리들이 매일 그들의 집시-거주지에 나가지만 하루도 빠짐없이 무슨 일이 일어나지요. 가능한 한 집시가 다니는 길을 피해가는 것이 최선책입니다."

3. 줄임말: 집단관계

바깥 사람들은 바인가르튼을 한꺼번에 싸잡아서 평판 나쁜 곳이라고 하지만 이 지역은 매우 다양한 지역들로 나뉘어 있다. 결국은 바인가르튼 주민들이 자신을 어떻게 인지하느냐에 따라서 각 지역들이 다르게 구성되는 것이다. 이렇게 다른 인지도는 공간적 거리와 사회적 거리의 상호작용으로 나온 결과이다. 찌고이너와 비-찌고이너 사이의 거리는 행동공간(Aktionsraum)에 뚜렷이 나타난다. 1995년 11월에는 여느 해처럼 바인가르튼에서 마틴축제(Martins-Umzüge)가 두 번으로 나뉘어 행해졌다. 첫번째 행렬은 '아돌프 라이히바인 학교(Adolf Reichwein-Schule)'에서 출발했고, 두번째 행렬은 '바인가르튼의 집(Haus Weingarten)'에서 출발하였다. 각 행

39) 그리하여 경찰에서는 집시와 로마를 "잦은 주소지 이전(hwao, häufig wechselnder Aufenthaltsort)"이라는 경찰의 특별령에 의해 취급한다. Vgl. 1986년 11월 21일 ≪바디쉐 짜이퉁≫, Bohn(1993).

렬들은 각기 다른 길을 잡았다. 첫번째 행렬을 한 집단은 다른 나라에서 온 아이들이 대부분이었는데 학교운동장에서 출발해서 모험놀이터(Abenteuerspielplatz)를 지나서 디튼바흐제(Dietenbachsee)까지 가게 된다. 디튼바흐제를 한 바퀴 돈 다음에 그들은 학교로 되돌아간다. 이에 반해서 두번째 집단은 '바인가르튼의 집'에서 출발해서 아우게너 벡을 지나 빈쩬그륀과 오핑어 슈트라세를 끼고 돌아서 다리를 건너서 린든베들레에 이른다.

이렇게 서로 다른 길은 다름 아닌 각 행사주관자들과 참여자들이 결정한 것이다. 아돌프 라이히 바인 학교 학생들은 대부분 바인가르튼-노르트(Weingarten-Nord)와 바인가르튼-오스트에 산다. 그런 반면에 '바인가르튼의 집' 아이들은 대다수가 집시아이들이다. 이 행렬을 살펴보면 이 두 집단의 행동공간이 어떻게 다른지 명백히 알 수 있다.

이러한 집단 간 관계는 과거의 역사로 거슬러 올라갈 수 있다. 바인가르튼이 도시구역으로 독립한 이래 독일인들과 집시들은 그곳에서 함께 살아왔다. 집시들은 이미 1930년대 이후로 오핑어 슈트라세에 수용되었었고 그 다음에 현재의 거주지로 옮겨온 것이다. 이 두 집단들은 일종의 공간적인 정체성을 키워왔다. 집시로서는 이곳이 새로운 생활양식을 실험하는 최초의 정착지였던 것이다. 이곳에 사는 독일의 하류층 그리고 중류층 시민들은 차츰 단체나 클럽을 조직해나갔다.

두 집단들의 생애사적 차이를 들자면 독일 가족들의 다음 세대는 차츰 부모의 집을 떠나는데 반해서 집시들은 집에 계속 머물러 있다는 점이다. 노인, 미혼모(/미혼부), 청소년과 집시들은 경제활동을 하는 성인과는 달리 하루 종일 도시구역에 있다. 결과적으로 바인가르튼 인구의 대부분은 도시구역에 상주하고 거기서 자주 만나는 것이다. 독일 사람들과 집시들과의 잠재적인 갈등은 집시-거주지가 촌락처럼 딱 떨어져 있고 사회복지사들도 집시는 따로 다루기 때문에 더욱 가중된다. 사회지리적으로 두 집단의 접촉이 어렵게 되어 있는 것이다. 이렇게 해서 찌고이너와 비(非)-찌고이너의 적대관계는 개선되지 않는다. 갈등이 생기면 오래된 원한관계가 다시 물밀 듯이 터져 나온다.

바인가르튼에 사는 이주민 집단과 외국인 집단은 상호결속력이 약하다. 그 두 집단들은 모두 새로이 바인가르튼으로 이사를 왔고 또한 프라이부룩에 흩어져 살고 있는 가족, 친척과 동포들과도 긴밀한 연결망을 가지고 있다. 독일에 오면서 그들 생애사의 연속성은 단절되고 변화하였다. 그들은 고유한 문화를 지니고 있으나, 특히 이주민들은 통합하려는 자세를 지니고 있다. 외국인과 이주민들의 문화를 대표하는 기관이 있기는 하지만 그 단위는 프라이부룩 전체이든가 독일 전역이고, 바인가르튼을 대변하는 기관은 거의 없는 형편이다. 거의 독일인들만이 참여하고 있는 바인가르튼 소재지의 조직에 들어가기란, 모자라는 시간 때문에도 언어 때문에도 비독일인에게는 대단히 제한되어 있다.

바인가르튼-베스트와 (집시-거주지를 제외한) 바인가르튼-오스트에 사는 사람들은 유치원 자리를 놓고, 주택배정을 놓고 또는 일자리를 놓고 서로 경쟁관계에 있다. 외국인과 독일인들의 갈등 또는 서로 다른 나라에서 온 외국인들끼리의 갈등은 곳곳에 잠재해 있다. 이는 어느 분야에서나 여러 다양한 집단들이 만날 때 나타날 수 있는 전형적인 갈등의 모습들이다. 문제는 어떤 계기로 해서 어떤 형태의 집단갈등이 현재화되는가 하는 것이다. 다음 장에서는 바인가르튼에서 집단갈등을 일으키는 주요 원인이 되는 도시의 주택정책에 대해 살펴보기로 하겠다.

제7장

잠자는 도시에서 보호받는 도시로?

Termine in Weingarten

Nachbarschaftstreff

Mittwoch, 2. Juli: 8 bis 11.30 Uhr Kinderbetreuung, 11.30 bis 15 Uhr Kochgruppe, 20 bis 21 Uhr Frauengymnastik im Jugendzentrum.
Donnerstag, 3. Juli: 9.30 bis 12 Uhr offenes Treffen mit Familie, 14 bis 16 Uhr feste Frauengruppe mit Kinderbetreuung, 16 bis 17 Uhr offener Treff, 20 bis 23 Uhr Männergruppe.
Freitag, 4. Juli: 9.30 bis 12 Uhr offenes Treffen.
Montag, 7. Juli: 9.30 bis 12.30 Uhr offenes Treffen mit Familie, 15 bis 17 Uhr Frauentreff.
Dienstag, 8. Juli: 9.30 bis 12 Uhr offenes Treffen mit Familie, 14 bis 16 Uhr Basteln (ohne Kinder), 20 bis 23 Uhr offener Treff für Erwachsene.
Adresse: Bugginger Straße 50, Telefon 4764914.

EBW-Wochenprogramm

Mittwoch, 2. Juli: 9 Uhr Gefäßsportgruppe, 15 Uhr Vater-Mutter-Kindgruppe, 15.15 Uhr Treff der Frau, 20 Uhr Frauenstammtisch.
Donnerstag, 3. Juli: 20 Uhr interreligiöses Fest, 20 Uhr Selbsthilfegruppe „Angst“
Freitag, 4. Juli: 18 Uhr Jugendschach, 20 Uhr Selbsthilfegruppe für seelische Gesundheit (☎ 07665/99743), 20 Uhr Freundeskreis alkoholkranker Menschen, ☎ 72499.
Samstag, 5. Juli: 15 Uhr „Café mal anders“, 19.30 Uhr Fotofreunde.
Adresse: Erwachsenenbegegnungsstätte Weingarten, Sulzburger Straße 18, Telefon 4907840.

Termine und Angebote für Senioren

Termine und Angebote für Kinder und Jugendliche

Mütterzentren

프라이부룩의 도시구역 신문
Freiburger Stadtteil Zeitung, 1997년 7월 2일.

바인가르튼은 애초부터 문제아로서 프라이부룩 시에 태어났다. 궁핍한 사람들이 여기에 머물게 된 것이다. 제5장에서 살펴본 바와 같이 1935년에 가난한 가족들이 오핑어 슈트라세에 수용되었고 나중에 아우게너 벡에 보내졌다. 이 사람들은 처음부터 사회복지사들의 보조와 경찰의 감시를 받고 있었다. 1960년대와 70년대에 무주택자들이 바인가르튼-베스트와 바인가르튼-오스트에 있는 대주거단지에 입주하였다. 이곳은 처음부터 잠자는 도시로 세워진 것이다. 따라서 청소년만남터(Jugendtreff)라든지 이웃만남터(Nachbarschaftstreff) 등의 하부구조시설들은 대단지가 조성되고 난 뒤에 시간이 흐르면서 차츰차츰 들어서게 되었다. 나중에는 바인가르튼이 사회복지기관들의 집중도가 가장 높은 도시구역이 되었다.

이 장에서는 바인가르튼 사람들이 어떻게 자신들이 처한 상황에 개별적으로 적응하는지, 어떤 과정을 거치면서 바인가르튼의 주민집단들이 이러한 적응에 실패하는지에 대해 살펴보겠다. 마지막으로 현존하는 집단갈등이 사회복지기관에 나타나는 과정과 이 과정을 낳은 오늘날의 주택정책에 대해서 살펴보겠다.

1. 바인가르튼, 불안감을 조성하는 도시구역?

1) 대중매체와 이미지

오늘날 대중매체의 역할은 대단히 중요해졌다. 따라서 지방언론의 보도는 바인가르튼의 이미지를 형성하는 데 큰 영향을 주는 것이다. 프라이부룩의 유일한 일간지인 ≪바디쉐 짜이퉁 *Badische Zeitung*≫에서 1991년에서 1994년까지 다룬 바인가르튼에 대한 기사의 주제들은 주택개선사업, 범죄율, 외국인, 실업자, 아동과 청소년 등이었다. 더군다나 이러한 기사들은 센세이셔널한 문체로 쓰여 있다.[1] 주민들의 안정과 범죄 또는 실업문제에 대해서는 대부분 정치가, 주택건설회사(Siedlungsgesellschaft, SG)의 지역전문가나 파출소장과의 인터뷰를 싣는다. 스포츠, 예술이나 오락 등의 여가 시간활용에 대한 기사는 거의 없는 형편이다. 문화행사를 기사거리로 다룰 때는 바인가르튼 주민에 의해서 자발적으로 조직된 것이 아니라, 바인가르튼 주민을 위해서 행사를 조직한 사회복지기관들의 공로를 크게 다룬다. 따라서 사회복지사나 사회교육자를 인터뷰하는 것이 대부분인 것이다. 최근의 관심사인 주택개선사업 과정에 대해서는 주로 시민연대운동(Bürgerinitiative)에 참여한 회원들이 자주 인용되고 있다.

이에 따라 바인가르튼에 대한 보도기사를 둘러싸고 잡음이 끊이지 않고 뒷말이 많다. 바인가르튼의 부정적 측면을 부추기는 신문기사가 나갈 때마다 주민들은 바인가르튼에 사는 사람들을 한꺼번에 싸잡아 보는 기사내용에 분개하며 독자의 편지를 신문사에 보낸다. "바인가르튼은 널리 알려진 것처럼 그렇게 나쁜 주거지역이 아니다"라는 것이 그들이 주장하는 요지이다. 프라이부룩 경찰서의 언론대변인의 말을 인용하면 다음과 같다.

> "바인가르튼이 대중매체에 떠오르면, 웬일인지 먼지가 일어나고 이 도시구역 전체를 한바탕 휘젓고 지나간다."[2]

이런 맥락에서 프라이부룩 신문과 도시구역 신문의 대립과 갈등은 주목할 만하다. ≪슈타트타일 짜이퉁 *Stadtteil Zeitung*≫은 '포럼 바인가르튼 2000(Forum Weingarten 2000)'에서 발간하는데 바인가르튼을 대변하는 신문이다.[3] ≪슈타트타일 짜이퉁≫에서는 대중매

1) Heine(1981), 29.
2) 1995년 9월 ≪슈타트타일 짜이퉁≫, Jg. 6, Nr. 48.

체가 바인가르튼의 나쁜 이미지를 유지 강화시키고 있음을 끊임없이 환기시킨다. 이와 함께 ≪슈타트타일 짜이퉁≫은 바인가르튼의 긍정적인 측면, 곧 여러 가지 행사, 전시회나 휴양공원을 공개적으로 부각시키는 데에 주력한다. 이런 노력에도 불구하고 기존의 나쁜 이미지를 강화 고착화시키는 기사들이 널리 퍼지고 있다. 다음의 보기는 대중매체보도와 학문적 연구 그리고 주민들의 의식이 어떻게 맞물려 작용하고 있는지를 나타낸다.

1995년 프라이부룩에 있는 '국내외형법담당 막스 플랑크 연구소(Max-Planck-Institut für Ausländisches und Internationales Strafrecht)'의 범죄학 연구단체에서는 객관적인 범죄율과 주관적인 불안감의 상호관계에 대한 연구를 실시하였다.[4] 연구팀은 프라이부룩 사람들에게 어느 도시구역에 살며 어느 도시구역이 가장 불안감을 일으키느냐고 물었다. 이에 따르면 바인가르튼에 거주하든 안하든지 상관없이 바인가르튼에 대한 주관적인 불안감이 가장 컸다. 반면에 프라이부룩 사람들은 알트슈타트(Altstadt)를 가장 안전하다고 생각하는 지역으로 꼽았는데, 이것도 알트슈타트의 거주여부에 관계가 없었다. 일반적으로 생각할 때 주관적 불안감이 클수록 객관적인 범죄율도 높다고 추정할 수 있다. 그러나 연구결과는 이 일반적인 추정에 어긋나고 있다. 객관적인 범죄통계에 따르면 바인가르튼보다 알트슈타트의 범행횟수가 더 많은 것이다. 많은 의문점들이 풀리지 않은 채 남아있다. 바인가르튼에 겁이 많은 노인인구가 많아서 이런 불일치가 생기는 것일까? 이 불안감은 사람들의 환영

3) ≪슈타트타일 짜이퉁≫은 고층아파트의 보수공사를 동반하며 이에 대한 소식을 싣고 있으므로 우선적으로 크로찡어 슈트라세에 사는 고층아파트 주민들의 문제를 맡고 있다.

4) 이 연구의 결과는 1995년 8월 29일자 ≪바디쉐 짜이퉁≫에 실렸다.

에 불과한 것일까? 바인가르튼에 걸맞은 '실제' 모습이란 무엇인가? 이런 통계적 불일치와 의문점에도 불구하고 바인가르튼은 거기 사는 사람들에게나 아니면 살지 않은 사람들에게나 변함없이 범죄가 횡행하여 불안감이 만연한 도시구역으로 여겨지고 있다.

연구결과는 '위험한 지역 바인가르튼'이라는 제목으로 ≪바디쉐 짜이퉁≫에 실렸다. 그러나 주관적 불안감이 실제 범죄율과 다르다는 사실은 짧게 언급되었을 뿐이다. 이 기사가 나가고 나서 ≪슈타트트타일 짜이퉁≫은 바인가르튼에 소재한 경찰서 대변인과의 인터뷰를 실었다.[5] 대변인은 바인가르튼에 청소년범죄가 많다는 데에 동의했지만, 바인가르튼 전체의 범죄율은 증가하지 않았을 뿐더러 오히려 줄어들었다고 했다. 여자들을 대상으로 한 범죄는 바인가르튼보다 시내 중심 같은 그밖의 다른 도시구역에서 훨씬 자주 일어난다. 경찰서 대변인은 바인가르튼의 이미지가 나쁜 이유를 바인가르튼 주민들이 여러 해 동안 내면화해온 열등의식의 탓으로 돌렸다. 따라서 그는 이 도시구역의 주민들 스스로가 새로운 자의식을 키워야 한다고 역설했다.

이런 맥락에서 바인가르튼 주민들은 자주 시민참여정신(Zivil-courage)을 촉구한다. 이 일에 발벗고 나서는 사람들은 누구보다도 특히 이곳에 오래 살아온 토착민(Alteingesessene), 곧 시민들(Bürger)이다. 시민이라고 자처하는 사람들은 바인가르튼의 범죄소굴 같은 이미지를 인정하면서 개입과 통제를 강화하여 이 상황을 바꾸어야 한다고 주장한다. 다른 한편으로 용기 있는 시민들의 존재야말로 바인가르튼이 긍정적인 측면도 가진 도시공간임을 증명하는 것이라고 본다. 경찰서 대변인도 바인가르튼에 시내중심보다 범행률이

---

5) 이 장의 각주 2)를 볼 것.

낮은 것은 시민들의 참여정신과 용기 때문이라고 덧붙였다.

2) 바인가르튼 내부의 불안조성지역과 극복방안

막스 플랑크 연구소(Max-Planck-Institut)에서 배부했던 설문지를 짧고 쉽게 고쳐서 '성인 만남의 장소(Erwachsenenbegegnungsstätte, EBW)'의 문학낭독모임에 나오는 바인가르튼에 사는 여자들에게 나누어주었다.[6] 설문지의 주제에 바인가르튼이 직접적으로 관련되어 있었기 때문에, 이를 바탕으로 바인가르튼에 사는 주민들의 인지감각을 살펴볼 생각이었다. 결과를 보면 주민들은 한편으로는 대부분 증거를 댈 수 없는 그런 범행, 곧 자전거도둑이라든지 자동차 따기 등에 대해서 불안에 떨고 있었다. 다른 한편으로는 —이것은 설문지에 답한 사람들이 모두 여자들이었기 때문이기도 한데— 좀 성숙한 어린아이들과 청소년들의 상스러운 언행과 치근거리는 행동에 특히나 겁을 집어먹고 있었다. 이런 행동들은 대부분 처벌대상조차 되지 않고 따라서 범죄에 대한 불안감이 이 때문이라고 말하기에는 무리가 있다. 흥미로운 사실은 이들은 보통 누가 그런 못된 짓을 하고 다니는지를 안다는 점이다. 왜냐하면 이들도 나란히 살고 있는 이웃이기 때문이다. 그런데도 그들은 이런 괴로운 상황을 변화시키지 못하는 것이다. 무엇보다도 주민들은 경찰을 별로 신뢰하지 않는다.

이 조사에 따르면 불안조성지역은 여러 다양한 모습으로 나뉘어져 있다. 바인가르튼-오스트(Weingarten-Ost)와 바인가르튼-베스트(Weingarten-West)에 대해서 특히나 불안감이 제일 크다. 이 두 대거주단지의 건축상 특징은 한눈에 전경이 드러나고 밀집되어 있다

6) 이 문학낭독모임의 참석자는 모두 여자들이었다.

는 점이다. 이 단지에 있는 지하주차장은 특히 밤에는 '지하세계'라고 불리며 '깡패'로 이미 얼굴이 알려져 있는 어린아이들과 청소년들이 쭈그리고 앉아있다. 사람들은 어두운 지하주차장을 무서워하고 거기에서 청소년들을 만나면 무장해제 상태로 끌려갈 듯한 느낌이 든다고 한다. 경찰은 이곳에서 자주 자동차를 따고 못쓰게 만드는 일이 일어난다고 한다. 지하주차장 옆에도 다른 불안조성지역이 있다. 이 지역들에는 청소년들이 배회하고 밤에 컴컴하다는 공통점이 있다.

<그림 10> 불안조성지역의 주관적 지도

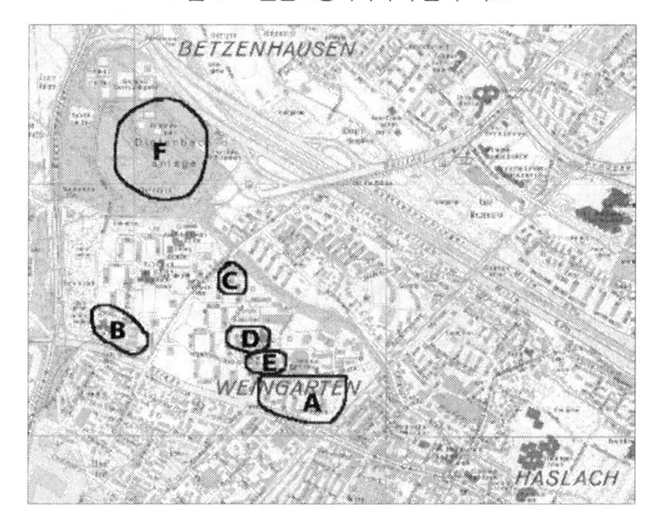

A　Krozinger Straße(외국인, 아동, 청소년)
B　Auggener Weg(집시)
C　Bugginger Straße 모퉁이에 있는 매점(청소년)
D　Dorfbach 상가 뒤에 있는 공원(청소년)
E　Einkaufszentrum(밤에, 청소년)
F　Dietenbach(밤에, 청소년)

주민들은 이와 같은 불안조성지역에 정기적인 경찰순회나 또는 감시카메라 설치를 요구한다. 1990년 6월 도시구역사무실의 여성카페모임(Arbeitskreis Frauencafé des Stadtteilbüros)에서는 바인가르튼에서 특히 여자들과 어린이들에게 위험한 지역을 표시하고 여기에 전문가의 판정을 곁들였다. 이걸 가지고 바인가르튼에 있는 위험하고 어두컴컴한 길거리들을 통제하기 위해서였다.[7] 무엇보다도 조명이 없는 후미진 곳과 주차장, 지하도, 어두컴컴한 고층아파트 입구와 지하주차장이 지적되었다.

> 바인가르튼의 여자주민들은 이 불안조성 공간을 없애기 위해서 무엇보다도 조명시설의 개선, 길에 잇닿은 주차장의 설치, 경찰호출기를 갖추고 자전거를 탄 경찰의 순찰을 요구한다.[8]

여성대표기관(Frauenbeauftragte)과 바인가르튼의 도시구역사무실의 여성모임(Frauengruppe des Stadtteilbüros Weingarten)에서 제출한 안건을 두고 시교구(Gemeinderat)에서 안전조치를 논의하였다. 이 과정은 적극적으로 지역운동에 참여하는 시민들이 사회복지기관의 도움으로 시에 (제한된 영역에서나마) 영향력을 행사하는 모습을 보여주는 좋은 보기이다.

(1) 적응: 수동적 전략

불안조성 공간들이 사라지지 않은 한 주민들은 이를 피해 가는 수밖에 없다. 피해 가는 수동적인 전략은 개인적으로 이루어지고

---

7) Bank/Lauck-Ndayi(1993), 74f.

8) 1991년 10월 16일 ≪바디쉐 짜이퉁≫, 「안전한 보도와 자전거도로를 만들기 위한 토론」. 정원국은 잔디밭과 초원에 있는 초목덤불을 제거하기 위해 10만 마르크를 받았다.

또한 매우 다양하다. 주민들은 자신이 어떤 전략을 사용하는지 의식하지 않은 채 자연스럽게 행동한다.

명확한 보기가 아우게너 벡(Auggener Weg)의 잔디밭을 가로지는 길인데, 지름길이기도 하고 집시-거주지(Sinti-Siedlung)를 피해갈 수도 있어서 이 길로 걸어 다니는 사람들이 많다. 게다가 아우게너 벡에 사는 주민들은 도둑맞을까봐 걱정이 되어서 매일 타고 다니는 자전거를 밖에 세워두는 일이 거의 없다. 자전거를 집으로 들고 들어가는 것이다(<사진 11>). 한번은 이를 시정하기 위해서 시민들 쪽에서 움직였다고 한다. 한국인 주민은 이러한 상황을 다음과 같이 설명한다.

> "예전에는 자전거 스탠더가 아파트 입구 지붕 아래의 우체통 옆에 있었는데, 이때는 자전거를 도둑맞거나 부서지는 일이 많았어요. 지금은 사람들이 집안에서 내다볼 수 있게 밖으로 옮겨놓았지요. 내 생각으로는 문을 잠글 수 있는 자전거 창고를 만들어놓았으면 좋았을걸, 쓰레기장처럼 말이에요. 그 다음에도 변한 것은 거의 없어요. 사람들은 예전처럼 자기 자전거를 들고 지하실 개인창고에 잠가놓거든요."

원래 자전거 스탠더를 옮겨서 전체 이웃들끼리의 경계와 감시로서 자전거를 지키자는 속셈이었다. 눈에 확 뜨이는 곳에다 놓으면 도둑맞지 않으리라는 예상이었다. 이 소망은 수포로 돌아갔다. 아우게너 벡(Auggener Weg)과 휘겔하이머 벡(Hügelheimer Weg)에는 자전거 스탠더가 이전되어 집에서 훤히 내다볼 수 있는 곳에 설치되어 있으나 자전거가 거의 세워져 있지 않다. 주민들은 자전거를 집안으로 들고 가는 것을 수고라고 여기지 않는다. 자기 재산을 보호하기 위해 불가피한 임무라고 생각하는 것이다. 따라서 주

<사진 11> 시선으로 통제되는 자전거 스탠더

민들 생각에는 자전거를 밖에다 세워놓았다가 도둑맞는 사람은 자기가 잘못한 일이다. 신중하지 못했기 때문이다.

개인적 적응전략의 또 다른 사례는 놀이터들을 나누어 사용하는 데서도 찾을 수 있다. 바인가르튼에는 다자녀 가족들이 많이 살기 때문에 당연히 어린이 공간과 청소년문화가 초미의 관심사이다. 시민들이 적극적으로 요구하여 바인가르튼-오스트와 바인가르튼-베스트에 놀이터와 놀이거리가 생겨서 그들의 요구는 부분적으로 충족되었다. 하지만 이렇게 넓은 공터와 놀이터가 생겼는데도 불구하고 이 어린이 공간을 실제로 사용하는 일은 적다. 사회복지사들이 있을 때에만 아이들이 여기에 올 뿐이다. 많은 부모들은 자기 아이들이 무슨 일이라도 당할까 걱정되어서 혼자서는 아예 밖에 나가 놀지 못하게 한다. 밖에서 못된 애들이라도 사귀고 못된 짓이라도 배워오지 않을까 하는 염려에서이기도 한다. 아이들이 받는 나쁜 영향에 대해서는 주민들 사이에서 공공연하게 회자된다. 작은 아이들이 큰 아이들에게 얻어맞고 또한 모욕을 당하는 일이 일어난다. 또는 부랑자들은 길거리에서 아이들의 돈을 빼앗거나 집에 가서 부모에게서 훔쳐오라고 협박 강요한다. 사실상 이런 종류의 사건들은 겁에 질린 부모들이 확신하는 것처럼 그렇게 많거나 잦은 것이 아니다. 언제나 똑같은 얘기가 되풀이되는 것이다. 많은 아이들은 지레 겁을 집어먹고 집에 틀어박혀서 컴퓨터게임이나 텔레비전 시청을 하면서 하루를 보낸다.9) 이와는 반대로 청소년들은 도시구역의 길거리를 어슬렁거리며 배회한다. 물론 이때는 사회복지사와 부모들이 곁에 붙어 있지 않다.

개인적 적응을 나타내는 다른 보기는 쇼핑수레(Einkaufswagen)의 문제이다. 쇼핑수레를 슈퍼마켓에서 끌고 나가서 다시 갖다놓지 않는 일은 오래 전부터 이미 관행이 되어버렸다. 몇 년 전에는 이를 방지하고 손해를 줄이기 위해서 '작은 상가(kleines Einaufszentrum)'에 있는 한 슈퍼마켓이 저당 시스템(Pfandsystem: 20마르크짜리 저당 동전을 사용)을 도입하였다. 그 결과 쇼핑수레 때문에 나는 손해는 줄어들었지만 그와 동시에 판매량이 떨어졌다. 이로써 다른 슈퍼마켓들은 어부지리로 수익을 올려서 망가지거나 없어지는 쇼핑수레를 보상하고도 남았다. 쇼핑수레를 돌려놓지 않는 작태는 결국 변하지 않았다. 1993년에 이 문제는 아파트관리자와 청소용역회사의 손으로 넘어가게 되었다. 길거리와 아파트 복도에 버려진 쇼핑수레들은 수거되어 슈퍼마켓에 돌려보내졌다. 한 바인가르튼 주민(여)은 어떤 사람들이 어떤 가게에서 어떤 길로 쇼핑수레를 끌고 와서 내던져두는지를 상세하게 묘사할 수 있을 정도였다. 이렇게 정확하게 서로를 관찰하면서도 그 사람들에게 그러지 말라고 말을 걸거나 경찰에 고발신고를 하는 일은 거의 없다.

---

9) Vgl. Blinkert(1993), 76-86; 179-183.

문제는 주민들 각자의 잘못된 행동인데 그것은 고쳐지지 않는 것이다. 이 행동에는 공식적인 제재도 따르지 않고 그렇다고 개인적으로 피해를 입는 사람도 없다. 개인적인 통제의 가능성이 있기는 하다. 그러나 이들은 다른 사람이 잘못된 행위를 해도 말을 하지 않는다. 워낙 이웃끼리 접촉이 없는 탓이다. 주거생활공간이 워낙 좁아서 이웃에서 벌어지는 일을 모를 수가 없는데도 불구하고 익명성을 탓하는 불평불만은 끊이지 않는다. 이 고층아파트에서의 삶은 특히 촌락적인 성격이 강한데도 개인적인 사회통제는 통하지 않는 것이다. 이 딜레마를 바인가르튼의 시민들은 공적인 조치로서 해결하려고 한다.

(2) 시민용기: 적극적 전략

소극적인 회피전략과 과도한 조심성과는 달리 계몽과 예방조치 그리고 감시를 강조하는 전략들이 있다. 시민들이 슬로건으로 거는 시민용기(Zivilcourage)가 그것의 하나이다. 그들이 이해하는 시민용기라는 것은, 버릇없는 청소년들을 나무라고 매일 일어나는 악습들을 꾸짖어서 일상의 어려움을 없애는 것이다. 용기를 보여주어야지 화를 꾹 참아 삭혀두어서는 안 된다는 것이다. 시민들은 청소년들의 잦은 핀잔과 공갈협박을 겪으면서 점점 더 혼자 감당하기에 힘겨운 듯한 인상을 준다. 더구나 직접 말을 건넨다고 해도 상황이 호전되지 않고 오히려 긴장되기가 일쑤이다. 말이 통하려면 상호신뢰가 있어야 하는데 이 기반이 바인가르튼 주민들에게는 없는 것이다.

따라서 시민용기는 집합적이거나 또는 제도적인 형태로 나타나기가 십상이다. 몇 년 전에 한 고층아파트에서 한 가족이 쫓겨난 적이 있었다. 이 가족이 이사 오고 나서부터 창문이 깨지거나 물건을 도둑맞거나 경찰이 오는 불미스런 일이 잦아졌다. 한 나이 지긋한 아파트주민(여)이 서명운동을 주도하여 주택건설회사가 이 문제가족을 내쫓도록 압력을 넣었다. 이것은 담당관청을 움직일 수 있는 방법을 알면 시민들이 자신들의 목적을 이룰 수 있다는 한 사례이다. 이것말고도 참여적인 시민들은 벌써 성공한 경험이 많다. 아파트 계단이 청소년들이 모이는 장소나 가구를 처박아두는 창고가 되는 것을 막기 위해서 그 아파트에 여러 해 동안 살고 있는 사람들은 계단이용운동을 주도하였다. 이렇게 자발적으로 느슨하게 조직된 운동을 본받아 다른 고층아파트에서도 의식적으로 계단을 이용하는 사람들이 생겼다.

시민용기의 공적인 형태는 조직운동에서도 나타난다. 보기를 들어 바인가르튼의 시민단체(Bürgerverein)는 환경오염 반대운동을 실시하였다. 이 적극적인 전략은 수많은 사회복지기관들의 사회복지사와 자원봉사자들의 협력과 후원을 받았다.

> (…) 올해 청소의 날을 기념하여 시민들은 방패 문장이 새겨져 있는 단체의 티셔츠를 새로 맞춰 입고 나오고 도시구역 사무실 앞에는 표어가 붙어 있다. 시민들은 장갑을 끼고 쓰레기봉지를 들고 나와서 주민들에게 쪽지를 나눠주고 현수막을 높이 치켜들고서 도시구역을 행진하였다. 이렇게 이 날의 행사는 시작되었다.[10]

그러나 이러한 적극적으로 참여하는 조직된 시민들을 기다리는 것은 무관심과 조롱이었다. 이 행사계획과 실시가 이웃들에게

---

10) 1995년 7월 ≪슈타트타일 짜이퉁≫, Jg. 6, Nr. 47, 「환경 논쟁: 바인가르튼 시민협회(Bürgerverein)의 대청소운동에 대한 소감」.

선 동의를 얻지 못했다는 증거이다. 행사 뒤에 ≪슈타트타일 짜이퉁≫에는 실망의 글이 실렸다. 놀이터에서 놀던 아이들 둘이 합세했을 뿐이다. 쓰레기봉투가 고층아파트에서 날아왔다. 그럼에도 불구하고 이 행사는 바인가르튼의 주민들이 이 도시구역의 부정적인 이미지를 없애기 위해 무언가 하고 있다는 표시였다.

시민이 연대해서 성사시킨 예방전략으로서 1992년 공간설계프로젝트에 반대한 일을 들 수 있다. 도시계획청(Stadtplanungsamt)은 작은 상가(kleines Einkaufszentrum)에 나무 몇 그루를 심고 그리고 둘러앉을 수 있는 벤치를 설치하자고 제안했다. 이 제안에 반대하는 쪽은 쉬어가는 벤치는 노숙자의 잠자리로 오용될 수 있고 알콜중독자의 만남의 장소가 될 수 있다고 주장했다.[11] 주민들 가운데 특히 적극적인 참여시민들은 문제를 일으킬 수 있는 사람들(청소년, 노숙자 등)이 모일 수 있는 장소가 생기는 데에 반대하였다. 결국 도시계획청의 제안은 거절당했다. 이 대신에 1993년에 도시 재정위원회(Verwaltungs-und Finanzausschuss)는 작은 상가가 들어서 있는 바인가르튼-베스트를 시민들에게 친숙한 공간으로 만들기 위해 55만 마르크를 인가하였다.[12] 이 돈으로 주민들의 요구에 따라 새로운 거리 빈첸그륀에 아스팔트를 깔기로 했다.

잇따라 지하주차장과 아파트 계단에 비디오카메라를 설치하고 경찰과 민간 안전요원들을 더 많이 투입해서 감시기능을 강화하자는 제안이 채택 실시되었다. 이에 따라 한 고층아파트의 계단에 비디오카메라가 설치되었다. 고층아파트 단지에는 주택건설회사(SG)가 민간 감시요원을 채용하였다.[13] 여기에다 경찰의 순찰이

---

11) 1992년 4월 15일 ≪바디쉐 짜이퉁≫.
12) 1992년 6월 24일 ≪바디쉐 짜이퉁≫.
13) 평복을 입은 전직 경찰관 두 명이 감시견을 끌고 비정기적으로 순찰을 했다.

잦아졌다.

2. 보호기관과 동반기관으로서의 사회복지단체

1) 초기 사회복지기관들

바인가르튼에는 사회복지단체들이 프라이부룩에서 가장 많이 몰려있다. 바인가르튼의 '공적 생활'은 사회결사체들과 사회복지단체들이 주도한다. 주요한 사회단체들 셋을 꼽자면 '이웃회관(Nachbarschaftswerk, NbW: 민간자율단체)' '성인 만남의 장소(EBW 초교파 단체)' 그리고 '도시구역사무소('포럼 바인가르튼2000'협회가 대표이고, 프라이부룩 시가 재정지원을 한다)'이다.[14]

다음에서는 이 사회단체들이 바인가르튼의 탄생과 어떻게 함께 엇물려있는가, 각 단체들이 어느 주민들을 대상으로 하는가를 살펴보기로 하자.

(1) 이웃회관(Das Nachbarschaftswerk)

1969년 오핑어 슈트라세(Opfinger Strasse)와 문든호프 슈트라세(Mundenhofer Strasse)에 살던 집시들과 유랑민 가족들을 보호하기 위해 '이웃회관' 협회가 설립되었다.[15]

---

14) 1987년에 바인가르튼에 25만 마르크의 지원금이 할당되자, 적극적으로 지역운동에 참여하는 시민들은 정치적 색채가 다른데도 불구하고 하나로 뭉쳐 '포럼(Forum)'을 조직하였다. '포럼'은 도시구역을 정상화시키는 것을 기본목표로 한다. '포럼'은 자조적인 노력으로 공동체를 지향하는 주민운동단체이다. Vgl. 1989년 8월 9일 ≪바디쉐 짜이퉁≫.

15) 이웃회관(Nachbarschaftswerk, NbW)은 그때까지 청소년지원기관(Jugendhilfswerk,

<그림 11> 바인가르튼의 사회복지기관

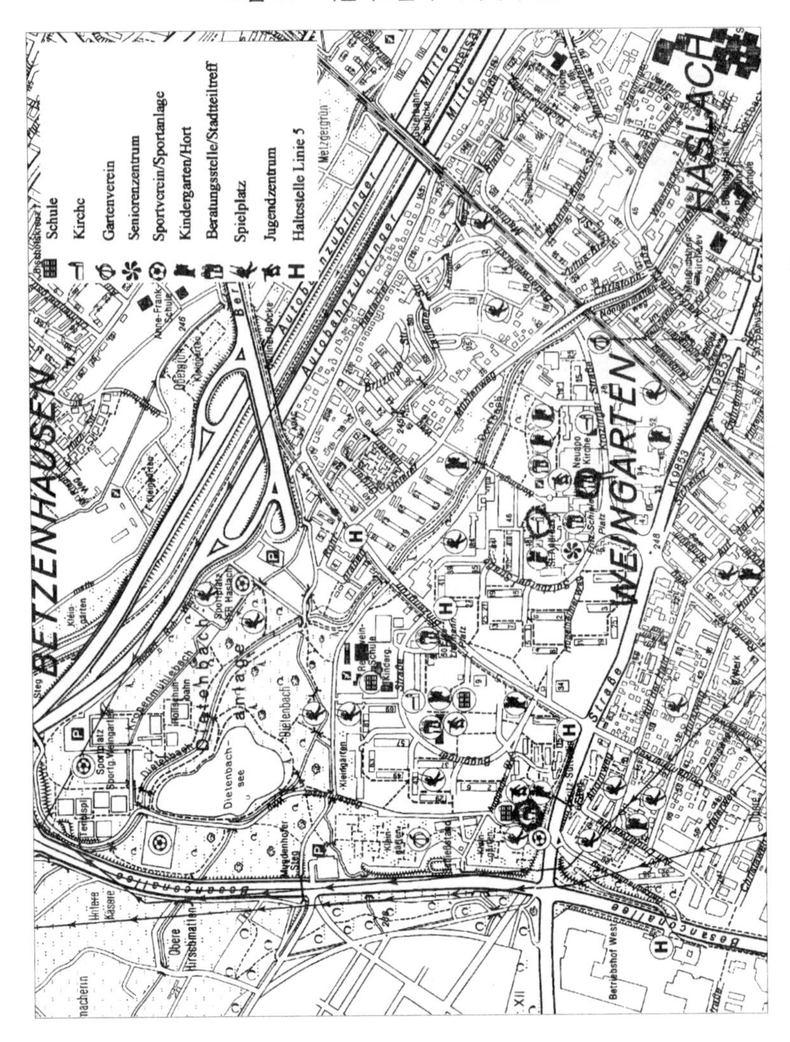

1997년 6월 현재(도시구역 프라이부룩-바인가르튼: 협회와 기관들)
발행처: Weingartener Arbeitsgemeinschaft Soziales und Vereinsgemeinschaft Weingarten.

JHW)이 오핑어 슈트라세(Opfinger Straße), 문든호프 슈트라세(Mundenhofer Straße)와 린든베들레(Lindenwäldle)에서 했던 사회복지사업을 이어받았다. Vgl. Nachbarschaftswerk(1989, 1994).

<사진 12> 오핑어 슈트라세(Opfinger Straße)의 건너편

도시정책담당관과 사회복지사들은 이 두 주거지역의 위생이 불량하다고 입을 모아 지적하였다(<사진 12>).[16] 우려할 만한 상황이라는 것이었다. 그 당시의 사회복지사들은 1970년의 열린 분위기(Aufbruchstimmung)[17]에 영향을 받아서 직업전문성과 조직성을 지향하고 있었다. 하지만 협회결성과정에 주민들의 의견은 반영되지 않았다. 더군다나 '이웃회관'이 만들어질 즈음 주민들은 불신감을 지니고 있었다. 도시에서는 집시들의 의사를 무시하고 그들을 다른 곳으로 옮기려 했는데 '이웃회관'은 이러한 강제추방에 협력하고 있는 것으로 보였던 것이다.

'이웃회관'은 이른바 '프라이부룩 모델'을 구체화시키는 데 중요한 역할을 하였다. 이 모델은 집시들과 유랑민들에게 정착지를

16) 특히 이 주거지역들은 인근의 리젤펠트(Rieselfeld)에 있는 정화시설 때문에 원래 사람이 살 수 없는 곳이었다. 주민들은 류머티즘과 신장병과 전염병이 나돌고 쥐들이 극성을 부린다고 불평불만이 심했다.

17) 이러한 '열린 분위기(Aufbruchstimmung)'의 상승기류를 타고 민주주의 실현, 집단결속력, 학습기회 균등과 공동결정, 아래로부터의 민주주의가 강조되었다. Vgl. Nachbarschaftswerk(1989), 14.

제공했던 최초의 시도이다. 그 정착지는 되도록 도시 변두리에 두도록 되어 있었다. 프라이부룩 시에서는 집시와 유랑민들을 사회적인 병원(Sozialklinik)에 보내어 온통 생활양식을 뜯어고치게 하기보다는 집시들이 고유의 문화를 보존하면서 살 수 있는 공간을 제공하기로 했다. 다만 그 공간은 다른 주민집단들이 볼 수 없도록 멀리 떨어져 있어야만 했다. 이 주변집단들의 생활에는 이제는 더 이상 (위험에 대처하기 위한) 질서권이 아니라 세입자 권리가 적용되어 모든 것이 정상적으로 유지되었다. 이 새로운 거주지는 주거공간뿐만 아니라 유치원과 학교, 직업훈련과 자구책 그리고 여가시간과 같은 사회생활의 준비과정도 제공하도록 계획되었다. 예비학교와 유치원은 특수교육을 해서 보완적인 기능을 갖고 치료적인 도움을 주도록 되어 있다. 이렇게 도시의 사회복지국과 청소년국은 애초부터 이 프라이부룩 모델을 후원하고 있었다.

1969년부터 1974년까지 문든호프 슈트라세(Mundenhofer Strasse)와 오핑어 슈트라세 주거단지에 살던 집시들과 유랑민가족들은 하나씩 하나씩 아우게너 벡으로 옮겨갔다.[18] '주거 프로젝트'모임에는 자원봉사자와 주민과 사회복지사가 참여하여 아우게너 벡의 주택건설을 후원하였고, 이와 동시에 주무관공서와 도시구역 하스라흐-바인가르튼(Haslach-Weingarten)의 이익단체를 중개하는 역할을 하였다.[19]

---

18) 1969년 도시행정당국(Stadtverwaltung)은 시교구(Gemeinderat)에 주변집단들을 수용하기 위한 네 가지 제안을 제출하였다. 주변집단들을 도시 전체에 흩어져 살게 하자는 제안, 포병사단기지의 주거지역에 옮기자는 제안, 기존의 린든베들레에 주거하도록 허용하자는 제안, 린든베들레의 남쪽에 새로운 주거지를 만들자는 제안. 시교구위원회는 마지막 제안을 승인하였다. 1969년 10월 14일 시교구위원회에 대한 기록, '문제가족, 집시가족과 유랑민가족의 수용과 보호', 안건(Drucksache) G 162.

이 새로운 주거단지 전체는 일종의 '사회교육소'라고도 볼 수 있었다. 집시들과 유랑민들은 거기서 정착생활을 배워야 하는 것이다. '이웃회관'은 가족부문과 여가활용 그리고 교육관련부문을 책임지게 되었다. 직업창출과 직업훈련교육을 위해서 주거지 부근에 가구수리 작업장과 작은 공터를 주민 스스로의 힘으로 마련하였고 직업훈련단체에서 자그마한 목재소를 열었다. 1973년과 1974년에 '바인가르튼의 집(das Haus Weingarten)'이 집시의 거주지를 총괄하는 기관으로 건립되었다. 이 기관에는 '이웃회관'과 학교, 유치원이 속했다. 1979년 3월에 도시 변두리에 살던 사람들이 새로운 거주지에 입주하였다.[20] 이때부터 아우게너 벡(Auggener Weg)과 린든베들레(Lindenwäldle)에는 집시(Sinti)들이 정착민으로 살고 있다. '프라이부룩 모델'이 실제로 적용된 것이다.[21]

새로운 거주단지에 살게 되면서 주거조건은 확실히 개선되었다. 그 대신에 사회복지사와 학교선생 그리고 '정상적인' 사회의 대표자들이 행사하는 통제와 입김이 엄청나게 커졌다. 이 결과 주민들은 사회복지사에 대해 반감을 가지게 되었고 이 반감은 1980년대 중반까지도 이어졌다. 1979년에 발행된 '이웃회관'의 운영보고서에는 "내 구역에서 꺼져버려!"라든가 "너희들이 우리를 위해서 일해달라고 부탁한 적 없어!"와 같은 구절이 나온다. 결과적으

---

19) Vgl. 1975년 4월 26일 ≪바디쉐 짜이퉁≫, 「요술을 부리는 구슬: '바인가르튼의 집(Haus Weingarten)'이 생동감 있는 활동의 중심이 되다」.

20) 37 가족들, 35 집시가족들, 11 유랑민가족들 등 모두 합쳐서 성인 145명과 아동 250명.

21) 1977년에 '프라이부룩 모델(Freiburger Modell)'이 국가적으로 승인을 받았다. 따라서 '지방주택건설계획(Landeswohnungsbauprogramm)'에서 이 일을 맡아 아우게너 벡(Auggener Weg)은 바덴 뷰템베륵(Baden-Württemberg)의 내무부에서 재정지원을 받았다.

로 주민참여는 줄어들고, 아우게너 벡과 린든베들레에 열리는 행사와 모임에 참여하는 사람들도 뜸해졌다.[22] 세월이 흘러 지금 집시들은 제한적이나마 자신들이 '이웃회관'에게서 도움을 입었다고 인정한다. 그들이 도움을 인정하는 측면은 관공서와 접촉할 때라든지 신청서를 작성할 때이다. 집시들은 이런 일을 스스로 처리하는 데에 아직 서툴기 때문이다. 사회복지사업의 방향이 직업성과 전문성에서 통합성으로 선회하면서, '이웃회관'도 '집시를 위해서 아우게너 벡을 전담하는' 사회기관이라는 이름을 벗고 도시구역 바인가르튼 전체에서 새로운 역할을 하고자 시도하고 있다.

(2) 성인을 위한 만남의 장소(Die Erwachsenenbegegnungsstätte)

'성인을 위한 만남의 장소'는 1973년에 가톨릭 교구인 안드레아 성당(St. Andreas-Gemeinde)과 기독교 교구인 디트리히 본회퍼 교회(Dietrich-Bonhoeffer-Gemeinde)의 공동합작으로 세워졌다. 건물이 안드레아 성당 옆에 붙어있어서 이 성당의 신자들이 대부분 찾아온다.

가톨릭성당들이나 '성인을 위한 만남의 장소'에 오는 사람들은 그동안 많이 변했다. 1960년대 말에 바인가르튼에 주택들이 들어설 때에는 집시들과 유랑민들도 이 교회에 다녔다. 알고 보면 이들이야말로 바인가르튼 최초의 입주자들이었다. 그 당시에는 성당 사람들이 자원봉사자로서 집시들과 함께 집시-거주지에 정화시설을 만드는 데 협력하였다. 집시들과 함께 안드레아 성당에서 크리스마스를 함께 지내기도 했다. 교구에서 일하는 사람은 한번은 집시-음악가가 미사시간에 음악을 연주하기로 해놓고 늦게 도착했던

22) 새로운 프로젝트들이 알트 하스라흐(Alt-Haslach)와 바인가르튼에서 실시되었고, 이는 하스라흐의 지방단체(Lokalverein), 바인가르튼의 시민집단과 시교구 분과위원회의 후원을 받았다.

적도 있다고 회고한다. 하지만 이렇게 집시의 참여가 커지자 독일 사람들은 더 이상 교회에 나타나지 않게 되었다. 교구로서는 이 지역에 뿌리를 박기 위해 하나의 주민집단을 결정해야만 했다. 이 결정과정에서 교구는 도시구역의 변화양상에 따랐다. 집시와의 협력관계는 점점 줄어들었고 결국은 자취도 없이 사라졌다. 이 과정은 도시구역 바인가르튼 전체의 역사를 그대로 반영하기도 한다. 집시들의 지위는 점점 낮아졌고 결국은 모두 상실되었다.

'성인을 위한 만남의 장소'에서 제공하는 프로그램은 성당이나 교회신자들의 욕구에 따르게 되어 있다.[23] 안드레아 교구에는 7천 명 정도의 (등록된) 신자들이 있는데 적극적으로 참여하는 사람들은 바인가르튼에서도 잘사는 동네로 알려진 줄쯔부르거 슈트라세(Sulzburger Strasse), 하이드(Haid), 라이어른(Lairnen), 로그라븐(Rohrgraben) 등지에 산다. 이에 걸맞게 '성인을 위한 만남의 장소'에 오는 사람들도 또한 바인가르튼에서 욕을 먹지 않는 지역에 살면서 자원봉사자로서 일한다. '성인을 위한 만남의 장소'는 주택개선사업 대상지역에서 지리적으로 가깝지만 그곳 사람들과 연대행동을 하는 일은 거의 없다.

(3) 도시구역사무소(Stadtteilbüro)

도시구역사무소는 주택개선사업이 논의되면서 이를 후원하기 위해서 1989년 6월 바인가르튼 시민들에 의해서 세워졌다. 그리하여 이 사무소는 세입자운동의 조직과 전통을 이어받았다. 이 일에 참여했던 한 시민(여)은 세입자를 위한 정치운동을 하면서 여태까

23) 여자들을 위한 사회복지사업으로는 여성들을 위한 카페, 요리모임, 여성들의 대화모임, 탁아모임이 있고, 주제별로는 놀이모임, 문학모임, 문화행사, 중독자들의 모임, 외국인을 위한 어학모임이 있다.

지 겪은 일들을 다음과 같이 이야기한다.

> "1970년대 초 바인가르튼-오스트(Weingarten-Ost)에 주택건축이 끝났을 무렵에 벌써 여기에는 세입자운동이 활발했지요. 주민들은 처음부터 과도하게 인상된 집세 때문에 또는 도시구역의 못된 평판 때문에 자기 자신을 방어하는 법을 배웠지요. 바인가르튼을 전혀 알지도 못하면서 이 구역에 대해서 코를 쥐고서 상을 찡그리는 프라이부룩 사람들과도 싸워야 했구요. (…) 알다시피 바인가르튼에서는 1960년대와 70년대에 세워진 초창기의 대주거단지로서는 최초로 바덴 뷰템베륵(Baden-Württemberg)주의 재정지원을 받아서 보수공사가 착수되었지요. (…) 그런데 자원봉사자만 가지고서는 이 일을 처리할 수가 없었어요. 그래서 1988년 9월에 크로찡어 슈트라세(Krozinger Strasse)에 있는 '상가(Einkaufszentrum)'에 도시구역사무소가 생긴 겁니다. (…) 도시구역사무소는 '시민참여운동의 씨앗'이라고 할 수 있지요."[24)]

'포럼(Forum)'에서는 주민들이 당사자인 동시에 전문가로서 주거지역문제들을 논의하고 도시정책에 개입하여 검토하며 주민 간 대화의 활성화와 이웃관계의 개선을 요구한다. 이런 논의들을 통해서 도시구역의 삶의 질을 향상시키기 위한 구체적 목표와 내용과 절차가 정해진다.

도시구역사무소는 바인가르튼-오스트(Weingarten-Ost)에 있는 주택개선사업 대상지역을 중심으로 일하다가 그동안에는 도시구역 바인가르튼 전체를 대변하는 역할을 맡게 되었다. 앞에서 말했듯이 ≪슈타트트타일 짜이퉁≫은 도시구역사무소에서 내는 월간신문이다. 구역사무소의 임무에는 여러 사회복지기관들을 중재하고 갈등을 해결하는 일도 속한다. 그래서 어린아이들 행사가 너무 시

---

24) Wehinger(1993), 60.

끄럽다고 항의하는 고층아파트의 나이든 주민들과 아동담당 사회복지사를 중재해서 화해시키는 일을 하기도 한다. 또한 사회복지기관들이 밀집해 있는 만큼 이들의 경쟁이 너무 심하면 서로 짜증이 나고 자원도 낭비되어 결국은 자기 일만을 감싸고 도는 것을 막는 일도 구역사무소의 임무에 속한다.

바인가르튼이라는 도시구역에 제한되어 있는 사회복지기관들은 다음과 같은 사업을 맡고 있다. 첫째 사회복지사업은 공간적으로 주민 가까이에서 행해져야 한다. 주민과의 문턱이 낮은 '주거지역사업(niedrigschwellige Quartierarbeit)'은 주택보수공사가 진행되면 이와 함께 보수대상지역의 주거환경 개선을 위해 일한다. 그리고 무엇보다도 당사자인 주민들이 스스로 자조자립해서 환경개선이 이루어져야 한다는 것을 강조한다. 둘째 바인가르튼에 사회복지기관이 늘어나면서 상급조직이 필요해졌다. 그리하여 1993년 '바인가르튼의 사회적 모임들(Weingartener Arbeitsgemeinschaft Soziales, W*A*S*)'이 만들어졌다. 이 조직에는 도시구역의 사회복지기관이 모두 다 들어가 있다. 이런 방식으로 개별적인 사회복지기관들의 의사소통통로를 만들고 도시 전체에 관련된 일에 일관성 있게 힘을 합치자는 취지이다. 하지만 W*A*S*는 외부에 대해서 바인가르튼을 공식적으로 대변하는 기관이긴 해도 실제적인 일을 하지는 않는다. 공동사업이 거의 없는 이유로는 바인가르튼 주민들 사이에 상호배타성이 너무 커서 공동의 사회단체기관이 활동하기 어렵기 때문이다. 개별적인 사회기관단체들의 활동은 자신들이 맡고 있는 공간에서만 그리고 자신들의 대상집단에만 제한되어 있다. 만약에 공동작업이 논의된다면 각 사회복지기관이 공간적으로 아주 인접해 있거나 아니면 복지대상집단이 동일한 경우에 한정되어 있는 것이다.

2) 사회복지사업의 개념전략

(1) 권력부여(Empowerment)와 '오는 구조(Komm-Struktur)'

앞에서 살펴본 세 사회복지기관들은 대상집단도 다르고 활동 내용도 다르지만 도시구역과 관련되어 있는 공동사업(Gemeinwesen-arbeit)으로서 '권력부여(Empowerment)'와 '오는 구조(Komm-Struktur)'라는 공통된 전략을 따른다.[25] 이 개념적 전략은 사회복지기관의 이용자들이 점점 더 사회복지사업에 의존해간다는 비판적인 관찰에서 출발한다. 사회복지사업의 목표와는 반대로 취약점들을 개선하지도 못하고 더욱 악화시킬 뿐만 아니라 무기력한 집단심리를 조장할 수 있는 것이다.

이를 방지하기 위해서 '권력부여' 전략은 복지기관을 이용하는 당사자들이 스스로 문제상황을 헤치고 나와서 자신들의 생활을 스스로 만들어나갈 수 있는 능력을 기르는 것을 강조한다. 이 개념전략에 따르면 주민들 스스로가 주위환경의 개선을 위해서 적극적으로 움직여야 한다.

> "포럼의 기본구상은 도시구역사무소가 시민들을 '위해서' 일을 하는 것이 아니라 바인가르튼 주민들과 '함께' 무언가를 변화시키려고 노력하는 것이다. 다시 말해서 주민들이 자신의 일을 남들에게 떠맡기지만 말고, 남들이 좌지우지하게 놓아두지 말고 자기 자신과 생활환경에 책임감을 가지도록 조금 자극을 주는 것뿐이다. (…) 이렇게 해서 문제해결책을 함께 찾아나가는 데에 도시구역사무소가

---

25) Vgl. Guhl(1994).

개입하는 것이다."[26]

'오는 구조'에 따르는 사회복지사들은 자기들이 주민들을 위해서 대기중이라고 말하고 주민들의 문을 두드리는 법이 없다. 사회복지사들은 자기들의 사무실에서 상담시간이나 개실시간을 정해서 고객이나 주민을 기다린다. 또는 이미 하고 있는 활동을 후원 보조해준다. 이런 사회복지기관의 내부 운영형태를 살펴보면, 면담시간이 정해져 있고 때와 곳을 합의해야 하고 참가비를 내야 하는 경우도 있다. '오는 구조'의 장점은 개방성에 있다.

도시구역사무소의 존재는 바인가르튼에 널리 알려져 있다. 주민들은 '상가에 뭔가가 있다'라는 정도는 다 알고 있다. 하지만 그 내용이 긍정적인 것만은 아니다. 한 이주민(남)은 자신의 의견을 다음과 같이 말한다(폴란드에서 온 이민가족과의 인터뷰: 계속).

> 여러분을 기다리고 있습니다!
>
> 이 이민가족은 도시구역사무소에서 주민들의 방문을 기다리고 있는 사회복지사들에게 가본 적이 없다. 사회복지사들은 '잘난 사람들'을 위해서 있는 것이지, 자기네들처럼 말 한 마디 제대로 못하는 '서민들'을 위해서 있는 것이 아니라고 한다.

이 자리에서 '오는 구조' 자체의 의미와 효과에 대해서는 다루지 않겠다. 이 개념전략이 바인가르튼에서 어떠한 실제적인 결과를 초래하는지에 관심을 둘 뿐이다. 사회복지사들이 마련한 자리에 가장 관심이 많은 사람들은 이미 조직되어 있는 시민들이다. 정작 도움이 필요한 사람들의 관심을 끌지 못하는 것이다. 도시구

---

26) 다음 글에서 따온 한 주민(여)과의 대화 Guhl(1994, 59).

역사무소가 '권력부여'에 따르고 있기 때문에 사회복지사들은 주민들이 도움을 청하는 것이 아니라 스스로 행사에 참여하고 협력하기를 기대한다. 뿐만 아니라 공적인 일을 하려면 적당한 교육수준, 자발성, 준비자세와 시간도 필요하다. 자발적 협력자들은 일을 진행하는 데 적극적으로 참여하면서 자신의 경험과 자원을 내놓아야 한다. 따라서 기존의 참여자들은 대부분 상당히 '고상한' 사람들이다. 그리하여 사회복지사들이 정한 조건을 충족시키지 못하는 사람들, 공적 생활을 잘 모르거나 관심이 없는 사람들은 사회복지기관에 가까이 가기 어렵다. 당연히 앞에서 인터뷰한 이민가족처럼 독일말을 잘 못하는 사람들은 처음부터 대상에서 제외될 수밖에 없다.

사회복지기관들을 찾아오는 사람들은 대부분 여자들과 노인들이다. 이 집단들의 비율은 바인가르튼이 프라이부룩의 평균을 훨씬 넘기 때문에 당연한 일이기도 하다. 이 반면에 외국인과 이민자들은 별로 사회의 공적 활동에 거의 참여하지 않는다. 이러한 현상은 위에서도 말했듯이 사회복지사업의 개념전략이 이 주민집단의 호응을 얻을 수 없다는 것으로 부분적으로 설명할 수 있다. 동시에 이미 언급한 바인가르튼 내부의 분열 및 불화가 반영된 점도 있다.

(2) 바인가르튼에 적용되는 사회복지사업 전략의 변화

'권력부여'와 '오는 구조' 이외에도 바인가르튼에는 또 다른 두 가지 개념전략, 곧 '다문화 교육'과 '이동하는 사회복지사업'이 있다. 이 전략들은 바인가르튼의 독특한 인구구성과 긴밀한 관련이 있다.

노동복지기관의 탁아유치원(Kindertagesstätte der Arbeiterwohlfahrt, Kita)는 바인가르튼-오스트(Weingarten-Ost)의 크로찡어 슈트라세(Krozinger Strasse)에 있는데 대부분 이 주변에 사는 아이들이 온다. '외국애들이 다니는 유치원'이라는 소문이 나는 바람에 독일가족들은 될 수 있으면 피하려 한다. 유치원생의 35%가 외국아이들이고, 여기에 외국아이들과 별 차이 없는 이민아이들 15%까지 합치면 '독일화'라는 말이 이 유치원에서는 지향목표가 될 수 없다.[27] 이에 따라 1995년 4월에는 '다문화 교육'이라는 기치 하에 1년 동안 새로운 프로젝트가 시작되었다. '다문화 교육'은 독일상황과 습관에 따라 설계된 자민족중심 교육의 실행방식과 정반대이다.[28]

다문화 교육의 기본은 아동의 개인적 발달을 위한 언어교육이다. 그러나 여태까지 그랬던 것처럼 모국어를 금지하는 것이 아니라 모국어를 그대로 사용하게 하면서 독일어를 가르치는 것이다. 다문화 교육은 서로 다른 언어를 쓰고 다양한 문화적 배경을 지닌 사람들, 그러니까 외국아이나 이민아이나 독일아이들이 함께 어울려 살고 일하는 세상을 지향한다.

따라서 서구유럽사회의 축제만이 아니라 다른 종교권과 문화권의 축제, 관습, 의례의식과 교제양식도 똑같이 존중한다. 다문화간에는 가족의 의미도 다르고 형제자매들의 관계와 남녀관계도 다르며 집단규범에서 우러나온 행동들도 다를 수밖에 없다는 것

27) 1994년 10월 28일 ≪바디쉐 짜이퉁≫.

28) 유럽의회(Europarat), 유럽공동체(OECD)와 유네스코(UNESCO)는 외국인 아동들을 차별 취급하거나 순진하게 지배문화 유형에 내던져버리지 않고 제3의 길을 찾기 위해 다문화적인 교육을 실시하라고 요구하고 있다 Vgl. Zimmer, J.(1992). 자민족중심적인 교육방식을 버리고, 소수집단을 존중하는 방식(Minerheiten-ansatz)이라든가, 보완 방식(kompensatorischer Ansatz), 결격자를 위한 교육학(Defizitpädagogik), 특수 교육학(Sonderpädagogik)을 도입하자는 것이다.

을 인정하고 들어가는 것이다.

O 씨(남):
"의사놀이를 하고 싶어하는 애들이 있지요. 그러면 아이들 부모들과 갈등이 일어나는 것은 시간문제지요. 특히 마호메트 문화권에서 온 사람들이 그렇습니다. (…) 그럴 때마다 여기에는 아이들이 자기가 싫으면 혼자서 물러나 있을 수 있는 자유공간을 마련해두고 있다고 얘기를 드리지요."

탁아유치원에서는 특히 외국인 아이들의 부모와 접촉하고 교류하려고 노력을 쏟는다. 탁아유치원의 원장은 다른 나라 국적을 가진 부모들과 소통한다는 것이 아주 어려운 과제라고 토로한다.

O 씨(남):
"이 탁아유치원은 순수한 교육기관으로서 국가 이데올로기를 수호하는 사람들을 피해서 여기서 보호를 받을 수도 있습니다. 우선은 만나는 분위기가 느슨하고 편안해야 다른 의사소통도 비로소 가능합니다."[29]

탁아유치원 원장은 여러 다른 국적의 부모들이 만나서 서로에 대한 편견을 없앨 수 있는 그런 공간을 만들고자 한다. 그러려면 사회복지기관의 중앙에서 내려오는 지침에 의해서가 아니라 각각의 개별적인 집단과 문화를 감안해서 편안한 분위기를 만들어야 한다.[30]

이곳에 아이를 보내는 부모들은 다른 '배운 사람들의 유치원

29) 1994년 10월 28일 ≪바디쉐 짜이퉁≫.
30) 1995년 5월 19일 ≪바디쉐 짜이퉁≫, 「아이들을 위한 다문화(Multikulti)」.

(Akademiker-Kindergarten)'에 보내는 부모들에 비교해서 유치원 선생들과 얘기하고 싶어하지 않는다고 원장은 말한다. 따라서 자신이 유치원 원장으로서 할 수 있는 일은 부모들이 적극적이 되도록 고무 격려하는 일이라고 한다. 그는 자기 사무실에 앉아서 투명 유리벽을 통해서 모든 방문객을 볼 수 있고 또 쉽게 말을 걸 수 있도록 건축상으로도 신경을 써놓았다. 만약 부모들이 독일말을 못할 때는 문제는 갑절로 어려워진다. 그래서 탁아유치원에는 독일말과 아이들이 쓰는 모국어를 다 할 수 있는 외국인 사회복지사가 절실히 필요하다. 터어키 교육자와 이탈리아 교육자를 구하고는 있지만 독일에서 요구하는 자격증이 없어서 지금은 거의 불가능하다.

앞에서 말한 '오는 구조'의 단점은 특히 아동과 청소년을 대상으로 한 사회복지사들이 뼈저리게 느끼고 있다. 그래서 아동과 청소년을 위한 복지기관에서는 '가는 구조(Geh-Struktur)'를 보완하여 사용하였다. '적극적인 놀이사업(Spieloffensive)'은 이동하는 어린이를 위한 사회복지기관으로서 주택개선사업에 따른 사회적 조치의 일환으로 특별히 고용된 사회복지사가 이끌고 있다. 그는 어린이들을 위한 이동놀이차를 주마다 번갈아가며 고층아파트 앞에 세워놓는다. 그동안의 경험에 따르면 이 이동놀이차를 어린이들이 매우 좋아한다.

청소년회관(Jugendzentrum)은 대부분 바인가르튼-베스트(Weingarten-West)와 바인가르튼-오스트(Weingarten-Ost)에 사는 아동과 청소년을 지원한다. 더욱이 이곳에는 많은 청소년과 다양한 민족집단들이 살고 있기 때문에 새로운 전략이 필요하다. 1993년부터 바인가르튼-오스트에 사는 청소년들에게는 사회적 공간을 고려하여 이동하는 청소년복지사업 전략을 썼다.[31] 이에 따르면 사회복지사는 정해진 장소에 앉아서 청소년들이 찾아오기를 기다리지 않고 그 대신에 스스로 나가서 청소년을 찾아다닌다. 이러한 '가는 구조'를 이용한 이동하는 청소년모임(Schickeria라 부름)은 특히 크로찡어 슈트라세(Krozinger Strasse)와 지헬 슈트라세(Sichelstrasse)에 사는 청소년들을 대상으로 한다. 그리고 예전처럼 매주 정기적인 저녁모임을 여는 것이 아니라 같이 몰려다니는 특정 청소년 또래집단을 찾아서 이들에게 유동적인 행사와 모임을 열 수 있도록 유도하는 것이다.

앞에서 살펴본 여러 가지 전략들은 사회복지사업도 주어진 조건에 따라 적응해서 변해가야 한다는 주장을 뒷받침한다. 탁아유치원에서 시도하는 다문화 교육은 대상집단에 따라서 복지사업의 내용을 조정한 결과이다. 또한 이동하는 사회복지사업은 주어진 대상집단과 가장 효율적으로 접촉하려고 애쓴 노력의 결과이다.

(3) 기로에 선 사회복지사업과 사업복지사

복지기관의 대상이 되는 집단성원들이 내부에서 갈등을 일으킬 때 이를 보조 후원하는 사회복지사가 겪는 부담은 대단히 크다. 청소년회관은 원래 이 도시구역 전체를 담당하고 있다. 따라서 '이웃회관(Nachbarschaftswerk)'과 '이웃과의 만남(Nachbarschaftstreff)'에 오는 모든 청소년과 초기의 성년들이 청소년회관의 대상집단이 된다.

G 씨(여)는 여러 해 동안 바인가르튼의 청소년회관에서 일하는데, 그녀는 독일청소년과 집시청소년들과 접촉해온 경험을 다음

---

31) Vgl. Böhnisch/Münchmeier(1993).

과 같이 얘기한다.

유기(Jugi) 그리고 찌기(Zigi)

"집시 아이들이 오면 독일 애들의 절반은 아예 나타나지도 않지요. 부모들의 불평불만도 대단하고요. 처음에 집시들은 저희들이 하는 모든 행사에 참석하려고 시도했지요. 우리는 곰곰이 생각해본 뒤에 다른 집단들을 위해 클럽회원증을 만들기로 했어요. 그래서 집시 집단과 다른 집단들이 따로 분리되었지요."

"열린 모임(Tage der offenen Tür)은 모두 사흘이었는데 한번은 집시들이 오는 날을 닫았어요. 그들은 '이웃회관'에서 돌보고 있었기 때문에 우리가 손을 떼도 된다고 생각했죠. 그 당시 우리는 크로찡어 슈트라세(Krozinger Strasse)에 사는 청소년들을 끌어 모을 생각이었어요. 이동 청소년사회사업이 아직 없었을 때의 얘기죠. 우리 계획은 성공해서 아주 많은 청소년들이 여기에 넘어왔었어요. 너무 많이 와서 일찍 문을 닫아야 할 지경이었죠. 4년 정도가 그렇게 흘렀어요. 그런데 언제든가 우리는 집시들을 위한 모임을 다시 열었지요. 특정 집단을 혜택에서 제외시켜서는 안 되기 때문이었죠. 그랬더니 집시들이 이리로 왔고 다른 집단들은 더 이상 오질 않았어요. 불을 보듯 빤한 일이죠! 그래서 집시가 아닌 아이들이 올 수 있는 10대를 위한 사업을 특별히 마련했지요. (…) 우리는 집시 모임에 가지 않은 14살 이하의 어린아이들을 위해서 아주 힘을 들여서 10대사업을 끌고 나갔던 것이에요. 그러고 나서 클럽과 같은 보호공간을 중심으로 행사들을 꾸며보기 시작했어요. 여기에 들어오려고 집시들이 시도했지만 헛수고였지요. (…) 오후의 아동반에는 집시 아이가 하나도 없어요. 그래야만 해요. 청소년반에는 몇 년 전까지만 해도 집시들이 왔었지요. '이웃회관'과 '모험놀이터(Abenteuerspielplatz)'에도 마찬가지고요. 그러니까 모험놀이터에는 집시가 아닌 아이들은 거의 오지 않았어요. 집시가 아닌 아이는 네 명뿐이었거든요. (…) 더 이상 이렇게 놓아둘 수가 없다고 생각했죠. 그래서 화요일과 목요일은 집시를 위해서 그리고 다른 요일에는 집시가 아닌 아이들을 위해서 모임을 열

> 기로 했습니다. (…) 기회가 있을 때마다 집시 아이들을 섞어 넣으려고 노력했는데 그러면 다른 아이들이 오지를 않아요. 집시는 찌기(Zigi), 우리는 유기(Jugi)라는 거죠. (…) 10대 클럽과 10대 카페도 있는데 여기에 집시들은 들어올 수 없게 되어 있어요. 이것이 우리의 현실입니다. 여러 번 시도를 해보았지만 헛수고였지요."

이 대립과 갈등은 바인가르튼의 주민들이 단일한 집단이 결코 아니며 그래서 잠재적인 갈등이 쉽게 표면화되는 것을 보여주는 사례이다. 청소년회관에서 일하는 사람이 얘기해준 사건들은 바인가르튼의 일반적인 상황을 반영하고 있는 것이다.

사회복지사(그리고 사회교육자)들은 아주 어려운 상황에 처해 있다. 공동작업(Gemeinwesenarbeit)인 사회복지사업의 전략을 지켜야 하는 한편, 다른 한편으로는 바인가르튼의 특수성을 해결해내야 하는 것이다. 사회복지사들은 단지 짧은 기간 바인가르튼에 머물러있고 그리고 이곳은 문화적으로도 다양해서 그들은 과제를 수행하기에 어려움을 겪는다. 사회복지기관에서는 논문(예컨대 졸업논문)을 쓰거나 실습세미나의 일환으로 몇 개월 동안 일할 실습생들을 받아들인다. 실습생들이 자주 바뀌면서 사회복지사와 주민들 사이에 신뢰감이 형성되기 힘들다. 상호신뢰를 쌓기에는 기간이 너무 짧은 것이다. 더욱이 사회복지사는 거의 대부분이 독일인들인데 그들은 민족적인 다양성에 대해서 따로 교육과 훈련을 받은 적이 없다. 바인가르튼처럼 여러 국적을 가진 사람들이 모여 사는 곳에 여러 언어를 구사하고 다른 문화에 익숙한 다문화적인 사회복지사(예를 들어 집시를 위해서는 집시-사회복지사, 터어키인들을 위해서는 터어키-사회복지사)가 없는 것이다.

이런 어려움을 안은 채로 바인가르튼의 특수한 분열상을 불식시키려는 노력은 계속된다. 사회복지기관들이 함께 행사를 조직하는 것은 그런 노력의 하나다.

> Q 씨(여):
> 뭐라도 함께 해봐야지요
> "우리는 아직도 포기하지 않고 언젠가는 함께 뭉쳐 일할 수 있는 가능성을 찾고 있어요. 그렇게 하려면 우선 집시가 아닌 아이들이 집시 아이들에 대한 인식을 바꿔야 해요. (…) 한번은 여름에 아우게너 벡 2번지에서 6번지에 있는 잔디밭에서 축제를 했어요. 우리 쪽이 이동놀이기구, 벤치, 식탁, 커피를 마련했지요. 집시 아이도 오고 독일 아이도 오고 다른 나라 아이들도 왔지요. 실랑이도 없었고 아무 소동도 안 일어났어요. 거기에는 집시 부모들도 왔지요. 사람들은 서로 인사하고 그리고 서로 얘기하기 시작했지요. 우리는 이 축제를 계속할 거예요."

바인가르튼 전체를 사회복지사업이 통합시킬 수 있을지는 아직 미지수이다. 그러나 언뜻 보기에 집중되어 있는 사회복지기관들은 점점 굳어져가는 배타적 욕구를 없애기보다는 그대로 온존시키는 것 같다. 도시구역이 이렇게 강력한 보호 아래에 있으면 그 결과 바인가르튼 주민은 도시관청이나 주 정부와의 정치적 협상능력을 잃어버릴 가능성도 있다. 정치적인 입장표명은 사회복지사의 임무가 아니라는 원칙이 있기 때문이다. 따라서 도시전체의 이주민정책이나 외국인정책을 근본적으로 바꾸라고 요구하는 것은 기본적으로 사회복지사가 할 일이 아니다. 이는 지역정치의 수준에서 논의해야 한다.

3. 지역정책과 주택정책

1) 무주택자를 위한 주택분배정책

도대체 무엇을 하러 고층아파트단지를 지었을까? 왜 이 대주거단지에 하류층을 살게 했을까? 어떻게 해서 집시는 정착생활을 하게 되었을까? 이 물음에 답하려면 고층주택 건축양식의 인기와 합리성, 값싼 숙소제공, '프라이부룩 모델'을 살펴보아야 한다. 그러나 이를 살펴보더라도 왜 하필이면 이 모든 일이 바인가르튼에 '한꺼번에' 일어났는지 그래서 바인가르튼이 점점 더 '살기 나쁜' 도시구역이 되어갔는지는 알 수 없다. 이를 알려면 우선 지역적인 주택분배정책을 살펴보아야 하는 것이다.

프라이부룩의 도시주택정책은 도시건설회사(städtische Baugesellschaft)와 주택건설회사(Siedlungsgesellschaft, SG)의 활동으로 실행된다. 지역정책의 임무는 무주택자가 숙소를 가질 수 있도록 공공임대주택을 건설하는 것이다. 주택건설회사가 이 일을 맡게 된다.[32) 주택건설회사는 바인가르튼에서 가장 많은 주택을 소유하고 있다. 1996년에 대략 3만 명이 주택건설회사 소유의 1만 개 주택에 살고 있었다. 1995년에 바인가르튼에는 3,559개의 공공보조주택이 있었는데, 그 가운데 2,678주택(75%)이 주택건설회사에 속했다. 따라서 바인가르튼-오스트(Weingarten-Ost)에 일어나는 문제들의 진원지는 특히 주택건설회사의 주택분배라고 볼 수 있다. 바인가르튼-오스트(크로찡어 슈트라세 4-8번지와 지헬 슈트라세 2-6번지)에는 주택건설회사 소유의 공공임대주택(Sozialwohnungen)이 밀집해 있다.

32) 제5장의 각주 12)를 볼 것.

특히 크로찡어 슈트라세 4, 52, 58, 78번지에 있는 16층에서 22층의 고층아파트에는 모두 2,500명이 살고 있다(5.7ha의 면적에 832가구). 이는 바인가르튼-오스트에 사는 총인구의 절반이다. 그 가운데 62가구가 자기 돈으로 주택을 구입하였고 770가구는 공공보조를 받았다.

이 지역이 '사회적 문제구역(sozialer Brennpunkt)'으로 되어간 원인은 주택분배에서 설명해내야 한다. 주택분배는 무주택자들의 명단인 이른바 '긴급카드(Notfallkartei)'에 따른다. 도시, 곧 도시교구의 주택위원회(Wohnungskommission im Gemeinderat)는 무주택자의 긴급성을 심사한다. 주택건설회사는 아파트가 비면 '긴급카드'에 있는 순서에 따라 우선적으로 배분한다. 다음에서는 '긴급카드'에 어떤 사람들이 들어가 있으며, 어떤 사람들이 결국 주택을 배정받게 되는지를 살펴보기로 하겠다.[33]

'긴급카드'에 분류된 가구수는 그때그때의 주택보급상황에 따라서 다르다. 1950년대와 1960년대의 극심한 주택난은 도시인구의 증가 때문이었다. 전쟁난민이 독일에 들어왔고 출생률이 높아졌다. 그러나 최근의 주택난에는 다른 원인이 있다. 혼자 사는 가구가 증가하고 있는 것이다. 그동안 프라이부룩 가구수의 50% 이상이 1인 가족이다. 부모의 집을 나와서 사는 학생들이 늘어난 것도 1인 가구 증가요인의 하나로 꼽을 수 있다. 게다가 이혼율과 분가율이 높아지면서 주택공급에 영향을 미쳤다. 1980년대 말에 동유럽에서 이민자들이 들어오면서 공공보조주택에 대한 수요가 또다시 증가하였다. 또한 생활습관이 변하였고 주민들의 희망 거주면

---

33) Vgl. Siedlungsgesellschaft(1993). 팜플렛 '주택건설회사의 주택과 세입자(Wohnungen und Mieter der Siedlungsgesellschaft)'는 2년에 한번씩 나온다.

적이 넓어졌다는 것을 들 수 있다.

이렇게 주택수요는 늘어났는데도 독일연방정부와 주 정부는 공공보조주택 건설을 위한 지원비를 오히려 삭감하였다. 이래서 주택난은 가중되었고 결국 도시인구의 재구성이 시작되었다. 현재 '긴급카드'에 들어가 있는 사람들은 다자녀 가족, 미혼모/미혼부, 저소득층, 노년층과 외국인들이다.[34] 주택건설회사의 통계에 따르면 사회보조비수혜자의 비율도 대단히 높다. 사회보조비수혜자의 비율은 프라이부룩은 7%인 반면 바인가르튼은 24%이다. 1995년 운영보고서에 따르면 다른 주택소유자에게서 퇴짜를 맞은 프라이부룩의 시민들이 점점 더 도시의 무주택자명단에 실리고 있다.[35]

'긴급카드'에 등록된 사람들은 대부분 주택건설회사의 주택을 배정받게 된다. 1950년대 말부터 개발된 대주택단지는 프라이부룩-베스트(Freiburg-West)에 집중되었다. 왜냐하면 거기에 새로운 거주단지가 들어설 땅이 충분히 있었기 때문이다.[36] 주택난을 해소하기 위해 1964년에서 1966년까지 바인가르튼에 대거주단지가 형성되었는데 이때는 당시에 인기가 있었던 비용절감의 건축양식을 따랐다. 주택건설은 신속하게 진행되어 1968년에는 1,100가구 모두 4천 명이 주택을 갖게 되었다. 이로써 하스라흐-바인가르튼(Haslach-Weingarten)에 신개발 대주거단지가 선 것이다.

---

34) 외국인에는 전쟁피난신청인, 전쟁난민 그리고 외국인여권을 소지한 사람이 속한다.

35) Siedlungsgesellschaft(1995).

36) 다음의 지역을 보기로 들 수 있다. Alt-Stühlinger, Mooswald-Ost, Mooswald-West, Brühl-Güterbahnhof, Beurbarung, Haslach-Gartenstadt, Egertenstraße, Carl-Mez-Straße, Aufdinger Weg, Müllheimer, Neuenburger Straße, Uffhauser Straße, Haslacher Straße, Belchenstraße, Fehrenbachallee.

2) 주택개선사업: 고층아파트와 바인가르튼의 특수성

주택개선사업은 다음의 두 가지 관점에서 살펴보아야 한다. 주택개선사업은 무엇보다도 건축상의 문제로서 아파트가 어떤 상태에 있는가에 달려있는 것이다. 따라서 주택개선사업이라는 것은 고층아파트 주택의 전형적인 문제이다. 고층아파트에는 많은 인구가 좁은 공간에 집중해서 살고 있기 때문에 다른 주택에 비해서 보수공사와 정리사업이 절실히 필요한 것이다. 그 다음에 주택개선사업은 바인가르튼의 특수한 문제이다. 개선사업을 계기로 해서 잠재해 있던 바인가르튼 내부의 상호배타성향이 봇물 터지듯 밖으로 드러나기 시작했다. 이렇게 표출된 갈등을 더욱더 첨예화시킨 요인은 개선사업 기간이 그동안 '소득이 향상된 세입자에 대한 보조비 회수안(Fehlbelegungsabgabe für Mehrverdiener)'과 동시에 맞아떨어졌다는 것이다. 주택개선사업이 시작되면서 바인가르튼은 다시 한번 구설수에 오르게 되었다. 일반인에게는 바인가르튼이 콘크리트로 만든 동네이며 사회적인 약자들의 수용소라는 점을 다시금 환기시키는 계기가 되었다. 따라서 개선사업대상인 고층아파트 단지의 주민들뿐만 아니라 바인가르튼 전체주민들이 간접적으로나마 이 개선사업과정에 휘말려 들어가게 된 것이다. 이로써 바인가르튼 내부의 집단갈등이 되살아나 활성화되었다. 다음에서는 이러한 권력관계의 관점에서 이 움직임을 살펴보겠다.

지난 몇 십 년 동안 주택건설회사는 새로운 국면에 처해 있다. 관리비용과 정리비용이 계속 올라서 덩달아 집세도 올랐다. 최초에 세워졌던 알트-하스라흐(Alt-Haslach)의 북쪽에 있는 주택단지가 1977년에 부분적인 보수공사와 현대화 작업의 대상이었고 이 주택개선사업은 1983년에 마무리되었다. 이 사업에는 '라우븐 단지(Laubensiedlung)'에 있는 193개의 소주택들도 포함되어 있었다. 1984년부터 1988년까지 바인가르튼-베스트(Weingarten-West)에 있는 주택들을 보수정리하고 콘크리트공사를 하는 5개년 계획을 실시하였다. 5개년 계획이 끝나고도 1994년에야 비로소 바인가르튼-오스트(Weingarten-Ost)에도 크로찡어 슈트라세 52번지를 필두로 하여 주택개선사업이 시작되었다.[37] 개선사업의 대상지역에는 크로찡어 슈트라세와 지헬 슈트라세가 들어갔다.

(1) '사회적 개선사업'과 사회복지기관의 지원

주택개선사업에는 바인가르튼 주민의 참여가 보장된 '주택개선 고문회의(Sanierungsbeirat)'가 결정권을 행사한다. 이 고문회의는 도시교구(Gemeinderat)에서 조직되었는데 도시교구에서 5명, 주민대표자회(Bewohner-Sprecherrat)에서 5명, 세입자대표모임(Mieterbeirat)에서 2명, 바인가르튼 시민협회(Bürgerverein Weingarten)와 포럼 바인가르튼 2000(Forum Weingarten 2000 e.V.)에서 각각 1명씩 참석한다. 참석자들은 결정과정에 한 표씩 던질 수 있다. 개선사업의 실행계획은 고문회의의 심의를 거쳐 승인을 받아야 한다. 이러한 결정과정에 깔린 생각은 다음과 같다.

> 중립적이고 시민의 목소리를 반영한 지역정책을 실시해야만 바인가르튼은 제대로 된 도시구역이 될 수 있다.[38]

주택개선사업을 하기 위해서 사회복지단체들의 지원이 필요하

---

37) Vgl. Kontaktstelle für Praxisorientierte Forschung(1994a).

38) Siedlungsgesellschaft(1994), 21.

다는 것은 누구나 알고 있던 사실이다.

> 바인가르튼-오스트에는 7백 명 가량의 아동과 청소년들이 살고 있으며 이들의 비율은 프라이부룩의 두 배나 된다. 외국인 비율도 40%로 프라이부룩에서 가장 높으며 사회보조비수혜자도 약 22%로서 다른 도시구역에 비해서 높다. 주택개선사업의 계획에는 '사회복지기관들의 연결망 형성'도 속하고, 사업을 지원하기 위해 직접 주거지에 가서 일하는 사회복지사 한 명이 추가로 배치된다.[39]

그래서 도시구역사무소는 주택개선사업 과정에서 여러 관청과 기관 및 조직들과 접촉하고 협상하는 역할을 맡게 된다. 이 교섭과정에는 주택건설회사, 세입자대표모임, 주택개선 고문회의, 도시교구, 도시관청 등이 속한다. 이런 와중에서 도시구역사무소는 기존의 시민참여운동을 후원하고 시민참여를 기반으로 하여 문제점들을 토의하고 해결하는 임무를 도맡았다.

건축 개선사업이 시작되기 전에 '사회적 개선사업'이 단상토론에 올랐다. 다시 말해서 바인가르튼의 사회구조를 바꾸어야 한다는 말이다.[40] 주민구조를 변화시켜야 한다는 말은 앞으로 새로 주택을 배정할 때 명확한 기준을 세워야 한다는 뜻이다. '사회적 개선사업'을 실시하려면 중재기관이 필요해진다. 주민들에게 '사회적 개선사업'의 필요성을 설득하는 한편, 다른 한편으로는 주택건설회사가 이를 구체적으로 실행하도록 압력을 넣어야 하기 때문

39) Ebd., 64.

40) '사회구조'의 정의는 다음과 같다. 첫째로 주민들의 인구구성과 주요 자원(학력, 직업, 소득)의 배분, 둘째로 사회계급과 사회계층의 전체구도와 사회집단의 유연성과 생활양식, 셋째로 역사적으로 내려온 사회질서와 기본제도의 체제 (Zapf 1992, 187).

이다. 기존의 사회기관단체들과 관계없이 '주민에 가까운 사회복지사업(niedrigschwellige Sozialarbeit)'이 새로이 시작되었다. '사회적 개선사업'을 추진함으로써 건축상의 주택보수사업을 지원하는 '주거지 사회복지사업(Quartierarbeit)'이 보수대상지역에 설치된 것이다.[41]

기본구상은 여러 명의 사회복지사가 한 팀이 되어 과도기적인 임무를 수행하는 것이다. 이 팀은 그 주거지역(Quartier)에 있는 사회적 자원(soziale Ressourcen)을 탐색하여 강화시키고, 의사소통구조와 자조적인 사회연결망을 구축하도록 격려하고 주거지역의 정상적인 일상문화를 세우도록 도와준다.[42]

바인가르튼-오스트(Weingarten-Ost)에서 일하는 주거지역 사회복지사(Quartier-Sozialarbeiter)가 할 일은 우선적으로 이웃관계구조를 세우고 주민들이 함께할 수 있는 일을 찾아내는 것이다. 이 복지사업은 정기적인 검열과 학문적인 조언을 얻으면서 전문가의 통제를 받도록 되어 있다. 주거지역 사회사업의 목적은 주택건설회사와 주민들과의 대화를 중재하고 주민들의 제안을 관철해내는 일이다.

(2) 사회적 개선사업과정이 집단관계에 미친 영향

'사회적 개선사업'은 바인가르튼이 오명을 벗고 새로이 출발할 수 있는 긍정적인 계기를 마련해주리라고 기대를 받았었다. 하지만 그동안의 경험에 따르면 10개년 주택개선사업이 많은 문제를 불러일으키리라는 것이 명백해졌다. 주택보수공사가 실시되는 동안에 주민들이 먼지와 소음에 싸여 살아야 한다는 것은 이미 처

---

41) Vgl. Wendt(1989).

42) Kontaktstelle für Praxisorientierte Forschung(1994a), 17.

음부터 알고 있던 바였다. 하지만 이것은 단지 시한적인 단점일 뿐이고, 정말로 아파트주민의 생존을 위협하는 문제가 기다리고 있었다. 집세 인상이 예고되어 주민들은 불안해지고 그래서 다른 도시구역으로 이사 갈 궁리를 하게 된 것이다. 이로써 집단역학관계가 변하게 된다. '안정된' 세입자와 '불안정한' 세입자들이 다르게 반응하는 것이다.

주택개선사업이 진행되면서 주택배정과정을 둘러싸고 격론이 벌어졌다. 이웃들과 접촉해서 익명성을 줄이고 '문제성 있는' 가족들이 이사 오는 것을 막아야 한다는 말이 오고 갔다. 하지만 '문제성 있다'는 표현의 의미는 불명확하다. 상황에 따라 이해관계에 따라 알콜중독자를 말하기도 하고, 약물중독자를 말하기도 하고, 독일말에 서툰 이주민이나 외국인들을 말하기도 하고, 그냥 외국인들을 싸잡아서 말하기도 한다. 이곳 주민들은 직접 경험을 통해서 무엇이 '문제성 있는' 가족인지 나름대로 구체적인 상(像)을 지니고 있다. 그리고 이 생각은 정치적 견해와 꼭 들어맞지는 않는다.

고층아파트인 크로찡어 슈트라세 52번지에 사는 주민(여)은 새로운 입주자들의 질이 나빠지면서 자신이 겪은 경험과 느낀 불쾌감을 다음과 같이 표명한다.

> "처음에는 지금이랑 상황이 생판 달랐지요. 도시관청의 공무원들이 많이 입주했는데 차츰 이사를 나갔지요. 그동안 돈을 모아서 개인주택이나 집을 사서 나가는 사람들도 있었구요. 여기에 있는 주택들은 다자녀 가족이나 저소득가족을 위해 지은 것이었거든요. 도시에서는 가난한 가족들을 계속해서 이리로 보내어 살도록 했지요. (…) 천양지차인 사람들이 좁은 공간에 서로 빽빽이 모여 사는 이런 상황에서 실랑이와 충돌이 일어나지 않는다면 오히려 이상할 정도이지요."[43]

이런 상황을 감안하여 크로찡어 슈트라세 52번지에는 주민운동단체(Hausinitiative)가 활동하고 있고 모델 프로젝트도 실시되고 있다. 주민운동단체는 1988년에 이 아파트에 사는 사람들의 전출입이 잦은 가운데 '문제가족(Problemfamilien)'과 외국인들이 대거 이사 오게 되자 이에 대처하기 위해 만들어졌다. 이 주민운동단체는 점점 더 부담이 가중되는 아파트의 사회구조를 개선하기 위해서 주택재배정을 할 때 공동발언권을 달라고 했다.

크로찡어 슈트라세 52번지의 주택배정안에 따라서 이 아파트 주민들은 1993년 1월부터 1993년 8월까지 21차례에 걸쳐 주택재배정 과정에 참여하였다. 이 과정에서 주택건설공사를 통해 바인가르튼에 주택배정을 받은 사람들의 거의 절반가량이 애초에 여기에 살기를 거절한다는 사실이 밝혀졌다. 바인가르튼에 주택을 배정받은 사람들의 거의 30%는 독일어를 잘 못해서 사회에 적응하는데 어려움을 지닌 외국인이나 이주민들이다. 그 당시에 이 아파트에 사는 외국인의 비율은 대략 31%였다.

주거지역 사회복지사업(Quartierarbeit)에서는 주택재배정에 대한 주민들의 요구사항을 적어서 주택개선에 관련된 사회단체들과 사회복지사들의 이름으로 보수공사대상인 바인가르튼-오스트에 대한 중간 결산서에 제출하였다.[44] 이 제안은 다음과 같이 장기적인 부문과 단기적인 부문으로 나뉘어 있다. 단기적으로는 기존의 상황을 개선하기 위해 주민들의 공동공간을 만들어 의사소통을 원활하게 해야 한다. 또한 비슷한 처지에 있는 사람들을 함께 (예를 들어 노년층끼리, 편부모가족끼리, 어머니들끼리, 아동들끼리, 신체장

---

43) Jontofsohn(1993), 66.
44) Vgl. Kontaktstelle für Praxisorientierte Forschung(1994a).

애자들끼리) 살게 해주면 생활이 더 편해질 수 있다. 그러나 장기적으로 볼 때 더 이상 사회적 약자들을 바인가르튼에 쓸어 넣어서는 안 된다. 바인가르튼이 '사회적 정화조'[45]의 기능을 더 이상 하지 않으려면 사회적 약자를 도시 전체에다 공평하게 퍼져 살게 해야 한다. 단기적인 부문의 제안은 바인가르튼에 사는 사람들 가운데 더 가난한 사람들을 다시 한번 따돌리는 결과가 될 수도 있다. 위와 같은 새로운 제안들은 공동사업(Gemeinwesenarbeit)과 개별 집단들의 이익이 상충되면 쉽게 좌초될 수도 있다.

고층아파트에 사는 주민들은 주택들이 더 이상 사회적 보조를 받지 못하기 때문에 또다시 어려움에 처해 있다. 1950년대 말과 60년대에 세워진 공공임대주택이 보조를 받을 수 있는 기간은 30년으로 정해져 있었다. 1990년대에 접어들면서 사회적 보조를 받을 수 있는 만기가 지난 가구들이 많아졌다. 이와 동시에 1992년에는 '보조비 회수안(die Fehlbelegungsabgabe, FBA)'이 도입되었다. 이에 따르면 현재소득이 일정수준을 넘는 세입자들은 1제곱미터당 부가세의 형태로 돈을 환불해야 한다. '보조비 회수안'은 주택건설회사 소유의 주택에 오래 살아온 세입자들에게 심각한 문제가 되었다. 환불을 해야 하는 세입자들, 이른바 '소득향상가구'는 개인주택으로 이사를 가고 있다. 이래서 전출입의 비율이 높아지고 있다.

주택건설회사는 30년 동안 고층아파트 주택들을 소유하면서 주택에 대한 무제한적인 주택배정권을 갖고 있다. 그밖에도 주택건설회사는 임대계약 기간이 지나면 아파트들을 팔 생각도 있다

45) 사회복지사업에서는 기술사회의 개념 '정화'를 사람들에게 그대로 적용해서 쓴다. 이 적용은 부적절하다고 본다.

고 밝혔다. 사회적 연대보조(Sozialbindung)가 끊긴 이상 주택건설회사로서는 아파트를 자율적인 민영의 주택시장에다 내놓지 못할 이유가 없었던 것이다. 1995년의 운영보고서에 따르면 주택건설회사의 자기자본율은 14.2%로 줄어들었고 주택건설회사는 프라이부룩 시의 손실액 보조를 받지 않고 문제를 해결하기 위해 1996년에 고층아파트의 사유화를 강력하게 추진하였다. 이에 따라 바인가르튼-베스트에서는 세입자들이 직접 아파트를 구입하는 모델이 진행 중이다. 이 모델은 1996년에 착수되었다. 만약 이 모델이 성공하면 바인가르튼-오스트에도 적용해볼 수 있을 것이다.

새로운 상황에 대응할 수 있는 방법은 여러 가지가 있다. 나이가 많이 든 세입자들은 여태까지보다 집세를 더 많이 내야 하더라도 이사 가지 않고 바인가르튼에 머물 수 있다. 왜냐하면 아무리 비싸진다 해도 바인가르튼의 집세는 프라이부룩에서 가장 싸고 노인네들은 여기에 오래 살아서 마치 고향과도 같기 때문이다. 하지만 이들은 바인가르튼을 떠날 수도 있다. 또는 대안책으로 크로찡어 슈트라세 4번지의 '암브루스터 동지조합(Armbruster Genossenschaft)'처럼 동업조합을 결성할 수도 있다. 위와 같은 가능성 가운데 무엇을 채택하는가는 결국 주택정책과 지역정책에 달려있다. 주택보수공사와 '보조비 회수안'으로 인해서 벌어진 상황은 다음의 사례를 보면 명백히 나타난다.

나들이: 쇼핑수레가 떨어진 사고— 바인가르튼의 특수한 사건인가?

1995년 11월 21일 ≪바디쉐 짜이퉁≫에 비극적인 치명사가 보도되었다. '8살난 사내아이가 고층아파트에서 떨어진 쇼핑수레에 맞아 죽다!' 14살짜리 사내애 둘이 크로찡어 슈트라세 78번지에 있는 18층 아파트건물에서 쇼핑수레를 '재미삼아(aus Jux)' 아래로 밀어 떨어뜨렸다. 여기서는 이 사건에 대한 여러 주민집단들의 반응을 도시구역사무소가 이 일을 토의하기 위해 소집한 공개모임을 토대로 하여 살펴보겠다.

바인가르튼 바깥에 사는 프라이부룩 사람들이 보기에 이런 사고는 바인가르튼에만 일어날 수 있는 일이며 특히 바인가르튼에는 이런 사고가 일상사일 수도 있다. 바인가르튼 안에서는 이 사고에 대한 얘기가 입에서 입으로 퍼져나갔다. 경찰의 언론대변인이 아무런 구체적인 진상을 발표하지 않았는데도, 바인가르튼 안에서는 누가 범인이고 누가 희생자이며 그들이 어디에 사는지까지도 다 알고 있었다.

R 씨(여)는 '성인 만남의 장소(EBW)'에서 일하고 있는데 이런 상황에 대해서 다음과 같이 유감을 표명한다.

> "우리가 나쁜 이미지를 고치려고 여러 해에 걸쳐 해왔던 일이, 이런 일이 일어나면 한꺼번에 무너져버립니다."

도시구역사무소의 소장(여)도 이를 다음과 같이 묘사한다.

> "분위기가 온통 침울해요. 충격을 받은 사람들이 많지요."

사건이 일어난 일주일 뒤 1995년 11월 27일에 도시구역사무소에서는 쇼핑 수레 사건을 논의하기 위한 '시민과의 대화(Bürgergespräch)'가 처음으로 개최되었다. 이 모임에는 이미 다른 행사에도 자주 적극적으로 참여하는 주민들이 참석하였다. 보기를 들면 나이든 여자들, 자원봉사자들, 사회복지사들, 시민참여를 하는 젊은 미혼모들.[46] 다음의 대화들은 필자가 '시민과의 대화'와 '긴급조치 소모임(Arbeitskreis Sofortmassnahmen, SOFT)'에 참여하면서 기록한 것이다. 긴급조치 소모임은 위의 사고를 계기로 해서 '포럼 바인가르튼 2000'과 협력하여 결성되었다. 이 토론과정이 바인가르튼의 모습을 나타내는 전형적인 보기이기 때문에 자세히 묘사하겠다. 참석자들은 우선 분통을 터뜨린다.

> "그것은 철부지아이들의 경망스런 행동이라고 할 수 없습니다. 그건 살인이에요. 그러나 그 녀석들은 다시 감옥에 집어넣어야 합니다."

한 청소년 사회복지사가 청소년들을 옹호하고 나선다. 청소년을 한번에 싸잡아서 보아서는 안 된다는 것이다.

> "청소년들은 그 사고가 아니더라도 좋은 말을 듣지 못하는데, 이제는 옴짝달싹할 것 없이 상황이 날카로워졌습니다."

이와 동시에 이 사고에 연루된 가족들을 위한 모금운동이 일어났다. 한 부인이 가해자 가족에 대해서 연민을 표시했다. 그 가족은 이미 이 도시구역에서 부정적인 일로 잘 알려져 있었기 때문에 생활하기에 어려움을 겪고 있었다는 것이다.

> "하지만 그들은 바인가르튼을 떠날 수 없습니다. 인도적인 차원에서 두 가족 모두를 보살펴야 하지 않겠습니까?"

46) 1995년 11월 29일 ≪바디쉐 짜이퉁≫, 「비극적인 사건이 난 뒤에 바인가르튼의 도시구역사무소에서 열린 시민의 대화. 시민용기에 호소」.

논의는 점점 시민들의 용기(Zivilcourage)에 호소하는 방향으로 흘러갔다.

> "우리 모두에게 책임이 있습니다. 왜냐하면 우리는 그냥 쳐다만 볼 뿐 손을 걷어붙이고 나아갈 시민용기가 없으니까요."

맨 처음에는 두 청소년과 그 가족에 대한 감정적이고 과격한 성토 때문에 떠들썩하던 모임이 차츰 공동책임과 (주택건설회사, 슈퍼마켓, 아파트 수위 그리고 그 아파트 주민에 대한) 책임전가의 방향으로 선회했다. 앞으로 해야 할 일은 '긴급조치 소모임'에서 건의하도록 했다. 이로써 바인가르튼 주민들이 이 엄청난 사고에 대해서 반응하고 대비책을 모색한다는 것을 보여주어야 한다는 것이다. 많은 시민들은 오래 전에 고층아파트의 잘못된 건축방법을 지적했던 사실을 환기시켰다.[47]

> "10년 전부터 고층아파트에서 쓰레기봉투라든지 유리병이라든지 자전거라든지 냉장고라든지 하는 물건을 떨어뜨리는 일이 벌어지고 있습니다. 일이 터지는 것은 시간문제였을 따름이죠."
>
> "주택건설회사는 세입자를 보호하기 위해 아무 일도 하지 않습니다. 우리가 나서서 고발하는 수밖에 없습니다."

주택건설회사의 대변인인 S 씨(남)는 주택건설회사가 몇 년 전에 베란다에 철망을 치려고 했던 일을 주민들에게 상기시켰다. 그

47) 이 논의는 6년 전의 일로서, 이미 1990년에 아파트 복도의 탁 트인 출구가 위험하다고 주민들은 불평했던 적이 있다. 다음의 팸플릿을 볼 것. *Vorstellungen der Bewohner und Bewohnerinnen zur Sanierung von Weingarten-Ost*. Vgl. Forum Weingarten 2000(1990), 8.

당시 주민들은 철망이 화재가 났을 때 도피구를 막을 뿐 아니라 감옥에 갇혀 사는 것 같은 느낌이 들 것이라며 반대했다는 것이다. 그는 잘못은 절대로 건축상의 결함에 있는 것이 아니라 주민들의 그릇된 행동에 있다고 확신했다.

"만약 문제가 건축에 있다면 우리는 철망을 만들고 성을 쌓아서 방벽의 수위를 점점 더 높여야겠지요. 중요한 것은 주민들의 구성과 사회적 통제입니다. 이곳에는 자의식을 지닌 사람들이 없어요. 그래서 여기 사는 사람들을 계몽시켜야 한다는 거지요."

≪바디쉐 짜이퉁≫과의 인터뷰에서 S 씨(남)는 회사에 대한 고발사항을 모두 부인했다. 고층아파트와 거기 사는 주민들을 '모든 예상가능한 멍청한 짓'으로부터 보호하는 것은 불가능하다는 것이다.

주택건설회사의 대변인과 사회복지사가 지원하는 시민들과의 거듭된 대화에서 나온 합의사항은 다음과 같다. 이 사고의 원인은 건축상의 하자가 아니라 주민들이 계몽 개화되지 못해서라는 것이다. '계몽되지 못한 사람들'은 다음과 같다.

1) 자기 자녀들을 보호하지 않고 그들이 밖에 나가서 엉뚱한 짓을 하는 것을 방관하는 '그런' 가족들, 부모들과 엄마들.
2) 시민용기를 갖지 못한 '그런' 주민들.
3) 위험한 놀이를 하고 서로서로 접촉과 교류를 할 줄 모르는 '그런' 청소년들.
4) 중간중간에 들어선 주택에 사는 '낯선' 사람들.

'시민과의 대화'에 참석한 사람들은 '그런' 사람들을 자신들과 무관한 사람들이라고 여기거나 아니면 이들보다 위에 서서 교화시키려한다. 사회복지사의 후원을 받는 시민들은 '그런' 사람들과 자신들을 철저하게 분리하고 '그런' 사람들과 전혀 접촉을 하지 않는다. 앞에서 마지막에 지적한 범주인 '낯선 사람들'은 공간적인 거리와 인지적인 거리를 둘 다 명백하게 나타낸다. '낯선 사람들'이라는 표현은 바인가르튼에서 불특정한 사람들, 통제불가능한 사람들, 비규칙적인 사람들, 눈에 띄지 않는 사람들을 나타내는 표현이다.

낯선 사람들

"지하실에 불을 질렀던 그 사람들은 아파트에 사는 사람들이 아닙니다. 그들은 '낯선' 사람들이에요!"

"밤중에 지하주차장에 가면 아주 위험해요! '낯선' 청소년들이 배회하거든요."

"아파트 복도에서 여자애들을 성적으로 희롱했던 사내애들은 '낯선 애들'이었어요. 이 아파트에 사는 애는 하나가 끼어 있었을 뿐입니다!"

시민들은 '다루기 어렵고' '문제성 있는' 사람들이 우선적으로 바인가르튼에 수용된다고 불평불만을 토로한다. 주택건설회사는 이런 불평과 비난이 부당하다고 반박했다. 주택건설회사는 주택배정정책을 기본적으로 변화시킬 수 없다. 왜냐하면 '긴급카드'에 들어 있는 무주택자들에게 살 곳을 마련해주는 것이 주택건설회사의 역할과 의무이기 때문이다.

주민단체에 참여하는 바인가르튼 주민들은 주택건설회사에 자기들에게 공동결정권을 달라고 요구했다. '문제성 있는' 사람들을 몰아낼 수 있는 가능성을 열기 위해서였다. 주택건설회사의 대변인은 주택건설회사가 정치적인 분위기에 민감한 조직이라고 하면서, 바인가르튼 사람들이 압력을 넣으려면 도시교구(Gemeinderat)나 시위원회(Stadtrat)에 가야지 주택건설회사는 어쩔 수 없다고 발뺌을 했다. 물론 바인가르튼 주민들이 이런 일을 하는 것은 자신들의 이익을 위해서이다. 만약 '긴급카드'에 올라 있는 사람들과 가족들이 바인가르튼-오스트(Weingarten-Ost)로 이사올 수 없으면, 그들은 다른 곳으로 가야 한다. 그곳은 바인가르튼-베스트(Weingarten-West)가 될 수도 있고, 슈틸링어(Stühlinger)나 란트바서(Landwasser)가 될 수도 있다. 다시 말해서 '시민'의 이익을 확보하는 운동은 프라이부룩에서 더 힘이 없는 약한 도시구역을 찾아내어 그쪽에 부담을 전가하려는 쪽으로 나아간다.48)

주택건설회사 대변인의 말을 빌면 '그런' 사람들을 제재할 수 있는 방법이 두 가지 있다. 하나는 세입자법에 따라서 또 하나는 형법에 따라서이다. 만약 피해당사자가 구체적으로 고발할 일이 있어 이를 증명할 수 있다면 주택건설회사는 가해자에게 경고를 하고 법적인 조치까지도 강구할 수 있다. 하지만 그렇게까지 가려면 누가 언제 어디서 무엇을 했고 그로 인한 피해가 어느 정도인지 정확히 밝혀져야 한다는 것이다.

S 씨는 적극적으로 운동에 참여하는 시민들이 왜 그렇게 인내심이 없냐고 반문했다. 사회적 연대정책은 계획에 따라 10년 안에 폐지될 텐데 그러면 공공보조가 없어지고 자연히 '문제성 있는' 가족들이 줄어들 텐데 왜 이리 지레 난리냐는 것이다.

---

48) 주택건설회사의 대변인은 건설회사의 담당구역은 단지 다음의 지역들뿐이라고 천명하였다. 바인가르튼에 있는 알트 하스라흐(Alt-Haslach)와 지헬 슈트라세(Sichelstraße), 슈틸링어에 있는 페르디난트 바이스 슈트라세(Ferdinand-Weiß-Straße).

S 씨(남):
"언젠가는 바인가르튼도 '정상적'인 구역이 될 것입니다. 이 공동의 목적을 위해 우리 모두는 여러 가지 다른 역할을 하면서 서로 만나고 또 서로 다투기도 하면서 달려가고 있는 것입니다. (…) 우리는 서로 대화를 계속해나가야 합니다. 저희들은 여러분들(Forum)과 언제라도 만날 용의가 있습니다. 무슨 불미스런 일이 꼭 터지지 않더라도 말입니다."

사고 때문에 모인 회의석상에서 확실해진 사실은 집주인인 주택건설회사와 세입자인 주민들 사이에 갈등이 있다는 점이다. 다른 한편으로 양쪽 모두가 공유하고 있는 골칫거리가 있는데 이른바 '다루기 어려운' 세입자들, '문제가족들', '그런' 사람들 그리고 '낯선 사람들'이다.

이미 지적한 대로 바인가르튼-오스트와 바인가르튼-베스트에서는 사회통제가 효력이 없다. 왜냐하면 문화가 다르고 언어도 다르고 학력과 규범도 너무 다르기 때문이다. 따라서 촌락 같은 주거상황과 대도시 같은 상호무관심이 독특하게 혼재해 있는 것이다. 여기에 이 도시구역의 딜레마가 있다. 결국 주민들은 뒤로 숨어버리고 경찰이나 국가의 제재에 맡겨버리는 결과가 된다.

이렇게 해서 주택개선사업은 고층아파트 주민들만의 문제가 아니라 바인가르튼 주민 전체의 문제가 되는 것이다. 사회구조 개선안의 출발점은 건전한 주변환경과 좀더 나은 성숙한 이웃관계를 조성하기 위해서는 각각의 도시구역에 서로 다른 인구집단들이 섞여 살아야 한다는 것이다. 구체적인 맥락에서 살펴보면 좀더 나은 이웃관계란 '문제성 있는' 집단들을 바인가르튼이 아닌 다른 도시구역들에 살도록 하자는 것이고, 때에 따라서는 바인가르튼 내부에서라도 한곳에 몰아놓지 말자는 의미이다. 더 이상 바인가르튼에 힘없고 못사는 사람들만이 모여 산다는 소리를 듣지 말자는 것이다.

바인가르튼이 잠을 자러 오는 도시에서 보호받는 도시로 변하면서 후원자격인 사회복지단체들은 주민들이 스스로를 조직해서 만날 수 있는 기회를 제공한다. 궁극적인 목표는 물론 도시구역의 개선이다. 이런 노력들이 맺은 결과는 한편으로는 도시구역 '안에' 잠재하는 기존의 상호배타성을 다른 형태로 계속 밀고 나가게 되는 것이다. 다른 한편으로는 한발 더 나아가 도시구역의 이미지를 향상시킬 수 있는 정치적인 목표를 이루는 것이다. 그러나 이 정치적 목표를 이루기 위해서는 다른 주민집단들이 그 값을 치러야 한다.

맺는말

이 책의 첫머리인 제1부는 생애사 연구와 도시 연구를 시간성 그리고 공간성과 연결시키는 이론적 작업이다. 제2부에서는 프라이부룩의 도시구역인 바인가르튼을 보기로 하여 제1부에서 발전시킨 이론적 가정을 적용해보았다. 다시 말해서 바인가르튼의 사례연구를 통해서 이론적 가정의 옳고 그름을 증명하려고 했다기보다는, 이 전제들을 구체적인 사회현상에 응용함으로써 현상을 보다 명확하게 제시하고 전체적인 맥락에서 해석할 수 있도록 했다.

현재 바인가르튼의 모습은 역사의 산물이다. 이 역사는 외부에서의 격리와 내부에서의 상호배척이 끊임없이 되풀이된 과정이며 이와 함께 진척된 공간의 분화과정이기도 하다. 이를 순서대로 보면 처음에는 프라이부룩과 하스라흐가 분화되고, 새로운 하스라흐(Neues Haslach)와 오래된 하스라흐(Alt-Haslach), 하스라흐와 바인가르튼, 끝으로 바인가르튼과 바인가르튼-오스트가 분화된다. 각각의 주거지역들도 끊임없이 분화되었다. 주거지역 내부에서는 '더 나은' 사람들이 자신들을 나머지 사람들과 구분하려 하였던 것이다(이 배타의 전략은 역사적인 조건에 따라서 변형되었다).

바인가르튼이라는 생활공간의 역사를 전반적으로 조명하기 위해서는 다음의 표를 참조할 수 있다. 이 표에 참작된 기준은 행정적인 공식명칭과 주민들의 일상적 언어습관이다. 표에서 수평적인 순서가 가능한 한 서쪽-동쪽 방향과 맞도록 배열하였다.

<표 4> 바인가르튼의 형성사

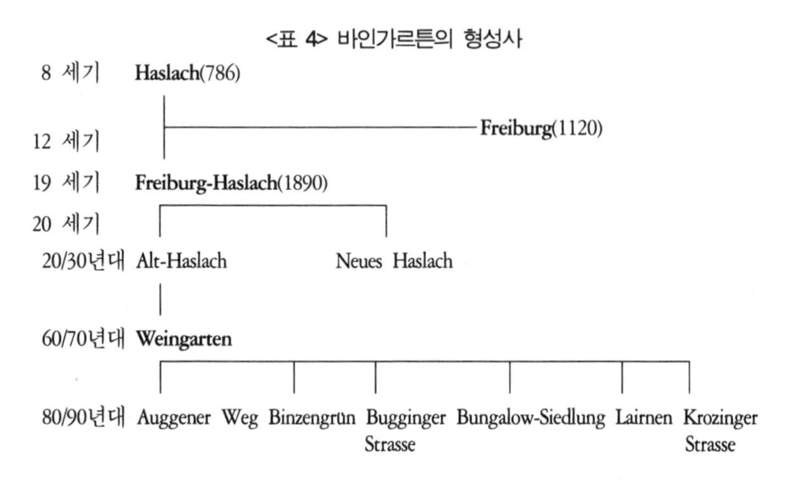

바인가르튼의 형성사는 하스라흐가 프라이부룩 시와 관계없이 독립된 촌락이었던 과거의 역사로 거슬러 올라가야 한다. 이 둘은 각기 다른 이해관계를 지니고 있었고 이때마다 프라이부룩이 우위에 있었다. 이 기본적 권력구도는 하스라흐가 프라이부룩에 편입된 이후에도 변하지 않았다. 하스라흐를 좌지우지하는 프라이부룩의 권력이 이제는 법적으로 제도화되었을 따름이었다. 이렇게 해서 하스라흐와 프라이부룩의 불평등한 관계는 지역정치, 특히 주택정책을 통해서 힘을 얻었고 강화되었던 것이다.

하스라흐가 편입된 역사는 프라이부룩에서 동-서분리(Ost-West-

<표 5> 이미지의 연속성

a) 병합 전의 프라이부룩과 하스라흐의 관계(19세기까지)

지역명	이미지	주민구성
Freiburg	도시 '도시는 자유의 상징이다.'	시민, 예수회, 공무원, 가톨릭
Haslach	촌락, 돌대가리 '아주 동떨어져 있는 깡촌'	농부, 농노, 프로테스탄트

b) 병합 후의 하스라흐와 프라이부룩의 관계

지역명	이미지	주민구성 (새 입주자)
Freiburg-Haslach	노동자 지역	노동자, 수공업자, 농부
Neues Haslach Alt-Haslach	빌라촌 빨갱이 하스라흐	중간층, 공무원, 회사원, 수공업자 서민층, 노동자, 핵가족
Alt-Haslach	문제성 있다, 반사회적이다, 범죄형이다, 주변집단들이다.	다자녀 가족, 신티
Freiburg-Haslach -Weingarten	사회적 약자, 일탈자, 외국인 게토	편부모(미혼모 또는 미혼부), 노인, 장기실업자, 사회보조비수혜자, 이주민, 전쟁난민, 외국인
Weingarten-Ost	사회적 골치꺼리	

Spaltung)의 시작이었고, 그 뒤로 서쪽지역이 하나씩 하나씩 프라이부룩에 속하게 되었다. 프라이부룩은 서쪽으로 확장되면서 많은 이점을 얻었고 이는 지금도 마찬가지이다. 그런데도 프라이부룩 사람들이 새로이 편입된 서쪽지역 사람들에게 갖는 감정은 이와 정반대이다. 바인가르트에 대단지가 들어서면서 동-서분리는 계속 진전되었다. 동쪽에 사는 사람들은 이 '소문이 나쁜' 도시구역

과 점점 거리를 두고서 자기와 상관없는 일이라는 자세를 보인다. 이래서 바인가르튼은 여태껏 하스라흐가 전통적으로 떠맡았던 역할을 이어받게 되었던 것이다. 다시 말해서 이 도시에서 가장 부정적이고 열등한 지역이라는 이름을 이어받았다.

프라이부룩과 하스라흐는 처음 접촉할 때부터 서로에게 편견을 갖고 있었다. 프라이부룩 사람들은 하스라흐 사람들을 경멸했고, 하스라흐 사람들은 프라이부룩을 질투와 증오의 시선으로 바라보았던 것이다. 이러한 적대관계는 도시화가 진행되는 전체적인 과정에 지속적으로 영향을 미쳤다. 하스라흐가 병합된 뒤의 역사를 보면 기존의 적대관계와 편견들이 얼마나 끈질기게 꼬리표처럼 따라붙는지를 알 수 있다. 생활조건의 개선과 프라이부룩에의 통합을 기대했던 하스라흐 사람들을 기다리고 있던 것은 되풀이되는 좌절과 차별뿐이었다. 하스라흐의 병합으로 행정단위는 바꾸었어도 하스라흐와 프라이부룩 사이의 권력관계는 달라지지 않았던 것이다.

1920년대에 하스라흐에는 계속해서 노동자들을 수용하기 위한 주택들이 들어섰다. 하스라흐는 저소득층, 노동자가족과 같은 '서민층'들을 중심으로 거기에 공무원과 중산층도 섞여 사는 그런 도시구역이었다. 그런 와중에 유랑민 가족과 집시가 하스라흐-바인가르튼에 살게 되었다.

하스라흐 사람들을 '돌대가리'라든지 '빨갱이들'이라고 부르는 사람들은 더 이상 없었지만 부정적으로 평가하는 것은 예나 지금이나 마찬가지였다. 하스라흐가 확장되면서 하스라흐 주민들 사이의 분화도 함께 진행되었다. 전원주택에 사는 사람들은 새로운 하스라흐나 위-하스라흐에 산다면서 자신들이 노동자가족과 다르다는 것을 강조하였다. 이에는 확실히 사회적인 평가가 실려있다. 이렇게 시작된 하스라흐 내부의 상호배타성은 이 도시구역이 공간적으로 확대되면서 계속 심화되어 갔던 것이다.

주택난이 가중되면서 하스라흐-바인가르튼에는 1960년대, 70년대와 80년대에 걸쳐 대주거단지가 개발되었다. 주택건설의 목표는 물론 '서민층'에게 값싼 주거공간을 제공하는 것이었다. 시간이 흐르면서 바인가르튼에는 이른바 '정상적인' 궤도에서 일탈한 사람들이 많이 몰려들었다. 그중 대다수는 사회적으로 기반이 없어서 민간 주택시장에서는 집을 구할 수 없는 '불확실한' 사람들이었다. 따라서 하스라흐, 특히 하스라흐-바인가르튼은 더욱더 '살기에 나쁜' 주거지역이 되어갔다.

주택개선사업이 시작된 1980년대말 무렵에 바인가르튼 사람들에게는 자기의 도시구역이 '사회적 폐기처리장(soziale Entsorgung)'이 되어 가는 꼴을 더 이상 두고 보아서는 안 되고 어떻게든 이에 대항해야 한다는 것이 확실해졌다. 이들은 한편으로는 외부에서 결정되는 주택분배정책을 바꾸고, 다른 한편으로는 기존의 내부분리 욕구를 강화시키는 전략을 취한다.

농부와 시민, 노동자와 시민 사이에 형성되었던 역사적인 대립상은 계속 이어져서, 새로운 입주자와 토박이들, 외국인과 본토국민, 일탈자와 정상인 사이의 집단갈등으로 변형되어 나타난다. 이들을 공간적인 거리와 사회적인 거리를 기준으로 보면 다음과 같이 네 개의 집단으로 나눌 수 있다.

바인가르튼의 토박이 '시민'들은 이미 잘 알려져 있는 바인가르튼의 나쁜 이미지와 자신들이 전혀 무관하다고 보고 다른 나머지 집단들로부터 거리를 유지한다. 이 주민집단은 고유의 집단적

<표 6> 공간적 거리와 사회적 거리를 통해 본 주민집단의 네 가지 유형들

	시민	집시	이주민	외국인
가족과의 결속감	상대적으로 강함	매우 강함	매우 강함	매우 강함
공간과의 결속감	상대적으로 강함	매우 강함	상대적으로 약함	약함
주거 기간	처음부터	처음부터	70년대/80년대부터	80년대부터
조직화 정도	조직력 강함	연대감	조직력 없음	조직력 없음

인 기억과 기대를 공통적으로 갖고 있다. 이들은 자신들이 애초에 경험했던 이 도시구역의 '옛 이미지'를 되찾고 싶어한다. 공통의 추억을 지니고 있어서 몸담고 있는 공간과의 정체감이 상대적으로 크다. 시민들은 서로 알고 지내고 협회(Verein)나 클럽(Club)에도 속해 있어서 잘 조직되어 있다. 무엇보다도 이들은 바인가르튼에서 '고향'을 찾은 사람들이고 그래서 이 고향을 지키려 한다.

'집시'는 20세기 초부터 이미 오핑어 슈트라세에 살고 있었고 1960년대 말에 '프라이부룩 모델'에 따라 정착민으로 통합되기 시작했다. 집시-정착지가 생겼던 것이다. 이로써 워낙 가족적 전통도 강한데다가 공간과의 일치감이 더해졌다. 집시들 고유의 문화는 점점 사라졌으나 소속감은 점점 커졌다. 집시들만을 대상으로 하부구조시설과 사회복지단체가 특별히 따로 만들어졌기 때문에 그들 내부의 집단적 결속감은 점점 더 커졌다.

반면에 '이민자'와 '외국인'은 바인가르튼과의 공간적 정체감을 갖고 있지 않다. 그들의 삶의 공간은 고국을 떠날 때 뿌리째 뽑혔고 이곳에서는 같은 민족이나 친척들끼리 접촉 왕래하는 것이다. 바인가르튼이 평판이 나빠졌다느니 하는 말에 이들은 아랑곳하지 않는다. 왜냐하면 이들은 과거의 바인가르튼을 겪지 못했으니 아무 추억도 없고, 따라서 바인가르튼의 현재를 평가할 만한 아무 기준도 없기 때문이다. 대부분의 사람들이 집에 들어갈 수 있게 된 게 기쁠 뿐이다. 중요한 것은 친척이나 동족이나 아는 사람들이 가까이에 사느냐는 점이다. 바인가르튼이라는 도시구역을 중심으로 조직되어 있는 이민자와 외국인들은 거의 없다.

사람들이 이웃하고 살다보면 어떤 형태로든 집단관계가 생기기 마련이다. '시민'과 집시는 공간과의 정체감을 지니고 있고 대부분 독일국적이라는 공통점이 있다. 하지만 이 두 집단 사이에는 역사적인 적대감과 문화적인 차이가 가로막고 있기 때문에 사이가 나쁘다. 그래서 일상생활에서도 자주 다툼이 일어난다. 두 집단들 사이의 잠재적 갈등은 언제나 현재화될 수 있다.

주택개선사업을 계기로 하여 집단들 사이의 관계가 명확해져서 집단 간 갈등도 표면에 드러나게 되었다. 오래된 토착민과 새 입주자들은 아주 다른 상황인식을 지니고 있었다. 하지만 새로 온 입주자들은 비조직적이어서 시민들처럼 자기들의 이해관계를 공개적으로 관철할 수 없다.

지난 몇 해 동안의 주택정책은 특히 토박이 주민들을 불안하게 만들었다. '보조비 회수안(Fehlbelegungsabgabe)'이 도입되고 주택보수공사가 실시되면서 집세가 오를 것이 뻔했기 때문이다. 이곳에 오랫동안 살아온 '안정된' 세입자들은 자신들이 '문제성 있는' 가족들과 다르다는 점을 강조한다. 이렇게 해서 '사회적으로 안정된 사람들'과 '사회적으로 약한 사람들' 사이에 갈등전선이 생긴다. 사실상 '문제 있다'라든지 '다루기 어렵다'라든지 '사회적 약자'라는 말을 정의하기란 쉽지 않다. 도대체 이렇게 나누는 기준이 무엇인지, 소득수준인지 주거조건인지조차 명확하지 않기 때문이다.

특히 '다루기 어렵다'라든가 '문제 있다'라는 말은 외국인과 이주민을 나타내는 표현으로 자주 쓰인다. 이런 사람들의 비율이 25%가 넘지 않은 것이 상호통합의 최적조건이라고도 말한다. 물론 그전에 통합에의 준비태세와 언어소통능력이 선행되어야 한다.

한편으로는 바인가르튼이 프라이부룩에서 격리되고, 다른 한편으로는 주민집단 내부의 배타성이 심화되는 이런 이중적 격리현상이 일어난 데는 잘못된 주택정책이 대부분 책임을 져야 한다. 정치가들은 바인가르튼이 사회적 약자와 규범에서 일탈한 사람들을 수용하기에 만만한 장소라고 생각한다. 이곳에는 주민구성도 열악하고 나쁜 이미지가 이미 있어서 주택정책에 반발할 수 있는 힘이 없기 때문이다. 바인가르튼에다 프라이부룩이 가진 시름을 내려놓을 수 있다. 이렇게 보면 바인가르튼이 프라이부룩의 골칫거리라는 말은 맞지 않는다. 오히려 프라이부룩이 시내의 골칫거리들을 바인가르튼으로 보내어 도시의 긍정적인 이미지를 그대로 지키게 만든 것이다.

사회복지기관들도 기존의 배타적인 욕구의 영향을 받아서인지, 우선적으로 적극적으로 참여하는 시민들의 이해관계를 대변한다. 그 기관들은 지역정치와 지역이해관계 사이에 갈등이 잠재하거나 표면화될 때마다 이를 중재하는 역할을 한다. 그동안 사회복지기관들의 수가 늘어나서 위에서 조정할 수 있는 상위조직이 필요하게 되었다. 이런 상황에서 전문가들은 자신들의 역할과 임무가 얼마나 중요한지를 명확히 인식해야 한다. 사회복지단체들이 정치적 중립성과 관료행정을 앞세워 뒤로 숨어버리면, 그들은 도시구역 통제를 떠맡고 지역정치의 총알받이가 될 위험성이 크다. 만약 사회복지단체들이 주택정책에 대항하지 않는다면 문제의 근원이 되는 '주민구조-나쁜 평판-사회문제의 집산지'라는 악순환의 고리를 계속 이어주는 역할을 하게 된다.

이와 같은 현상은 물론 바인가르튼 하나의 문제만은 아니다. 이런 이중적 격리는 대부분 똑같은 도식에 따라 진전된다. 역사는 한 지역의 삶과 주거에 침전되어 있다. 저소득층과 일탈자들은 주거지를 선택하기보다는 주거지로 쫓겨난다. 공간적 격리는 계속되고, 주민집단들은 생애사구성에 따라 주거기간에 따라 분화된다. 마지막으로 각 개별집단들의 조직화 정도는 권력행사와 밀접한 관련이 있다.

바인가르튼과 같은 '폐기처리장'은 다른 지역에서 환영받지 못하는 사람들을 받아들이고 그러고도 기존질서에 문제를 제기하지 않음으로써 다른 지역공간들의 기능을 보완 강화한다. 이 과정은 시간이 흘러도 끊이지 않는다. 역사는 주민들의 집단적 기억 속에 생생하게 남아 현재의 상황에 영향을 주고 갈등을 일으키기도 한다.

프라이부룩에는 바인가르튼 말고도 자연스럽게 성장하지 않고 인공적으로 세워진 도시구역들이 많다. 란트바서(Landwasser)와 리젤펠트(Rieselfeld)가 이에 속한다. 란트바서는 바인가르튼과 비슷한 사회구조를 지니고 있고, 90년대 중반에 건설이 시작된 리젤펠트에는 바인가르튼의 경험을 거울삼아 공공임대주택을 많이 짓지 않을 계획이다.

1960년대 말에 란트바서에도 바인가르튼과 마찬가지로 주택이 들어섰다. 하지만 바인가르튼과는 달리 공공임대주택 사이사이에 개인주택이 서있고 이 개인주택들은 서로 다른 주택회사에 속한다. 이런 형태의 주택건설은 바인가르튼보다 훨씬 나은 방법이었다고 오늘날 평가된다. 왜냐하면 바인가르튼에서는 주택건설공사가 공공임대주택의 거의 유일무이한 집주인이었기 때문에 바인가르튼은 획일적인 지역이 되었다는 것이다. 바인가르튼과 거의 동시에 세워졌는데도 란트바서에는 사회문제가 훨씬 적다. 결론적으로 말해서 단조로운 주택구조와 주택소유 관계가 바인가르튼에서 문제가 발생하는 원인의 하나이다. 게다가 란트바서는 바인가르튼처럼 전통적으로 내려운 편견 때문에 부담을 갖지 않는다. 그렇지만 란트바서에서도 특히 엘자서 슈트라세(Elsässer Strasse)의 건너편에 있는 비르트 슈트라세(Wirthstrasse)에서는 바인가르튼 고층아파트의 문제들을 답습하는 모습이 보이고 있다. 그곳에는 주택건설회사에서 소유하는 건물 두 개가 있는데 점점 더 많은 저소득층과 이주민 그리고 외국인들이 입주하고 있다.

바인가르튼 옆에는 2004년까지 1만2천 명 가량을 수용할 수 있는 새로운 도시구역 리젤펠트가 생긴다. 시에서는 바인가르튼의 전철을 밟지 않으려고 처음부터 개인임대주택과 공공보조임대주택을 섞어 지어서 획일적인 구조가 생겨나는 것을 방지하려 한다. 아무리 많아도 50%의 주택까지만 공공보조로 지을 수 있다. 하부구조시설도 가능한 한 신속하게 만들어지고 있다. 삶의 질을 확보하기 위한 전제조건으로는 원만한 주민구조를 가장 중요하게 고려하고 있다. 그래야만 앞으로 리젤펠트의 주민들은 이 새로운 도시구역과 긍정적인 일치감을 얻을 수 있기 때문이다. 새로운 도시구역인 리젤펠트가 바인가르튼에서 지리적으로 가까워서 이 구역의 사회적 부담들을 자기네들이 짊어져야 하지 않을까 하는 우려의 목소리도 바인가르튼에서 심심찮게 들린다.

앞으로 란트바서와 리젤펠트에 대한 연구를 계속하면 바인가르튼의 사례연구의 결과를 보완하고 확대할 수 있을 것이다. 이와 같이 지역사회에 대한 비교연구를 실시하면 이론의 구성과 사회적 실천에 도움이 되는 지식을 얻을 수 있다. 보기를 들어서 시간과 공간을 이용하는 행위자의 선택과 행위의 결과에 대해서, 시민운동의 성격과 장단기적 영향에 대해서, 다문화 사회가 빚어내는 집단갈등에 대해서 또는 사회복지 실천으로 빚어지는 새로운 역학관계와 의도하지 않은 결과에 대해서 사회학적 설명과 해석을 검토할 기회를 제공하는 것이다. 하지만 이것은 앞으로 연구해야 할 과제로 남아 있다.

<부록>

외국인 현지조사자로 바인가르튼에 가다

> 보는 것과 보여지는 것은 인간이 발명한 가장 인기 있는 사회놀이에 속한다. 다른 사람의 시선만큼이나 인간의 자부심과 수치심과 같은 감정을 건드리는 일은 없는 것이다.[1]

이 책에 실린 사례연구는 필자가 1995년 10월부터 12월까지 바인가르튼에 한 달 반을 머무르면서 현지조사하여 쓴 것이다. 필자는 그 당시 6년 동안 프라이부룩에 살고 있었다. 당연히 필자는 바인가르튼에 현지조사를 가기 전에 그곳에 대한 정보를 듣고 읽어서 바인가르튼의 면모를 어림잡아 알고 있었다. 따라서 바인가르튼에 살지 않은 바깥 사람들이 이곳에 대해 가진 이미지를 필자는 현지조사의 출발점으로 삼았다. 그 뒤에 필자는 도시구역의 역사와 자화상을 내부로부터 연구하고자 시도했다. 바깥 사람들의 이미지는 이 도시구역에 어느 정도 영향을 미치는가? 도시구역에 사는 주민들은 자기 사는 곳에 대해 어떻게 생각하는가? 주

1) Eßbach(1996), 130.

민들은 얼마나 다양하며 주민들끼리는 어떻게 지내고 있으며 주민들은 이 도시구역의 여러 문제점들에 어떻게 대처하는가?

필자의 국적은 연구과정에 지속적으로 함께 작용하였다. 한국 여자로서 필자는 별 무리 없이 이 도시구역에 사는 한국인들의 연결망과 접속할 수 있었다. 필자는 바인가르튼에 사는 한 한국인 가족을 이미 알고 있었고 이 가족을 통해서 다른 한국인 가족들도 만나고 방문도 하였다. 이렇게 해서 필자는 그곳에 사는 한 한국인 가족과 친해졌고 그들은 필자의 연구계획에 흥미를 보였다. 이 가족이 그들의 집을 주거공간으로 필자에게 제공하였다.

필자는 맨 처음에 한국인 가족들과 주로 접촉을 하였는데, 이 과정에서 한국인들이 아닌 사람들과는 만날 기회가 거의 생기지 않았다. 이곳에 사는 한국인들은 바인가르튼에 사는 다른 보통 외국인들과는 공통점이 거의 없다. 바인가르튼에 사는 한국인들은 거의 모두가 학업을 계속하거나 독일에서 박사학위를 따러왔기 때문에 계획대로 이루어지면 한국으로 돌아갈 생각으로 산다. 따라서 이 도시구역에 별다른 관심도 없고 더군다나 장기적으로 진행되는 부정적 발전에도 무관심하다.

한국인 집단 다음으로 필자는 집시와 접촉하였다. 그들이 사는 격리된 정착지는 필자가 머무는 하숙집에서 내다보일 만큼 가까이에 있었다. 집시들과 친해지는 데는, 필자가 인근에 살고 있으며 또한 외국인이라는 두 가지 사실이 대단히 긍정적으로 작용하였다. 필자가 아우게너 벡에 산다는 말을 하는 순간에 집시들이 낯선 사람들에게 보이는 불안감과 차가움이 한꺼번에 사라지고 필자를 집으로 초대하곤 하였다. 필자는 외국인으로서 집시들과 독일 사람들의 관계에 이제까지도 걸림돌이 되는 나치시대의 비극적인 역사에 연루되지 않았던 것이다.

집시 아이들은 동아시아의 액션스타 브루스 리[2]를 알고 있었고 한국과 직접 관련은 없어도 사무라이 검에도 흥미를 보였다. 내가 그 이웃나라에서 왔다는 것만으로도 친밀감을 돋우기에는 충분했던 것이다. 집시들은 처음에 내게 사회복지사냐고 몇 번이나 물어보았다. 내가 사회복지사가 아니라는 사실은 흠이 아니라 장점이었다.

반면에 필자가 집시들의 풍습과 관습을 몰라서 당황하기도 했다. 필자랑 친해진 여자아이가 내게 제때에 가르쳐주지 않았더라면 필자는 집시들의 터부를 깨뜨리는 우를 자주 범했을 것이 틀림없다. 보기를 들어 어느 날인가 필자는 한국인들은 삼복더위에 개고기를 먹는다는 얘기를 농으로 했다. 집시 소녀는 집시들 사이에서 개고기나 말고기를 먹는다든가 하물며 거기에 대해서 말하는 것조차 금기라고 쉬쉬 했다. 이렇게 내부인의 도움이 없었더라면 필자는 집시들에게서 일찍이 환영받지 못하는 손님이 되었을 것이다.

그 다음에 찾아간 (한국인을 제외한) 외국인들과 이주민들은 낯선 사람인 필자를 처음으로 만나면 신중하고도 거의 불안한 태도로 대했다. 필자의 국적은 기대와는 달리 그들과 접촉을 하는 데 도움이 되지 않았다. 외국인들이나 이주민들은 길거리에서 필자를 만나면 가볍게 눈인사를 했지만 이를 넘어서 더 친해지려는 시도는 하지 않았다. 필자가 개인적으로 친해지려 하면 이들은 행여나 시에서 나온 사람이 심문하는 거라고 생각하는 것처럼 보였다. 추측컨대 이 사람들은 난민으로 들어오는 절차와 과정에서 매

2) 브루스 리는 홍콩에서 쿵후를 하는 유명한 영화배우이다.

우 불쾌한 경험들을 한 것 같았다. 그 사람들이 직접 아는 사람을 통해서만 비로소 필자는 그들과 개인적으로 접촉할 수 있었다. 그러면 분위기도 누그러지고 신뢰도 두터워졌다.

이와 달리 필자는 이 도시구역에서 적극적으로 사회활동을 하는 독일 사람들과 사회복지사와는 아주 쉽게 접촉할 수 있었다. 그들은 인터뷰를 통해서나 기존의 연구들을 통해서 어떻게 지역연구자를 대해야 하는지 이미 잘 알고 있었다. 더군다나 그들은 외국여자가 독일사회의 문제에 관심이 있다는 사실을 긍정적으로 받아들였다. 이런 맥락에서 볼 때 필자는 바인가르튼에 살면서 지역활동에 참여하지도 않고 문제나 일으키는 다른 외국인들이나 이주민들과는 비교대상이 아니었다. 따라서 필자는 외국인으로서 특권을 누리면서 이들의 조금 더 적극적인 협력과 친절을 받을 수 있었다.

주민들과 만나면서 필자는 어느 집단들은 다른 집단과 전혀 접촉을 하지 않고 있다는 것을 알았다. 다시 말해서 한 주민집단을 떠나서 다른 집단의 사람들과 접촉하려면 필자는 항상 새로운 사람을 따로 찾아서 사귀어야만 했다. 한국인 가족은 한국인들밖에는 만남을 주선할 수 없었고, 집시는 독일 사람들과 거의 접촉하지 않았다. 독일인들은 외국인이나 이주민들과 교류가 적었다. 결국 바인가르튼의 여러 주민집단들은 서로서로 옆에서 살 뿐이지 결코 함께 살고 있다고 말할 수 없다.

무엇보다도 이 현장연구에 큰 영향을 준 것은 필자가 바인가르튼에 거주한다는 사실이었다. "바인가르튼에 살아요?"는 바인가르튼 사람들이 필자가 자기들 사람인지 아닌지를 타진해보기 위한 물음이었다. 그 다음에는 "바인가르튼 어디에 사는데요?"라는 질문이 뒤따랐다. 이 대답에 따라 주민들은 서로 다른 범주에 들어가게 되는 것이다.

인터뷰를 하면서 필자에게는 공개석상에 나서는 사람들은 특정 주민집단, 정확히 말하면 참여하는 시민들만이라는 것이 확실해졌다. 그들에게서 자주 듣는 말은 "(우리를) 좀 보세요. 바인가르튼이 소문처럼 그렇게 형편없는 곳은 아니죠?"였다. 그밖에도 많은 사람들이 —사회조사연구자나 주민이나 사회복지사나 경찰공무원이나 상관없이— 집시라는 주제에 매우 민감하고 조심스럽고 거의 겁을 먹고 있는 것이 눈에 뜨였다. 독일 사람들은 자신이 선택은 하지 않았지만 어쨌거나 독일국가를 대표하고 있으므로 필자보다는 집시들이랑 어울리는 것이 거북한 듯이 보였다.[3)]

필자의 현지조사자로서의 역할은 다문화적인 관점이라는 말로 특징지을 수 있다. 필자는 생애사적으로 외국인으로서 이문화적인 처지에 있으며 독일에서는 낯선 사람에 속한다. 현지조사 대상자들에게 이미 필자의 외국인이라는 정체성은 친근감이든 반감이든지 간에 특정한 반응을 불러일으켰다. 필자가 나타날 때마다 필자가 자리에 참석했을 때마다 필자가 반응을 보일 때마다 여러가지 서로 다른 기대와 호감과 혐오감을 불러일으켰다. 이와 같이 바인가르튼처럼 다문화적인 주거지역에 외국인 현지조사자가 들어가면 주민들 사이에 아주 다양한 반응을 불러일으키게 되어 이 지역에 대한 새로운 시각을 얻을 수 있다.

3) 대부분의 설문조사에는 여자와 농민과 독일시민들의 의견이 잘 나타나있고, 반면에 청소년, 외국인 이주민과 집시들의 의견이 거의 반영되지 않는다. 보기로 다음을 볼 것. Vgl. Kontaktstelle für Praxisorientierte Forschung e.V. an der Evangelischen Fachhochschule Freiburg(1996, 8ff.).

참고문헌

Adamski, Wladyslaw W.(1981): "Die autobiographisch orientierte Soziologie. Zwischen intuitiver und quantitativer Ausrichtung", in: Matthes/Pfeifenberger/Stosberg, Hrsg.; 31-54.

Alheit, Peter/Fischer-Rosenthal, Wolfram/Hoerning, Erika M.(1990): *Biographieforschung. Eine Zwischenbilanz in der deutschen Soziologie*; Bremen.

Amt für Statistik und Einwohnerwesen der Stadt Freiburg i.Br.(1994): Hrsg.: *Sonderberichte des Amtes für Statistik und Einwohnerwesen*; Freiburg i.Br.

Arbeitsgruppe Bielefelder Soziologen(1973): Hrsg.: *Alltagswissen, Interaktion und gesellschaftliche Wirklichkeit* Bd.1(=*Symbolischer Interaktionismus und Ethnomethodologie*); Hamburg.

Aristoteles(1995): *Über die Seele(De anima)*; Hamburg(Griechisch-Deutsch, Übersetzung nach Willy Theiler).

Armbruster, Bernt/Leisner, Rainer(1975): *Bürgerbeteiligung in der Bundesrepublik*; Göttingen.

Atteslander, Peter([8]1995): *Methoden der empirischen Sozialforschung*; Berlin/New York (Ersterscheinung 1969).

_______(1976): Hrsg.: *Soziologie und Raumplanung. Einführung in ausgewählte Aspekte*; Berlin/New York.

Atteslander, Peter/Hamm, Bernd(1974): Hrsg.: *Materialien zur Siedlungssoziologie*; Köln.

Autorengruppe Ausländerforschung(1981): *Zwischen Getto und Knast. Jugendliche Ausländer in der Bundesrepublik*; Hamburg.

Bachelard, Gaston(1987): *Poetik des Raumes*; Frankfurt a.M.(frz. Ersterscheinung *La poétique de l'espace* 1957).

Baethge, Martin/Eßbach, Wolfgang(1983): "Zum Geleit", in: Baethge/Eßbach, Hrsg.; 9-13.

_______(1983): Hrsg.: *Soziologie. Entdeckungen im Alltäglichen. Hans Paul Bahrdt Festschrift zu seinem 65. Geburtstag*; Frankfurt a.M./New York.

Baeyer, Alexander von(1971): "Einleitung", in: Schütz(1971b); 9-29.

Bahrdt, Hans Paul(1968): *Humaner Städtebau. Überlegungen zur Wohnungspolitik und Stadtplanung für eine nahe Zukunft*; Hamburg.

_______([2]1969): *Die moderne Großstadt. Soziologische Überlegungen zum Städtebau*;

Hamburg(Ersterscheinung 1961).

_______(1975): "Erzählte Lebensgeschichten von Arbeitern", in: Osterland, Hrsg.; 9-37.

_______(41990): *Schlüsselbegriffe der Soziologie*; München(Ersterscheinung 1984).

Bank, Babsi/Lauck-Ndayi, Elisabeth(1993): "Abschied vom idyllischen Landleben", in: Forum Weingarten 2000, Hrsg.; 74-76.

Barck, Karlheinz/Gente, Peter/Paris, Heidi/Richter, Stefan(1990): Hrsg.: *Aisthesis. Wahrnehmung heute oder Perspektiven einer anderen Ästhetik*; Leipzig.

Bartels, Dietrich(1968): *Zur wissenschaftstheoretischen Grundlegung einer Geographie des Menschen*(= *Erdkundliches Wissen* Heft 19); Wiesbaden.

Beck, Ulrich(1986): *Risikogesellschaft*; Frankfurt a.M.

Beck, Ulrich/Bern-Gernsheim, Elisabeth(1990): *Der ganz normale Chaos der Liebe*; Frankfurt a.M.

Behnken, Imbke/Du Bois-Reymond, Manuela/Zinnecker, Jürgen(1988): *Raumerfahrung in der Biographie*; Studienbrief der FernUniversität Hagen.

_______(1989): *Stadtgeschichte als Kindheitsgeschichte. Lebensräume von Großstadtkindern in Deutschland und Holland um 1900*(= *Biographie und Gesellschaft* Bd. 5); Opladen.

Berger, Johannes(1986): Hrsg.: *Die Moderne-Kontinuitäten und Zäsuren*(= *Soziale Welt*, Sonderband 4); Göttingen.

Berger, Peter L./Berger, Brigitte(1993): *Wir und die Gesellschaft. Eine Einführung in die Soziologie—entwickelt an der Alltagserfahrung*; Hamburg(engl. Ersterscheinung *Sociology: A Biographical Approach* 1976).

Bergmann, Werner(1983): "Das Problem der Zeit in der Soziologie. Ein Literaturüberblick zum Stand der 'zeitsoziologischen' Theorie und Forschung", in: *Kölner Zeitschrift für Soziologie und Sozialpsychologie(KZfSS)*, Jg. 35(1983); 462-504.

Bertels, Lothar(1990): *Gemeinschaftsformen in der modernen Stadt*; Opladen.

Bertels, Lothar/Herlyn, Ulfert(1990): Hrsg.: *Lebenslauf und Raumerfahrung*(= *Biographie und Gesellschaft* Bd. 9); Opladen.

Biermann, Alfons W. u.a.(1983): Mitverf.: *Lebenstreppe. Bilder der menschlichen Lebensalter*(= *Schriften des Rheinischen Museumsamtes* Nr. 23); Köln.

Blessing, Helga(1993): "Abschied vom idyllischen Landleben", in: Forum Weingarten 2000, Hrsg.; 13.

Blinkert, Baldo(1993): *Aktionsräume von Kindern in der Stadt. Eine Untersuchtung im Auftrag der Stadt Freiburg*(= *Schriftenreihe des FIFAS* Bd. 2); Pfaffenweiler.

Blumenberg, Hans(1981a): "Lebenswelt und Technisierung unter Aspekten der Phänomenologie", in: Blumenberg(1981b); 7-54(zuerst vorgetragen 1959).

_______(1981b): *Wirklichkeiten in denen wir leben. Aufsätze und eine Rede*; Stuttgart.

_______(1986): *Lebenszeit und Weltzeit*; Frankfurt a.M.

Blumer, Herbert(1939): *An Appraisal of Thomas and Znanieckis The Polish Peasant in Europe and America*(= *Critiques of Research in the Social Sciences* Vol. 1); New York(*Bulletin* 44 of Social Science Research Council [SSRC]).

Bohn, Irina(1993): "Die Kriminalitätsberichterstattung über Roma und Sinti in der Lokalpresse", in: *JEK ČIP*, Jg. 1(November 1993); 3-4.

Böhnisch, Lothar/Münchmeier, Richard(1993): *Pädagogik des Jugendraums. Zur Begründung und Praxis einer sozialräumlichen Jugendpädagogik*; Weinheim/ München.

Bollnow, Otto Friedrich(1963): *Mensch und Raum*; Stuttgart.

Bourdieu, Pierre(1983): "Ökonomisches Kapital, kulturelles Kapital, soziales Kapital", in: Kreckel, Hrsg.: 183-198.

_______(1985a): *Sozialer Raum und »Klassen«. Leçon sur la leçon*; Frankfurt a.M.

_______(1985b): "Sozialer Raum und Klassen", in: Bourdieu(1985a); 7-46(frz. Ersterscheinung *Espace social et genèse de »classe«* 1984).

_______(1988): *Die politische Ontologie Martin Heideggers*; Frankfurt a.M.(frz. Ersterscheinung *L'ontologie politique de Martin Heidegger* 1975).

Brose, Hanns-Georg(1984): "Arbeit auf Zeit- Biographie auf Zeit", in: Kohli/Günther, Hrsg.; 192-216.

_______(1986): "Lebenszeit und biographische Zeitperspektive im Kontext sozialer Zeitstrukturen", in: Fürstenberg/Mörth, Hrsg.; 175-207.

Brose, Hanns-Georg/Hildenbrand, Bruno(1988): "Biographisierung von Erleben und Handeln", in: Brose/Hildenbrand, Hrsg.; 11-30.

_______(1988): Hrsg.: *Vom Ende des Individuums zur Individualität ohne Ende*(= *Biographie und Gesellschaft* Bd. 4); Opladen.

Brose, Hanns-Georg/Schulze-Bönig, Matthias/Meyer, Werner(1990): *Arbeit auf Zeit. Zur Karriere eines 'neuen' Beschäftigungsverhältnisses*; Opladen.

Bukowski, Jacek(1974): "Biographical Method in Polisch Sociology", in: *Zeitschrift für Soziologie(ZfS)*, Jg. 3, Heft 1(Februar 1974); 18-30.

Bulmer, Martin(1984): *The Chicago School of Sociology. Institutionalization, Diversity, and the Rise of Sociological Research*; Chicago/London.

Bundesminister für Raumordnung, Bauwesen und Städtebau(1975): *Städtebaubericht der Bundesregierung 1975*; Bonn.

_______(1990a): *Querschnittunteruchung. Städtebauliche Lösungen für die Nachbesserung von Großsiedlungen der 50er bis 70er Jahre*, Teil A: *Städtebauliche und bauliche Probleme und Maßnahmen*; Hamburg.

_______(1990b): *Querschnittunteruchung. Städtebauliche Lösungen für die Nachbesserung von Großsiedlungen der 50er bis 70er Jahre*, Teil B: *Wohnungswirtschaftliche und soziale Probleme und Maßnahmen*; Hamburg.

Caritasverband Freiburg-Stadt e.V.(1991): *Einblick auf die Aussiedler. Beraten, bilden, begegnen. Das Franz-Hermann-Haus-Treffpunkt für Aussiedler*; Freiburg i.Br.

Carlstein, Tommy/Thrift, Nigel(1978a): "Putting Time in its Place", in: Carlstein /Parkes/Thrift(1978c), ed.; 119-129.

_______(1978b): "Afterword. Towards a Time-Space Structured Approach to Society and Environment", in: Carlstein/Parkes/Thrift(1978d), ed.; 224-263.

Carlstein, Tommy/Parkes, Don/Thrift, Nigel(1978c): ed.: *Making Sense of Time*(= *Timing Space and Spacing Time* Vol. 1); London.

_______(1978d): ed.: *Human Activity and Time Geography*(= *Timing Space and Spacing Time* Vol. 2); London.

_______(1978e): ed.: *Time and Regional Dynamics* (= *Timing Space and Spacing Time* Vol. 3); London.

Claus, Eurich(1985): *Computerkinder. wie die Computerwelt das Kindsein zerstört*; Hamburg.

Coleman, James S.(1973): *The Mathematics of Collecitive Action*; London.

Coleman, James S./Fararo, Thomas J.(1992): "Introduction", in: Coleman/Fararo, ed.; ix-xxii.

Coleman, James S./Fararo, Thomas J.(1992): ed.: *Rational Choice Theory. Advocacy and Critique*(= *Key Issues in Sociological Theory* 7); Newbury Park/London/New Delhi.

Coser, Lewis A.([2]1977): *Masters of sociological thought*; New York(Ersterscheinung 1971).

Donner, Olaf/Ohder, Claudius/Weschke, Eugen(1981): "Straftaten von Ausländern in Berlin", in: Autorengruppe Ausländerforschung; 43-145.

Dorst-Leimstoll, Helga(1993): "Mir g'fällt's hier gut!", in: Forum Weingarten 2000, Hrsg.; 117.

Dupré, Wilhelm(1974): "Zeit", in: Krings/Baumgartener/Wild, Hrsg.; 1799-1817.

Dürckheim, Karlfried Graf v.(1931): "Untersuchungen zum gelebten Raum. Erlebniswirklichkeit und Verständnis. Systematische Untersuchungen II", in: Krueger(1930-1932), Hrsg., Heft 4; 383-480.

Durkheim, Émile([4]1976): *Die Regeln der soziologischen Methode*, Hrsg. von René König; Neuwied/Berlin(frz. Ersterscheinung *Les Règles de la méthode sociologique* 1895).

Dürr, Hans Peter(1987): Hrsg.: *Authenzität und Betrug in der Ethnologie*; Frankfurt a.M.

Ebbe, Kirsten/Friese, Peter(1989): *Milieuarbeit. Grundlagen präventiver Sozialarbeit im lokalen Gemeinwesen*; Stuttgart(Ersterscheinung 1985).

Eidenbenz, Mathias(1993): "Boden und Raum. Versuch einer Abgrenzung in der politisch-sozialen Sprache", in: *Soziographie*(Blätter des Forschungskomitees 'Soziographie' der Schweizerischen Gesellschaft für Soziologie), Jg. 6, Nr.7 (1993); 75-97.

Elias, Norbert(1987a): "Die Gesellschaft der Individuen", in: Elias(1987b); 15-98(engl. Originalmanuskript 1939).

_______(1987b): *Die Gesellschaft der Individuen*, Hrsg. von Michael Schröter; Frankfurt a.M.

_______([5]1994a): "Über die Zeit", in: Elias([5]1994b); 11-97(Ersterscheinung 1975).

_______([5]1994b): *Über die Zeit(= Arbeiten zur Wissensoziologie* II), Hrsg. von Michael Schröter; Frankfurt a.M.(Ersterscheinung 1984).

Elias, Norbert/Scotson, John L.(1993): *Etablierte und Außenseiter*; Frankfurt a.M.(engl. Ersterscheinung *The Established and the Outsiders. A Sociological Enquiry into Community Problems* 1965).

Elwert, Georg(1982): "Probleme der Ausländerintegration. Gesellschaftliche Integration durch Binnenintegration?", in: *KZfSS*, Jg. 34(1982); 717-731.

Eßbach, Wolfgang(1996): *Studium Soziologie*; München.

Esser, Hartmut(1988): "Sozialökologische Stadtforschung und Mehr-Ebenen-Analyse", in: Friedrichs, Hrsg.; 35-55.

_______(1994): "Von der subjektiven Vernunft der Menschen und von den Problemen der kritischen Theorie damit. Auch ein Kommentar zu Millers 'kritischen Anmerkungen zur Rational Theorie'", in: *Soziale Welt*, Jg. 45, Heft 1(1994); 16-32.

Etzioni, Amitai(1995): *Die Entdeckung des Gemeinwesens. Ansprüche, Verantwortlichkeiten und das Programm des Kommunitarismus*; Stuttgart(engl. Ersterscheinung *The Spirit of Community: the Reinvention of American Society* 1993).

Faris, Robert E. L.(1967): *Chicago Sociology 1920-1932*; San Francisco.

Finger, Peter(1981): "Wohngemeinschaft. Partnerschaft. Lebensgemeinschaft Alternative Formen des Zusammenlebens", in: *Juristenzeitung*, Nr. 15/16(14. August 1981); 497-510.

Fischer, Hans(1983): "Feldforschung", in: Fischer, Hrsg.; 69-88.

_______(1983): Hrsg.: *Ethnologie. Eine Einführung*; Berlin.

Fischer-Rosenthal, Wolfram(1990): "Von der 'biographischen Methode' zur Biographieforschung. Versuch einer Standortbestimmung", in: Alheit/ Fischer-Rosenthal/Hoerning; 11-32.

Flick, Uwe(1991): "Stationen des qualitativen Forschungsprozesses", in: Flick u.a., Hrsg.; 147-173.

Flick, Uwe u.a.(1991): Hrsg.: *Handbuch qualitative Sozialforschung*; München.

Forum Weingarten 2000 e.V.(1990): *Vorstellungen der Bewohner und Bewohnerinnen zur Sanierung von Weingarten-Ost*; Freiburg i.Br.

_______(1993): Hrsg.: *Weingartener Lesebuch*; Freiburg i.Br.

Foucault, Michel(1990): "Andere Räume", in: Barck/Gente/Paris/Richter, Hrsg.; 34-46(frz. Typoskript eines Vortrages am Cercle d'Etudes Architecturales 1967).

Friedrichs, Jürgen(1977): *Stadtanalyse. Soziale und räumliche Organisation der Gesellschaft*; Hamburg.

_______(1988): "Einleitung. Stadtsoziologie- wohin?", in: Friedrichs, Hrsg.; 7-17.

_______(1992): "Aufgaben und Perspektiven geographischer Stadtforschung. Koreferat aus der Sicht der Nachbardisziplin Soziologie", in: Wolf, Hrsg.; 31-36.

_______(1995): *Stadtsoziologie*; Opladen.

_______(1988): Hrsg.: *Soziologische Stadtforschung*(= *KZfSS*, Sonderheft 29); Opladen.

Friedrichs, Jürgen/Kamp, Klaus(1978): "Methodologische Probleme des Konzepts 'Lebenszyklus'", in: Kohli, Hrsg.; 173-190.

Friese, Heidrun(1991): *Ordnungen der Zeit. Zur sozialen Konstitution von Temporalstrukturen in einem sizilianischen Ort*; University of Amsterdam(unveröfftl. Dissertation).

_______(1993): "Die Konstruktionen von Zeit. Zum prekären Verhältnis von akademischer Theorie und lokaler Praxis", in: *ZfS*, Jg. 22, Heft 5 (Oktober 1993); 323-337.

Fuchs, Werner(1983): "Jugendliche Statuspassage oder individualisierte Jugendbiographie?", in: *Soziale Welt*, Jg. 34, Heft 3(1983); 341-371.

_______(1984): *Biographische Forschung. Eine Einführung in Praxis und Methoden*; Opladen.

Fuchs, Werner/Kohli, Martin/Schütze, Fritz(1987): "Vorwort der Herausgeber", in: Voges, Hrsg.: 3-4.

Fürstenberg, Friedrich(1966): "Sozialstruktur als Schlüsselbegriff der Gesellschafts-analyse", in: *KZfSS*, Jg. 18(1966); 439-453.

Fürstenberg, Friedrich/Mörth, Ingo(1986): Hrsg.: *Zeit als Strukturelement von Lebenswelt und Gesellschaft*; Linz.

Geertz, Clifford([2]1991a): "Dichte Beschreibung. Bemerkungen zu einer deutenden Theorie von Kultur", in: Geertz([2]1991b); 7-43(engl. Ersterscheinung *Thick Description: Toward an Interpretive Theory of Culture* 1973).

_______([2]1991b): *Dichte Beschreibung. Beiträge zum Verstehen kultureller Systeme*; Frankfurt a.M.(Ersterscheinung 1983).

Giddens, Anthony(1981): "Time and Space in Social Theory", in: Matthes, Hrsg.; 88-97.

Giesbrecht, Arno(1990): "Vom Leben auf der Straße- Raumprobleme und Raumerfah-rungen von Nichtseßhaften", in: Bertels/Herlyn, Hrsg.; 81-99.

Girtler, Roland(1987): "Die biographische Methode bei der Untersuchung devianter Karrieren und Lebenswelten", in: Voges, Hrsg.; 321-339.

Glaser, Barney G./Strauss, Anselm L.(1967): *The Discovery of Grounded Theory. Strategies for Qualitative Research*; Chicago.

_______([2]1984): "Die Entdeckung gegenstandsbezogener Theorie. Eine Grundstrategie qualitativer Sozialforschung", in: Hopf/ Weingarten, Hrsg.; 91-111(engl. Ersterscheinung 1965).

Goethe, Johann Wolfgang von(1965): *Dichtung und Wahrheit*(= *Goethe Werke* Bd. 5); Frankfurt a.M.(Ersterscheinung 1815).

Goffman, Erving(1963): *Behavior in Public Places. Notes on the Social Organization of Gatherings*; New York/London.

Gosztonyi, Alexander(1976): *Der Raum. Geschichte seiner Probleme in Philosophie und Wissenschaften* Bd. 2; Freiburg i.Br./München.

Gottlieb, Johnannes(1995): *Was man selbst nicht erlebt hat ... oder die Chance, voneinander zu lernen*; Freiburg, Sozial und Jugendamt(unveröffentliches Manuskript).

Greve, Werner/Ohlemacher, Thomas(1995): "Rationales Handeln zwischen normativer Kritik und empirischer Hypothese. Anmerkungen zur Debatte Miller/Esser", in: *Soziale Welt,* Jg. 46, Heft 1(1995); 92-99.

Grunow, Dieter u.a.(1976): *Integration ausländischer Arbeitnehmer. Verwaltung, Recht, Partizipation*(= *Studien zur Kommunalpolitik* Bd. 15); Bonn.

Guggenberger, Bernd/Kempf, Udo([2]1984): "Vorbemerkung", in: Guggenberger/ Kempf, Hrsg.; 9-21.

_______(²1984): Hrsg.: *Bürgerinitiativen und repräsentatives System*; Opladen (Ersterscheinung 1978).

Guhl, Jutta(1994): *Sozialarbeit als Förderung von Selbstbestimmung und aktiver Teilhabe. Das Stadtteilbüro Weingarten als Praxis des Empowermentkonzeptes*; Freiburg i.Br.(unveröffentlichte Diplomarbeit der Evangelischen Fachhochschule).

Gürkan, Ülkü/Laqueur, Klaus/Szablewski, Petra(1982): "Ausländerpolitik und Ausländerfeindlichkeit", in: *Informationsdienst zur Ausländerarbeit*, Nr. 3(1982); 19-21.

Güßefeldt, Jörg(1992): "1970 Am Ende der Nachkriegszeit/ 1987 Entwicklungsprozesse der Gegenwart", in: Haumann/Schadek, Hrsg.; 532-542.

Hägerstrand, Torsten(1970): "What about people in regional science?", in: *Papers of the Regional Science Association*, Vol. 24(1970); 7-21(European Congress, Copenhagen, 1969).

_______(1975): "On the Definition of Migration", in: Jones, ed.; 200-209(Ersterscheinung 1969).

_______(1978): "Survival and Arena. On the life-history of individuals in relation to their geographical environment", in: Carlstein/Parks/Thrift(1978d), ed.; 122-145(Ersterscheinung 1975).

Halbwachs, Maurice(1966): *Das Gedächtnis und seine sozialen Bedingungen*; Berlin/Neuwied(Ersterscheinung *Les cadres sociaux de la mémoire* 1925).

_______(1967): *Das kollektive Gedächtnis*; Stuttgart(entdeckt nach seinem Tod 1945 *La mémoire collective*).

Hall, Edward T.(1959): *The Silent Language*; New York.

_______(1969): *The Hidden Dimension*; New York(Ersterscheinung 1966).

Hamm, Bernd(1973): *Betrifft: Nachbarschaft. Verständigung über Inhalt und Gebrauch eines vieldeutigen Begriffs*; Düsseldorf.

_______(1976): "Sozialökologie und Raumplanung", in: Atteslander, Hrsg.; 94-117.

Hamm, Bernd(1977): *Die Organisation der städtischen Umwelt. Ein Beitrag zur sozialökologischen Theorie der Stadt*; Stuttgart.

Harvey, David(1990): *The Condition of Postmodernity. An Enquiry into the Origins of Cultural Change*; Cambridge/Oxford.

Haumann, Heiko(1990): "'Wenn einer einmal Haslacher Wasser getrunken hat, geht er nicht mehr weg.' Über die Wirkung der Geschichte", in: Projektgruppe Haslach und Arbeitskreis Regionalgeschichte Freiburg, Hrsg.; 19-32.

Haumann, Heiko/Schadek, Hans(1992): Hrsg.: *Von der badischen Herrschaft bis zur Gegenwart(-1992)(= Geschichte der Stadt Freiburg im Breisgau* Bd. 3), im Auftr.

der Stadt Freiburg i.Br.; Stuttgart.

_______(1994): Hrsg.: *Vom Bauernkrieg bis zum Ende der habsburgischen Herrschaft(= Geschichte der Stadt Freiburg im Breisgau* Bd. 2), im Auftr. der Stadt Freiburg i.Br.; Stuttgart.

_______(1996): Hrsg.: *Von den Anfängen bis zum 'Neuen Stadtrecht' von 1520(= Geschichte der Stadt Freiburg im Breisgau* Bd. 1), im Auftr. der Stadt Freiburg i.Br.: Stuttgart.

Häußermann, Hartmut/Siebel, Walter(1991): *Soziologie des Wohnens- Ein Grundriß*, in: Häußermann u.a., Mitverf.; 69-116.

Häußermann, Hartmut u.a.(1991): Mitverf.: *Stadt und Raum(= Stadt, Raum und Gesellschaft* Bd. 1); Pfaffenweiler.

Heckmann, Friedrich(1981): *Die Bundesrepublik. Ein Einwanderungsland? Zur Soziologie der Gastarbeiterbevölkerung als Einwandererminorität*; Stuttgart.

Heine, Elke(1981): "Ausländer in der veröffentlichten Meinung. Perspektiven einer Integration", in: Autorengruppe Ausländerforschung; 19-42.

Heinemeier, Siegfried(1991): *Zeitstrukturkrisen. Biographische Interviews mit Arbeitslosen* (= *Biographie und Gesellschaft* Bd. 12); Opladen.

Heinritz, Charlotte(1988): "BIOLIT. Literaturüberblick aus der Biographieforschung und der Oral History. 1978-1988", in: *BIOS*, Heft 1(1988); 121-167 und Heft 2(1988); 103-132.

Henley, Nancy(1977): *Body politics. Power, Sex, and Nonverbal Communication*; Englewood Cliffs, New Jersey.

Herlyn, Ulfert([2]1969): "Notizen zur stadtsoziologischen Literatur der 60er Jahre", in: Bahrdt; 153-182.

Herlyn, Ulfert(1980): "Vorwort", in: Herlyn, Hrsg.; 1-3.

_______(1980): Hrsg.: *Großstadtstrukturen und ungleiche Lebensbedingungen in der Bundesrepublik*; Frankfurt a.M./New York.

_______(1988): "Individualisierungsprozesse im Lebenslauf und städtische Lebenswelt", in: Friedrichs, Hrsg.; 111-131.

_______(1990a): "Zur Aneignung von Raum im Lebensverlauf", in: Bertels/Herlyn, Hrsg.; 7-34.

_______(1990b): "Die Neubausiedlung als Station in der Wohnkarriere", in: Bertels/Herlyn, Hrsg.; 179-200.

Hermann, Ruth(1993): "Erstmieter im Hochhaus", in: Forum Weingarten 2000, Hrsg.; 14.

Heyer, Rolf/Hommel, Manfred(1989): Hrsg.: *Stadt und Kulturraum. Peter Schöller zum Gedenken*(= *Bochumer Geographische Arbeiten* Heft 50); Paderborn.

Hilpert, Thilo(1978): *Die Funktionelle Stadt. Le Corbusiers Stadtvision Bedingungen, Motive, Hintergründe*; Braunschweig.

Hirschberg, Walter(1988): Hrsg.: *Neues Wörterbuch der Völkerkunde*; Berlin.

Hoerning, Erika M.(1987): "Lebensereignisse. Übergänge im Lebenslauf", in: Voges, Hrsg.; 231-259.

Hoffmann, Lutz/Even, Herbert(1984): *Soziologie der Ausländerfeindlichkeit. Zwischen nationaler Identität und multikultureller Gesellschaft*; Weinheim/Basel.

Holl, Kurt(1994): "Roma- das illgale Volk", in: *JEK ČIP*, Jg. 2(März 1994); 4-9.

Hollihn, Frank(1976): "Partizipation und Raumplanung", in: Atteslander, Hrsg.; 211-234.

Hopf, Christel(1978): "Die Pseudo-Exploration. Überlegungen zur Technik qualitativer Interviews in der Sozialforschung", in: *ZfS*, Jg. 7, Heft 2(April 1978); 97-115.

Hopf, Christel/Weingarten, Elmar([2]1984): Hrsg.: *Qualitative Sozialforschung*; Stuttgart (Ersterscheinung 1979).

Howard, Ebenezer(1968): *Gartenstädte von morgen*, Hrsg. von Julius Posener; Berlin/ Frankfurt a.M./Wien(engl. Ersterscheinung *To-Morrow* 1898).

Huber-Sheik, Katrin(1996): *Sozialer Brennpunkt. Sozialstruktur und Sanierung in einem Freiburger Stadtteil*; Konstanz.

Huisken, Freerk(1987): *Ausländerfeinde und Ausländerfreunde. Eine Streitschrift gegen den geächteten wie den geachteten Rassismus*; Hamburg.

Husserl, Edmund(1954): *Die Krisis der europäischen Wissenschaften und die transzendentale Phänomenologie. Eine Einleitung in die phänomenologische Philosophie*(= GW *Husserliana* Bd. VI), Hrsg. von Walter Biemel; den Haag (Hauptmanuskript 1935-1936).

_______(1984a): "Untersuchungen zur Phänomenologie und Theorie der Erkenntnis", in: *Husserl*(1984b), Bd. XIX/1(Zweiter Band, Erster Teil der *Logischen Untersuchungen*).

_______(1984b): *Logische Untersuchungen*(= GW *Husserliana* Bde. XXIII, XIX/1, XIX/2), Hrsg. von Ursula Panzer; den Haag(Ersterscheinung 1900-1901).

Institut für Volkskunde(1995): *Jugend macht. Vom Wandervogel zum Neo-Punk, Katalog zur Ausstellung einer studentischen Arbeitsgruppe in Zusammenarbeit mit den TeilnehmerInnen des Proseminars: 'Vom Wandervogel zum Neo-Punk Jugendkulturen im 20. Jahrhundert'*; Freiburg i.Br.

Ipsen, Detlev(1990): "Wohnungsmarkt und Lebenszyklus. Zur Vermittlung individueller und kollektiver Mechanismen des Tausches", in: Bertels/Herlyn, Hrsg.; 145-159.

_______(1991): "Stadt und Land. Metamorphosen einer Beziehung", in: Häußermann u.a., Mitverf.; 117-156.

Jakob, Giesela(1993): *Zwischen Dienst und Selbstbezug. Eine biographieanalytischen Untersuchung ehrenamtliches Engagements*(= *Biographie und Gesellschaft* Bd. 17); Opladen.

Janich, Peter/Mittelstrass, Jürgen(1973): "Raum", in: Krings/Baumgartener/Wild, Hrsg.; 1154-1168.

Jochimsen, Reimut/Simonis, Udo E.(1970): Hrsg.: *Theorie und Praxis der Infrastrukturpolitik*(= *Schriften des Vereins für Socialpolitik* Bd. 54); Berlin.

Jones, Emrys(1975): ed.: *Readings in Social Geography*; London.

Jontofsohn, Marion(1993): "Eine Bewohnerin des Hochhauses Krozinger Straße 52 erzählt", in: Forum Weingarten 2000, Hrsg.; 66.

Jugendwerk der Deutschen Shell(1981): Hrsg.: *Jugend'81* Bd. 1: *Lebensentwürfe. Alltagskulturen. Zukunftsbilder*; Hamburg.

_______(1997): Hrsg.: *Jugend'97. Zukunftsperspektiven, gesellschaftliches Engagement, politische Orientierungen*; Opladen.

Jüttemann, Gerd(²1989): Hrsg.: *Qualitative Forschung in der Psychologie. Grundfragen, Verfahrensweise, Anwendungsfelder*; Heidelberg(Ersterscheinung 1985).

Kaufmann, Franz-Xaver(1980): "Kinder als Außenseiter der Gesellschaft", in: *Merkur*, Jg. 34, Heft 8(August 1980); 761-771.

Klages, Helmut(²1968): *Der Nachbarschaftsgedanke und die nachbarliche Wirklichkeit in der Großstadt*; Stuttgart/Berlin/Köln/Mainz(Ersterscheinung 1958).

Kleinig, Gerhard(1982): "Umriß zu einer Methodologie qualitativer Sozialforschung", in: *KZfSS*, Jg. 34(1982); 224-253.

_______(1986): "Das qualitative Experiment", in: *KZfSS*, Jg. 38(1986); 724-750.

Koepping, Klaus-Peter(1987): "Authentizität als Selbstfindung durch den anderen. Ethnologie zwischen Engagement und Reflexion, zwischen Leben und Wissenschaft", in: Dürr, Hrsg.; 7-37.

Kohli, Martin(1978): "Erwartungen an eine Soziologie des Lebenslaufs", in: Kohli, Hrsg.; 9-31.

_______(1981): "Wie es zur 'biographischen Methode' kam und was daraus geworden ist", in: *ZfS*, Jg. 10, Heft 3(Juli 1981); 273-293.

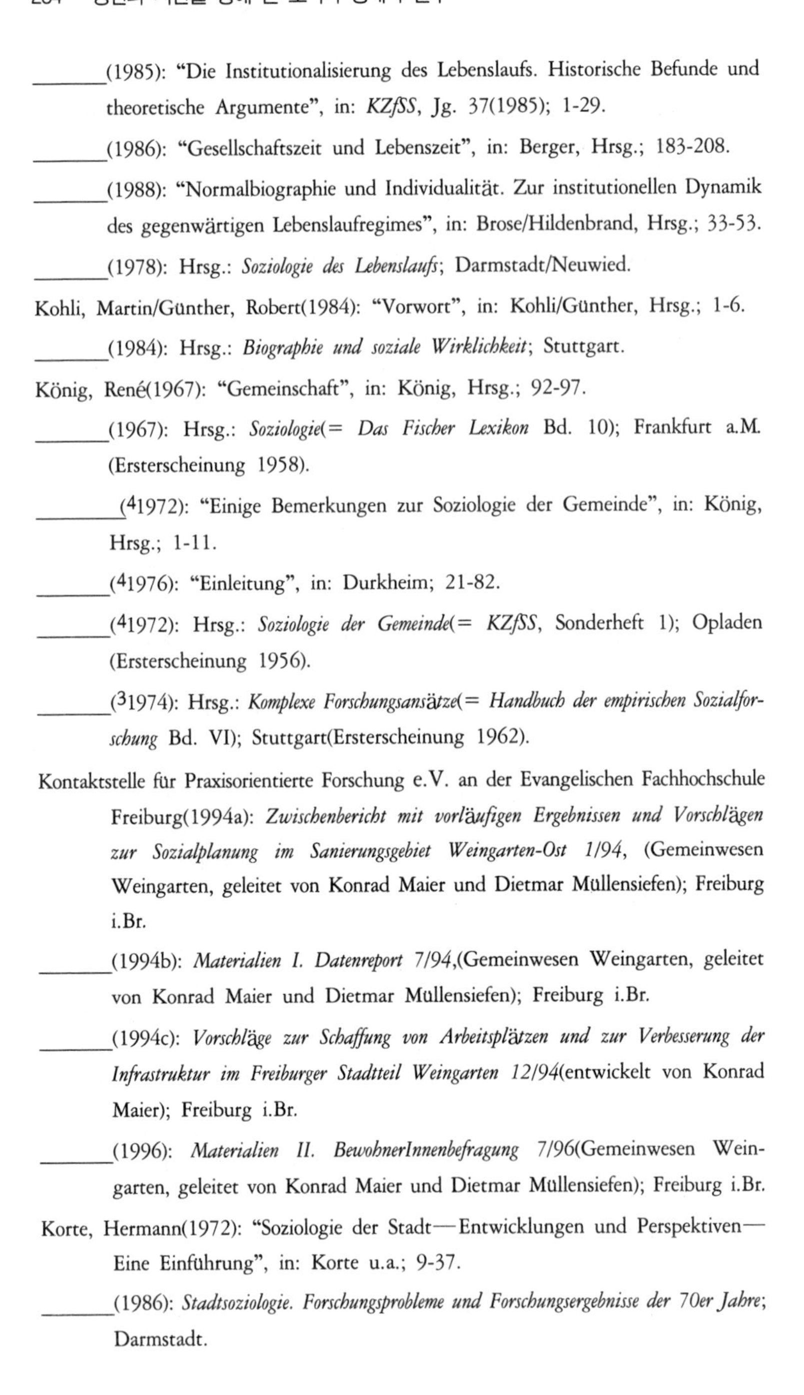

_______(1985): "Die Institutionalisierung des Lebenslaufs. Historische Befunde und theoretische Argumente", in: *KZfSS*, Jg. 37(1985); 1-29.

_______(1986): "Gesellschaftszeit und Lebenszeit", in: Berger, Hrsg.; 183-208.

_______(1988): "Normalbiographie und Individualität. Zur institutionellen Dynamik des gegenwärtigen Lebenslaufregimes", in: Brose/Hildenbrand, Hrsg.; 33-53.

_______(1978): Hrsg.: *Soziologie des Lebenslaufs*; Darmstadt/Neuwied.

Kohli, Martin/Günther, Robert(1984): "Vorwort", in: Kohli/Günther, Hrsg.; 1-6.

_______(1984): Hrsg.: *Biographie und soziale Wirklichkeit*; Stuttgart.

König, René(1967): "Gemeinschaft", in: König, Hrsg.; 92-97.

_______(1967): Hrsg.: *Soziologie*(= *Das Fischer Lexikon* Bd. 10); Frankfurt a.M. (Ersterscheinung 1958).

_______([4]1972): "Einige Bemerkungen zur Soziologie der Gemeinde", in: König, Hrsg.; 1-11.

_______([4]1976): "Einleitung", in: Durkheim; 21-82.

_______([4]1972): Hrsg.: *Soziologie der Gemeinde*(= *KZfSS*, Sonderheft 1); Opladen (Ersterscheinung 1956).

_______([3]1974): Hrsg.: *Komplexe Forschungsansätze*(= *Handbuch der empirischen Sozialforschung* Bd. VI); Stuttgart(Ersterscheinung 1962).

Kontaktstelle für Praxisorientierte Forschung e.V. an der Evangelischen Fachhochschule Freiburg(1994a): *Zwischenbericht mit vorläufigen Ergebnissen und Vorschlägen zur Sozialplanung im Sanierungsgebiet Weingarten-Ost 1/94*, (Gemeinwesen Weingarten, geleitet von Konrad Maier und Dietmar Müllensiefen); Freiburg i.Br.

_______(1994b): *Materialien I. Datenreport 7/94*,(Gemeinwesen Weingarten, geleitet von Konrad Maier und Dietmar Müllensiefen); Freiburg i.Br.

_______(1994c): *Vorschläge zur Schaffung von Arbeitsplätzen und zur Verbesserung der Infrastruktur im Freiburger Stadtteil Weingarten 12/94*(entwickelt von Konrad Maier); Freiburg i.Br.

_______(1996): *Materialien II. BewohnerInnenbefragung 7/96*(Gemeinwesen Weingarten, geleitet von Konrad Maier und Dietmar Müllensiefen); Freiburg i.Br.

Korte, Hermann(1972): "Soziologie der Stadt—Entwicklungen und Perspektiven—Eine Einführung", in: Korte u.a.; 9-37.

_______(1986): *Stadtsoziologie. Forschungsprobleme und Forschungsergebnisse der 70er Jahre*; Darmstadt.

Korte, Hermann u.a.(1972): *Soziologie der Stadt(= Grundfragen der Soziologie* Bd. 11); München.

Korte, Hermann/Schäfers, Bernhard(1992): Hrsg.: *Einführung in Hauptbegriffe der Soziologie(= Einführungskurs Soziologie* Bd. I); Opladen.

_______(1993): Hrsg.: *Einführung in Spezielle Soziologien(= Einführungskurs Soziologie* Bd. IV); Opladen.

Kreckel, Reinhard(1983): Hrsg.: *Soziale Ungleichheiten(= Soziale Welt*, Sonderband 2); Göttingen.

Krings, Hermann/Baumgartener, Hans M./Wild, Christoph(1973): Hrsg.: *Handbuch philosophischer Grundbegriffe* Bd. 4; München.

_______(1974): Hrsg.: *Handbuch philosophischer Grundbegriffe* Bd. 6; München.

Koselleck, Reinhart(1979): *Vergangene Zukunft. Zur Semantik geschichtlicher Zeiten*; Frankfurt a.M.

Krueger, Felix(1930-1932): Hrsg.: *Psychologische Optik(= Neue Psychologische Studien* Bd. 6); München.

Kuhn, Thomas S.(1967): *Die Struktur wissenschaftlicher Revolutionen*; Frankfurt a.M.(engl. Ersterscheinung *The Structure of Scientific Revolutions* 1962).

Laermann, Klaus(1975): "Alltags-Zeit. Bemerkungen über die unauffälligste Form sozialen Zwangs", in: *Kursbuch* 41(September 1975); 87-105.

Lamnek, Siegfried([2]1993a): *Methodologie(= Qualitative Sozialforschung* Bd. 1); Weinheim (Ersterscheinung 1988).

_______([2]1993b): *Methoden und Techniken(= Qualitative Sozialforschung* Bd. 2); Weinheim (Ersterscheinung 1988).

Läpple, Dieter(1991a): "Essay über den Raum. Für ein gesellschaftswissenschaftliches Raumkonzept", in: Häußermann u.a., Mitverf.; 157-207.

_______(1991b): "Gesellschaftszentriertes Raumkonzept. Zur Überwindung von physikalisch-mathematischen Raumauffassungen in der Gesellschaftsanalyse", in: Wentz, Hrsg.; 35-46.

Lauck-Ndayi, Elisabeth(1993): "Angst als Begleiter der Flucht", in: Forum Weingarten 2000, Hrsg.; 70-73.

Le Corbusier([2]1979): *Städtebau*; Stuttgart(frz. Ersterscheinung *Urbanisme* 1925).

Leach, Edmund R.(1966): "Zwei Aufsätze über die symbolische Darstellung der Zeit", in: Mühlmann/Müller, Hrsg.; 392-408.

Lehmann, Albrecht(1978): "Erzählen eigener Erlebnisse im Alltag. Tatbestände, Situationen, Funktionen", in: *Zeitschrift für Volkskunde(ZfV)*, Jg. 74(1978);

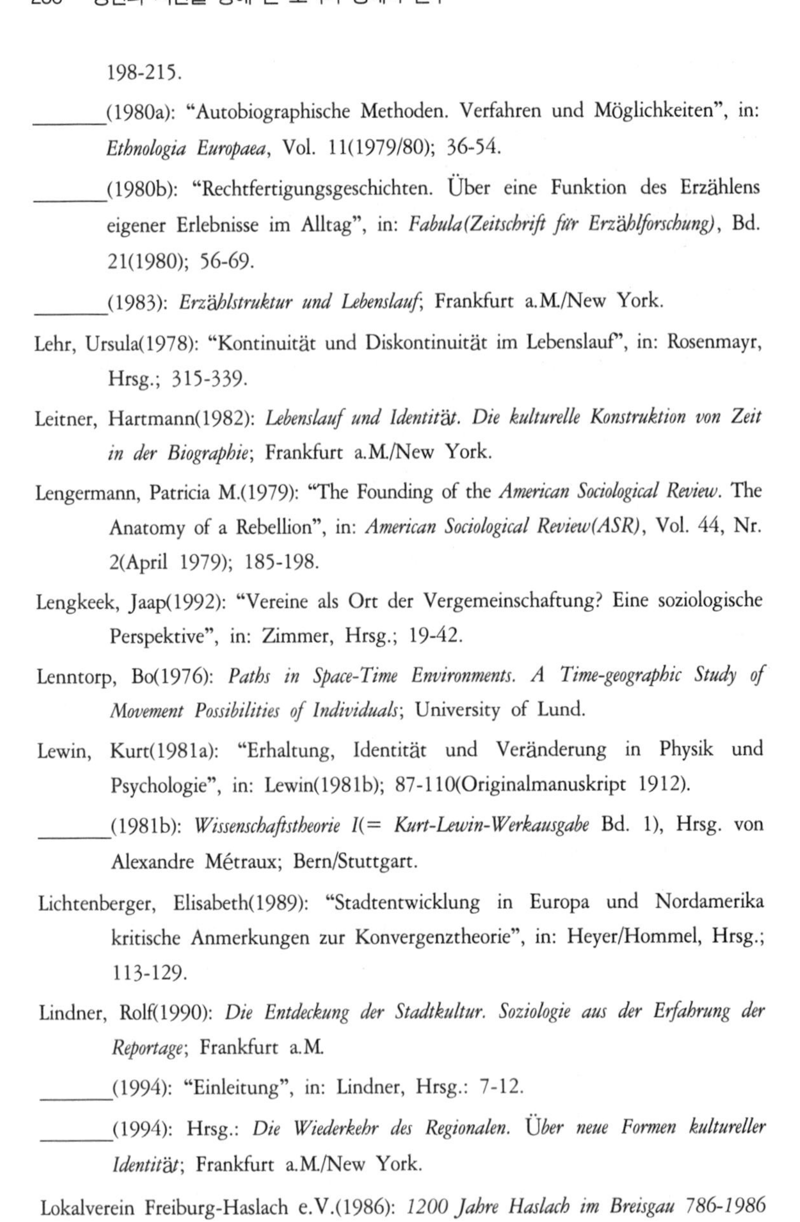

198-215.

_______(1980a): "Autobiographische Methoden. Verfahren und Möglichkeiten", in: *Ethnologia Europaea*, Vol. 11(1979/80); 36-54.

_______(1980b): "Rechtfertigungsgeschichten. Über eine Funktion des Erzählens eigener Erlebnisse im Alltag", in: *Fabula(Zeitschrift für Erzählforschung)*, Bd. 21(1980); 56-69.

_______(1983): *Erzählstruktur und Lebenslauf*; Frankfurt a.M./New York.

Lehr, Ursula(1978): "Kontinuität und Diskontinuität im Lebenslauf", in: Rosenmayr, Hrsg.; 315-339.

Leitner, Hartmann(1982): *Lebenslauf und Identität. Die kulturelle Konstruktion von Zeit in der Biographie*; Frankfurt a.M./New York.

Lengermann, Patricia M.(1979): "The Founding of the *American Sociological Review*. The Anatomy of a Rebellion", in: *American Sociological Review(ASR)*, Vol. 44, Nr. 2(April 1979); 185-198.

Lengkeek, Jaap(1992): "Vereine als Ort der Vergemeinschaftung? Eine soziologische Perspektive", in: Zimmer, Hrsg.; 19-42.

Lenntorp, Bo(1976): *Paths in Space-Time Environments. A Time-geographic Study of Movement Possibilities of Individuals*; University of Lund.

Lewin, Kurt(1981a): "Erhaltung, Identität und Veränderung in Physik und Psychologie", in: Lewin(1981b); 87-110(Originalmanuskript 1912).

_______(1981b): *Wissenschaftstheorie I(= Kurt-Lewin-Werkausgabe* Bd. 1), Hrsg. von Alexandre Métraux; Bern/Stuttgart.

Lichtenberger, Elisabeth(1989): "Stadtentwicklung in Europa und Nordamerika kritische Anmerkungen zur Konvergenztheorie", in: Heyer/Hommel, Hrsg.; 113-129.

Lindner, Rolf(1990): *Die Entdeckung der Stadtkultur. Soziologie aus der Erfahrung der Reportage*; Frankfurt a.M.

_______(1994): "Einleitung", in: Lindner, Hrsg.: 7-12.

_______(1994): Hrsg.: *Die Wiederkehr des Regionalen. Über neue Formen kultureller Identität*; Frankfurt a.M./New York.

Lokalverein Freiburg-Haslach e.V.(1986): *1200 Jahre Haslach im Breisgau 786-1986* (Festschrift in Zusammenarbeit mit der Arbeitsgemeinschaft der Haslacher Verein).

Lötscher, Lienhard(1992): "Aufgaben und Perspektiven geographischer Stadtforschung", in: Wolf, Hrsg.; 11-29.

Ludwig, Monika(1992): "Sozialhilfekarrieren. Über ein neues Konzept in der Armutsforschung", in: *Neue Praxis(Zeitschrift für Sozialarbeit, Sozialpädagogik und Sozialpolitik)*, Jg, 22, Heft 2(1992); 130-140.

Lüscher, Kurt(1985): "Moderne familiale Lebensformen als Herausforderung der Soziologie", in: Lutz, Hrsg.; 110-127.

Lutz, Burkart(1985): Hrsg.: *Soziologie und gesellschaftliche Entwicklung(= Verhandlungen des 22. Deutschen Soziologentages in Dortmund 1984)*; Frankfurt a.M./New York.

Maier, Konrad(1992): "Armut in der Wohlstandsgesellschaft. Erscheinungsformen, Umfang und Ursachen von Armut in den alten Bundesländern", in: Mitteilungen der Evangelischen Landeskirche in Baden, Heft 5(Sep./Okt. 1992); 6-11.

Makropoulos, Michael(1988): "Der Mann auf der Grenze. Robert Ezra Park und die Chancen einer heterogenen Gesellschaft", in: *Freibeuter* 35(1988); 8-22.

Mannheim, Karl(1928): "Das Problem der Generationen", in: *Kölner Vierteljahrshefte für Soziologie,* Jg. 7; 157-185 und 309-330.

_______(1958): *Mensch und Gesellschaft im Zeitalter des Umbaus*; Darmstadt (engl. Ersterscheinung *Man and Society in an Age of Reconstruction* 1940).

Marbach, Jan(1987): "Das Familienzykluskonzept in der Lebenslaufforschung", in: Voges, Hrsg.; 367-388.

Mårtensson, Solveig(1979): *On the Formation of Biographies in Space-Time Environments*; University of Lund.

Matthes, Joachim(1978a): "Volkskirchliche Amtshandlungen, Lebenszyklen und Lebensgeschichte", in: Kohli, Hrsg.; 206-224(Ersterscheinung 1975).

_______(1978b): "Wohnverhalten, Familienzyklus und Lebenslauf", in: Kohli, Hrsg.; 154-172.

Matthes, Joachim/Schütze, Fritz(1973): "Zur Einführung. Alltagswissen, Interaktion und gesellschaftliche Wirklichkeit", in: Arbeitsgruppe Bielefelder Soziologen, Hrsg.; 11-53.

Matthes, Joachim(1981): Hrsg.: *Lebenswelt und soziale Probleme(= Verhandlungen des 20. Deutschen Soziologentages zu Bremen 1980)*; Frankfurt a.M.

Matthes, Joachim/Pfeifenberger, Arno/Stosberg, Manfred(1981): Hrsg.: *Biographie in handlungswissenschaftlicher Perspektive*; Nürnberg.

Mayring, Philipp(²1989): "Qualitative Inhaltsanalyse", in: Jüttemann, Hrsg.; 187-211.

McKenzie, Roderick D.(³1927): "The Ecological Approach to the Study of the Human Community", in: Park/Burgess/McKenzie; 63-79(Ersterscheinung 1925).

______(1974): "Konzepte der Sozialökologie", in: Atteslander/Hamm, Hrsg.; 101-112(engl. Ersterscheinung *The Scope of Human Ecology* 1926).

Miller, Max(1994): "Ellenbogenmentalität und ihre theoretische Apotheose—Einige kritische Anmerkungen zur Rational Choice Theorie", in: *Soziale Welt*, Jg. 45, Heft 1(1994); 5-15.

Mitscherlich, Alexander(1965): *Die Unwirtlichkeit unserer Städte. Anstiftung zum Unfrieden*; Frankfurt a.M.

Mitscherlich, Alexander/Mitscherlich, Margarete(1967): *Die Unfähigkeit zu trauern. Grundlagen kollektiven Verhaltens*; München.

Modell, John/Furstenberg Jr., Frank F./Hershberg, Theodore(1978): "Sozialer Wandel und Übergänge ins Erwachsenalter in historischer Perspektive", in: Kohli, Hrsg.; 225-250(engl. *Social change and transitions to adulthood in historical perspective* 1976).

Mühlmann, Wilhelm E./Müller, Ernst M.(1966): Hrsg.: *Kulturanthropologie*; Köln/Berlin.

Nachbarschaftswerk e.V.(1989): *20 Jahre Nachbarschaftswerk Freiburg e.V. 1969-1989*; Freiburg i.Br.

Nachbarschaftswerk e.V.(1994): *Jahresbericht 1994*; Freiburg i.Br.

Nave-Herz, Rosemarie(1993): "Familie-Jugend-Alter", in: Korte/Schäfers, Hrsg.; 9-28.

Nessel, Markus(1990): "Die politischen Verhältnisse in Haslach. Ein fiktives Interview", in: Projektgruppe Haslach und Arbeitskreis Regionalgeschichte Freiburg, Hrsg.; 105-112.

Niethammer, Lutz(1980): "Postskript. Über Forschungstrends unter Verwendung diachroner Interviews in der Bundesrepublik", in: Niethammer, Hrsg.; 349-353.

______(1980): Hrsg.: *Lebenserfahrung und kollektives Gedächtnis. Die Praxis der 'Oral History'*; Frankfurt a.M.

Oevermann, Ulrich(1985): "Versozialwissenschaftlichung der Identitätsformation und der Verweigerung von Lebenspraxis. Eine aktuelle Variante der Dialektik der Aufklärung", in: Lutz, Hrsg.; 463-474.

Oevermann, Ulrich/Allert, Tilman/Konau, Elisabeth/Krambeck, Jürgen(1979): "Die Methodologie einer 'objektiven Hermeneutik' und ihre allgemeine forschungslogische Bedeutung in den Sozialwissenschaften", in: Soeffner, Hrsg.; 352-434.

Opp, Karl-Dieter(1972): "Die 'alte' und die 'neue' Kriminalsoziologie. Eine kritische Analyse einiger Thesen des labeling approach", in: *Kriminologisches Journal,* Jg. 4, Heft 1(1972); 32-52.

Osterland, Martin(1983): "Die Mythologisierung des Lebenslaufs. Zur Problematik des Erinnerns", in: Baethge/Eßbach, Hrsg.; 279-290.

_______ u.a.(1973): *Materialien zur Lebens und Arbeitssituation der Industriearbeiter in der BRD*(= Studienreihe des SOFI); Frankfurt a.M.

_______(1975): Hrsg.: *Arbeitssituation, Lebenslage und Konfliktpotential. Festschrift für Max E. Graf zu Solms-Roedelheim*(= Studienreihe des Soziologischen Forschungsinstituts Göttingen [SOFI]); Frankfurt a.M./Köln.

Park, Robert E.(1915): "The City. Suggestions for the Investigation of Human Behavior in the City Environment", in: *American Journal of Sociology(AJS)*, Vol. 20, Nr. 5(March 1915); 577-612.

_______(1928): "Human Migration and the Marginal Man", in: *AJS*, Vol. 33, Nr.6 (May 1928); 881-893.

_______(1936a): "Human Ecology", in: *AJS*, Vol. 42, Nr. 1(July 1936); 1-15.

_______(1936b): "Succession, an Ecological Concept", in: *ASR*, Vol. I, Nr. 2(April 1936); 171-179.

_______(1952): *Human Communities. The City and Human Ecology*(= *The collected papers of Robert Ezra Park* Vol. II), ed. by Everett C. Hughes u.a.; Glencoe.

_______(1955): *Society. Collective Behavior, News and Opinion, Sociology and Modern Society*(= *The collected papers of Robert Ezra Park* Vol. III), ed. by Everett C. Hughes u.a.; Glencoe.

_______(1964): *Race and Culture. Essays in the Sociology of Contemporary Man*, ed. by Everett C. Hughes u.a.; Glencoe(Ersterscheinung *The collected papers of Robert Ezra Park* Vol. I, 1950).

_______([3]1969): "Sociology and the Social Sciences", in: Park/Burgess; 1-63(Ersterscheinung 1920-1921).

_______(1974): "Die Stadt als räumliche Struktur und als sittliche Ordnung", in: Atteslander/Hamm; Hrsg.; 90-100(engl. Ersterscheinung *The Urban Community as a Spatial Pattern and a Moral Order* 1925).

Park, Robert E./Burgess Ernest W.([3]1969): *Introduction to the Science of Sociology. including the original index to basic sociological concepts*; Chicago(Ersterscheinung 1921).

Park, Robert E./Burgess, Ernest W./McKenzie, Roderick D.([3]1927): *The City*; Chicago(Ersterscheinung 1925).

Parsons, Talcott(1949): *The Structure of Social Action. A Study in Social Theory with Special Reference to a Group of Recent European Writers*; Glencoe (Ersterscheinung 1937).

Peggy, Golde(^{2}1986): "Introduction", in: Peggy, ed.; 1-15(Ersterscheinung 1970).

_______(^{2}1986): ed.: *Women in the field*; Berkeley/Los Angeles/London(Ersterscheinung 1970).

Pfeil, Elisabeth(1965): *Die Familie im Gefüge der Großstadt. Zur Sozialtopographie der Stadt*; Hamburg.

_______(^{2}1972): *Großstadtforschung. Entwicklung und gegenwärtiger Stand*; Hannover (Ersterscheinung 1950).

Piaget, Jean(1975a): *Der Aufbau der Wirklichkeit beim Kinde*(= GW 2); Stuttgart.(frz. Ersterscheinung *La construction du réel chez l'enfant* 1950).

_______(1975b): *Das Erwachen der Intelligenz beim Kinde*(= GW 1); Stuttgart(frz. Ersterscheinung *La naissance de l'intelligence chez l'enfant* 1959).

Plessner, Helmuth(^{3}1975): *Die Stufen des Organischen und der Mensch. Einleitung in die philosophische Anthropologie*; Berlin(Ersterscheinung 1928).

Popitz, Heinrich(1986): *Phänomene der Macht*; Tübingen.

Preuss-Lausitz, Ulf u.a.(^{3}1991): Mitverf.: *Kriegskinder, Konsumkinder, Krisenkinder. Zur Sozialisationsgeschichte seit dem Zweiten Weltkrieg*; Weinheim/Basel (Ersterscheinung 1983).

Projektgruppe Haslach und Arbeitskreis Regionalgeschichte Freiburg e.V.(1990): Hrsg.: *'Haslemer erzählen...' Annäherungen an den Alltag eines Freiburger Stadtteils von der Jahrhundertwende bis 1945*(= *Alltag & Provinz* Bd. 3); Freiburg i.Br.

Rammert, Werner(1990): Hrsg.: *Computerwelten-Alltagswelten*; Opladen.

Rammstedt, Otthein(1975): "Alltagsbewußtsein von Zeit", in: *KZfSS*, Jg. 27(1975); 47-63.

Raser, Ilse(1993): "Wie es am Anfang hier aussah", in: Forum Weingarten 2000, Hrsg.; 3.

Rausch, Günter(1992): *Notwendige Bildung in einem ökosozialen Sanierungskonzept für eine Großsiedlung der 60er Jahre-aufgezeigt am Beispiel von Weingarten-Ost*; Pädagogische Hochschule Freiburg(unveröffentlichte Diplomarbeit).

Rehm, Clemens(1991): "Freiburg—ein goldener Käfig? Zur Eingemeindung Haslachs 1890", in: Stadt Freiburg im Breisgau, Presse-und Informationsamt, Lokalverein Haslach, Hrsg.; 3-15.

Reinhold, Gerd(1991): Hrsg.: *Soziologie-Lexikon*; München/Wien.

Riese, Horst(1990): *Mieterorganisationen und Wohnungsnot. Geschichte einer sozialen Bewegung*(= *Stadtforschung aktuell* Bd. 27); Basel/Boston/Berlin.

Rodenstein, Marianne(1991): "Städtebaukonzepte- Bilder für den baulich-räumlichen Wandel der Stadt", in: Häußermann u.a., Mitverf.; 31-67.

Rosenmayr, Leopold(1978): Hrsg.: *Die menschlichen Lebensalter. Kontinuität und Krisen*; München.

Ruch, Christoph(1990): "Gartenstadt und Laubenkolonie. Zum Siedlungswohnungsbau in Freiburg-Haslach von 1913 bis 1938", in: Projektgruppe Haslach und Arbeitskreis Regionalgeschichte Freiburg, Hrsg.; 33-53.

Rudolph-Cleff, Annette(1996): *Wohnungspolitik und Stadtentwicklung. Ein deutschfranzösischer Vergleich*(= *Stadtforschung aktuell* Bd. 55); Basel/Boston/Berlin.

Sack, Fritz(1972): "Definition von Kriminalität als politisches Handeln. der labeling approach", in: *Kriminologisches Journal*, Jg. 4, Heft 1(1972); 3-31.

Scheflen, Albert E.(1976): *Körpersprache und soziale Ordnung. Kommunikation als Verhaltenskontrolle*; Stuttgart(engl. Ersterscheinung *Body language and social order* 1972).

Schenda, Rudolf(1981): "Autobiographen erzählen Geschichten", in: *ZfV*, Jg. 77 (1981); 67-87.

Scherrer, Hans-Carl(1980): "Haslach. Chronik eines Markgräfler Dorfes bis zu seiner Eingemeindung nach Freiburg"; Freiburg i.Br.

Schmals, Klaus M(1983): Hrsg.: *Stadt und Gesellschaft. Ein Arbeits-und Grund- lagenwerk*; München.

Schmidt, Leo(1992): "Stadtcharakter und Architektur. Freiburger Baugeschichte seit 1800", in: Haumann/Schadek, Hrsg.; 561-586.

Schulze, Gerhard(1992): *Die Erlebnisgesellschaft*; Frankfurt a.M./New York.

Schütz, Alfred(1971a): *Das Problem der sozialen Wirklichkeit*(= GA I); den Haag.

_______(1971b): *Studien zur phänomenologischen Philosophie*(= GA III); den Haag.

_______(1971c): "Das Wählen zwischen Handlungsentwürfen", in: Schütz (1971a); 77-110(engl. Ersterscheinung *Choosing among Projects of Action* 1951).

_______(1972a): *Studien zur soziologischen Theorie*(= GA II); den Haag.

_______(1972b): "Der Fremde", in: Schütz(1972a); 53-69(engl. Ersterscheinung *The Stranger* 1944).

_______(1974): *Der sinnhafte Aufbau der sozialen Welt. Eine Einleitung in die verstehende Soziologie*; Frankfurt a.M.(Ersterscheinung 1932).

Schütz, Alfred/Luckmann, Thomas(1979): *Strukturen der Lebenswelt* Bd. I; Frankfurt a.M.(Ersterscheinung 1975).

Schütze, Fritz(1981): "Prozeßstrukturen des Lebensablaufs", in: Matthes/Pfeifenberger/ Stosberg, Hrsg.; 67-156.

Shevky, Eshref/Bell, Wendell(1974): "Sozialraumanalyse", in: Atteslander/Hamm, Hrsg.; 125-139(engl. Ersterscheinung *Social Area Analysis* 1961).

Sickmüller, Günter(1993): "Gerade wurde sie sechsundzwangzig", in: Forum Weingarten 2000, Hrsg.; 24-25.

Siedlungsgesellschaft Freiburg i.Br. GmbH(1929): *Denkschrift der Siedlungsgesellschaft Freiburg im Breisgau G.m.b.H. anläßlich des zehnjährigen Bestehens 1919/1929*; Freiburg i.Br.

_______(1944): *Tätigkeits-und Rechenschaftsbericht 1919-1944*; Freiburg i.Br.

_______(1993): Hrsg.: *Wohnungen und Mieter der Siedlungsgesellschaft. Statistische Erhebungen 1991/1992*; Freiburg i.Br.

_______(1994): Hrsg.: *75 Jahre Siedlungsgesellschaft*; Freiburg i.Br.

_______(1995): *Geschäftsbericht 1995*; Freiburg i.Br.

Silbermann, Alphons(1963): *Vom Wohnen der Deutschen*; Köln.

_______(1991): *Neues vom Wohnen der Deutschen(West)*; Bielefeld.

Simmel, Georg(1957a): "Die Großstädte und das Geistesleben", in: Simmel(1957b); 227-242(Ersterscheinung 1903).

_______(1957b): *Brücke und Tür. Essays des Philosophen zur Geschichte, Religion, Kunst und Gesellschaft*, Hrsg. von Michael Landmann; Stuttgart.

_______(²1995a): *Soziologie. Untersuchungen über die Formen der Vergesellschaftungen*(= GA Bd. II), Hrsg. von Otthein Rammstedt; Frankurt a.M. (Ersterscheinung 1908).

_______(²1995b): "Exkurs über das Problem. Wie ist Gesellschaft möglich?", in: Simmel(²1995a); 42-62.

_______(²1995c): "Der Raum und die räumlichen Ordnungen der Gesellschaft", in: Simmel(²1995a); 687-790.

_______(²1995d): "Exkurs über den Fremden", in: Simmel(²1995a); 764-771.

Simmel, Georg/Tönnies, Ferdinand/Weber, Max u.a.(1911): Mitverf.: *Verhandlungen des Ersten Deutschen Soziologentages vom 19.-22. Oktober 1910 in Frankfurt a.M. Rede und Vorträge*(= *Verhandlungen der Deutschen Soziologentage*, Bd. I); Tübingen.

Sitte, Camillo(⁴1909): *Der Städtebau nach seinen künsterischen Grundsätzen. Ein Beitrag zur Lösung moderner Fragen der Architektur und monumentalen Plastik unter besonderer Beziehung auf Wien*; Wien(Ersterscheinung 1889).

Soeffner, Hans-Georg(1979): Hrsg.: *Interpretative Verfahren in den Sozial-und Textwissenschaften*; Stuttgart.

Sontheimer, Kurt([2]1984): "Bürgerinitiativen- Versuch einer Begriffsbestimmung", in: Guggenberger/Kempf, Hrsg.; 96-102.

Sorokin, Pitirim A./Merton, Robert K.(1937): "Social Time. A Methodological and Functional Analysis", in: *AJS*, Vol. 42, Nr. 5(March 1937); 615-629.

Stadt Freiburg im Breisgau, Presse- und Informationsamt, Lokalverein Haslach (1991): Hrsg.: *Freiburg—ein goldener Käfig? Eine Dokumentation zum 100. Jahrestag der Eingemeindung des Dorfes Haslach nach Freiburg*; Freiburg i.Br.

Stallberg, Friedrich W.(1975): "Bemerkungen zur Rezeption des Labeling-Ansatzes in der westdeutschen Kriminalsoziologie", in: *Kriminologisches Journal*, Jg.7, Heft3 (1975); 161-171.

Strang, Heinz(1992): "Verschämte Armut—ein Sozialfossil?", in: *Archiv für Wissenschaft und Praxis in der sozialen Arbeit*, Jg. 23, Nr. 1(1992); 22-33.

Strathmann, Frank-W.(1985): *Multitemporale Luftbildinterpretation in der Stadtforschung und Stadtentwicklungsplanung. Methodische Grundlagen und Fallstudie München-Obermenzing*; München.

Straus, Murray A.(1962): "Deferred Gratification, Social Class, and the Achievement Syndrome", in: *ASR*, Vol. 27, Nr. 3(June 1962); 326-335.

Szczepański, Jan J.([3]1974): "Die biographische Forschung", in: König, Hrsg.; 226-252(Ersterscheinung 1962).

Terlinden, Ulla(1990): *Gebrauchswirtschaft und Raumstruktur. Ein feministischer Ansatz in der soziologischen Stadtforschung*; Stuttgart.

Thomas, William I./Znaniecki, Florian(1918-20): *The Polish Peasant in Europe and America. Monograph of an Immigrant Group*, 5 Vols.; Boston.

Tönnies, Ferdinand(81979): *Gemeinschaft und Gesellschaft. Grundbegriffe der reinen Soziologie*; Darmstadt(Ersterscheinung 1887).

Tuchtfeldt, Egon(1970): "Infrastrukturinvestitionen als Mittel der Strukturpolitik", in: Jochimsen/Simonis, Hrsg.; 125-151.

Vaskovics, Laszlo A.(1990): "Soziale Folgen der Segregation alter Menschen in der Stadt", in: Bertels/Herlyn, Hrsg.; 59-79.

Virilio, Paul(1993): *Revolutionen der Geschwindigkeit*; Berlin(entnommen aus Ausstellungskatalog *La Vitesse* 1991).

Voges, Wolfgang(1987): Hrsg.: *Methoden und Biographie-und Lebenslaufforschung*(= *Biographie und Gesellschaft* Bd. 1); Opladen.

Wagner, Michael(1989): *Räumliche Mobilität im Lebensverlauf. Eine empirische Unter-*

suchung sozialer Bedingungen der Migration; Stuttgart.

Weber, Max(1911): "Geschäftsbericht", in: Simmel/Tönnies/Weber u.a., Mitverf.; 39-62.

_______(⁵1980): *Wirtschaft und Gesellschaft. Grundriss der verstehenden Soziologie*, (Studienausgabe); Tübingen.

Wehinger, Angelika(1993): "Weingarten. Stadtteil der Superlative und Visionen", in: Forum Weingarten 2000, Hrsg.; 60-61.

Wendt, Wolf Rainer(1989): "Gemeinwesenarbeit. Ein Kapitel zu ihrer Entwicklung und zu ihrem gegenwärtigen Stand", in: Ebbe/Friese(1989); 1-34.

Wentz, Martin(1991): Hrsg.: *Stadt-Räume*; Frankfurt a.M.

Werlen, Benno(1987): *Gesellschaft, Handlung und Raum. Grundlagen handlungstheoretischer Sozialgeographie*(= *Erdkundliches Wissen*, Heft 89); Stuttgart.

_______(1993): "Identität und Raum. Regionalismus und Nationalismus", in: *Soziographie*, Jg. 6, Nr. 7(1993); 39-73.

Wex, Marianne(²1980): *Weibliche und männliche Körpersprache als Folge patriarchalischer Machtverhältnisse*; Frankfurt a.M.

Wicker, Katrin(1990): "Aus uns ist trotzdem was geworden. Volksschule in Haslach zwischen 1919 und 1945", in: Projektgruppe Haslach und Arbeitskreis Regionalgeschichte Freiburg, Hrsg.; 75-98.

Wiedemann, Peter(1991): "Gegenstandsnahe Theoriebildung", in: Flick u.a., Hrsg.; 440-445.

Wirth, Louis(1928): *The Ghetto*; Chicago/London.

_______(1938): "Urbanism as a Way of Life"; in: *AJS*, Vol. 44, Nr. 1(July 1938); 1-24.

_______(1983): "Urbanität als Lebensform", in: Schmals, Hrsg.; 341-358(engl. Ersterscheinung 1938).

Wolf, Klaus(1992): Hrsg.: *Geographische Stadtforschung. Perspektiven und Aufgaben*(= *Frankfurter Geographische Hefte* 60); Frankfurt a.M.

Wolf, Siegmund A.(1960): *Großes Wörterbuch der Zigeunersprache(romani tšiw). Wortschatz deutscher und anderer europäischer Zigeunerdialekte*; Mannheim.

Zapf, Wolfgang(1992): "Entwicklung und Sozialstruktur moderner Gesellschaften", in: Korte/Schäfers, Hrsg.; 181-193.

Zeiher, Helga(1990): "Organisation des Lebensraumes bei Großstadtkindern Einheitlichkeit oder Verinselung?", in: Bertels/Herlyn, Hrsg.; 35-57.

Zentralarchiv für empirische Sozialforschung Köln(1987): *Empirische Sozialforschung*

1986. Eine Dokumentation; Frankfurt a.M./New York.

_______(1991): *Empirische Sozialforschung 1990. Eine Dokumentation*; Frankfurt a.M./New York.

_______(1993): *Empirische Sozialforschung 1992. Eine Dokumentation*; Frankfurt a.M./New York.

Zimmer, Annette(1992): "Einleitung", in: A. Zimmer, Hrsg.; 9-17.

_______(1992): Hrsg.: *Vereine heute—zwischen Tradition und Innovation. Ein Beitrag zur Dritten-Sektor-Forschung*(= *Stadtforschung aktuell* Bd. 34); Basel/Boston/ Berlin.

Zimmer, Jürgen(1992): "Interkulturelle Erziehung beginnt zuallererst im Kopf", in: *Kinderzeit* 1, März 1992; 8.

찾아보기

(ㅇ)

※ 지은이

남상희

연세대학교 문과대학 사회학과 석사과정을 거쳐 독일 프라이부룩(Freiburg) 대학에서 박사과정 졸업.

독일 밤베르그(Bamberg) 대학 사회조사연구소(SOFOS)에서 연구원으로 일함 (1998.7~2000.2).

현재 독일 하이델베르크 대학교 사회학과에서 연구원으로 일하고 있음.

한울아카데미 425

공간과 시간을 통해 본 도시와 생애사 연구

독일 도시의 사례를 중심으로

지은이 남상희

펴낸이 김종수

펴낸곳 도서출판 한울

초판 1쇄 인쇄 2001년 8월 25일

초판 3쇄 발행 2011년 5월 1일

주소 | 413-756 파주시 교하읍 문발리 535-7 302(본사)

121-801 서울시 마포구 공덕동 105-90 서울빌딩 1층(서울 사무소)

전화 | 영업 02-326-0095, 편집 031-955-0606, 02-336-6183

팩스 | 02-333-7543

홈페이지 | www.hanulbooks.co.kr

등록 | 1980년 3월 13일, 제406-2003-051호

Printed in Korea.

ISBN 978-89-460-4423-4 94980

* 가격은 겉표지에 있습니다.